后浪出版公司

日本料理的基础技术（图解版）

（日）野﨑洋光 著

普磊 张艳辉 译

完全理解　日本料理の基礎技術

中国华侨出版社

前言

脑海中出现想要成为一名料理人的志向后，或许曾梦见自己会魔法，轻松便能料理出美味。然而事实并非如此，开始修业（学习料理）之后，特别是有所收获时，才能体会到当初想法的无知，同时也感受到自己厨艺的成长。

现在已经成为厨师长的我，掌握了前人们留下的许多厨艺，同时肩负着向新人传授本领的使命。

随着时代的变迁，传统技法也在顺应变化。应当牢记，传统本就是顺应时代的产物。江户时代没有电气化，但江户料理传承至今。当时的其他乡土料理也有保存，但如今使用的是现代化的料理工具。

即便是传承的料理方法，如果通过新的化学方式实证，现代的方法更具优越性，当然采用现代的方法。这就是制作出这个时代的美味料理的技法，而不是一味还原先人的味道。

本书最大特点是以料理人的修业故事为切入口，描述日本料理的技艺。不只是料理技艺，准备也是一门学问，所以需要很长的制作时间。当初接受《料理百科》杂志采访时我还是刚修业不久的学徒，现在已成为厨师长。此外，借此次编制本书之机，对一直以来关注我们的柴田书店的丝田麻里子女士、长泽麻美女士深表感谢。

如本书能够帮助年轻人成为料理人，从中发现宝贵的知识，我也深感欣慰。

野崎洋光

2004 年

目 录

摄影 / 高橋栄一
装帧 / 石山智博
插图 / 山川直人
编辑 / 糸田麻里子 · 長澤麻美

日本料理的基础技艺
（图解版）

新人的精神准备和基本工作

1 作为社会人的素养

每一位新人最终都可能成为厨师长或经营者。为了达成这样的目标，会有必须历经的磨炼。为了得到充分磨炼，应当心怀理想，弄清楚“自己想要做什么”以及“自己需要什么”。只要目标明确，接着就是自我努力和社会人意识的践行。

对新人来说，刚开始需要学习和掌握的工作非常庞杂，但实质内容其实很简单。只要放松心态，踏实进取，就能在享受工作的快乐中不断成长。

（1）仪容仪表

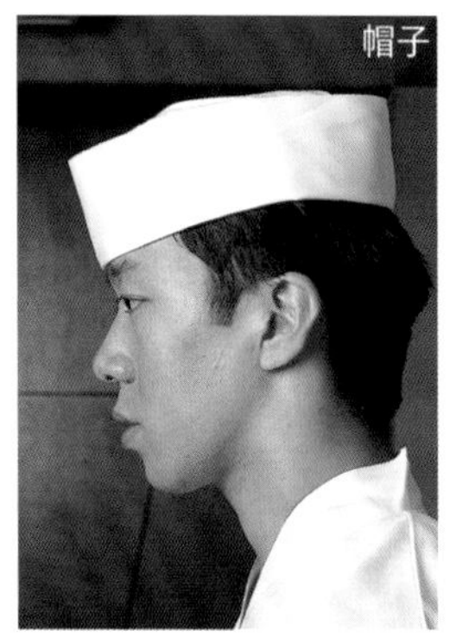

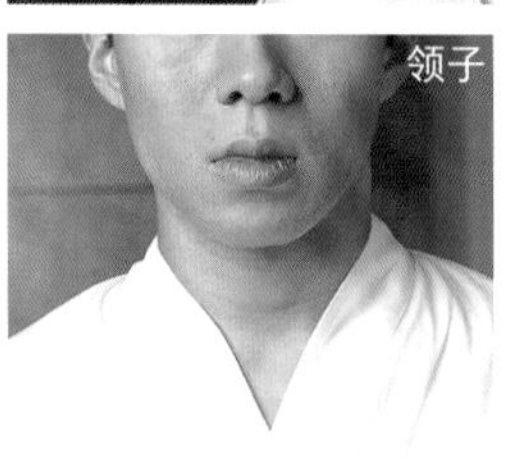

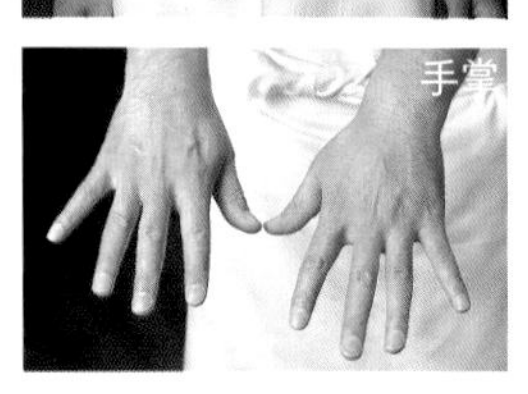

（2）寒暄 · 姿势

姿势

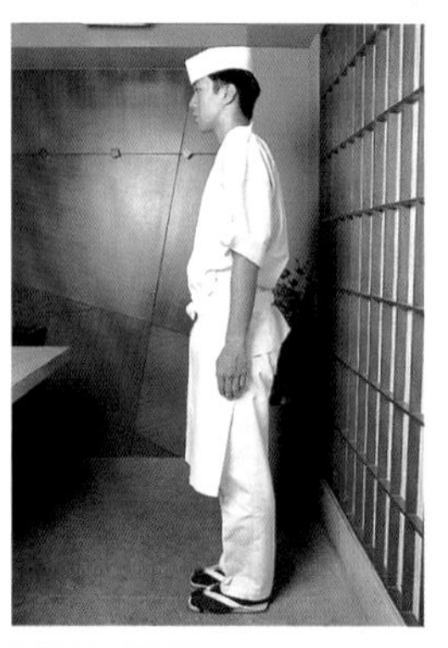

托盘的拿法

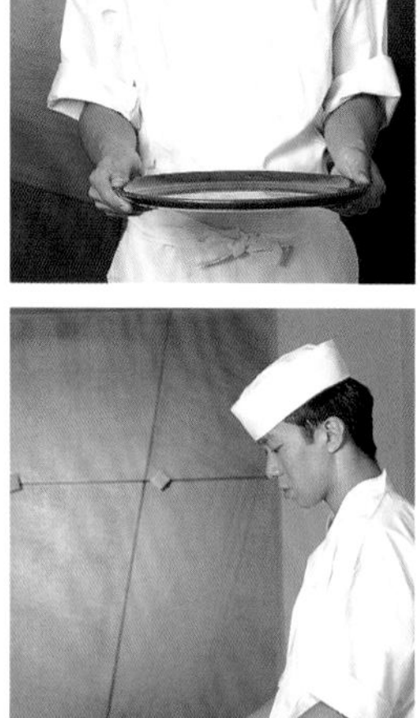

隔着柜台提供菜品

(1) 仪容仪表

整洁的服装会给人意想不到的好印象。大部分日本料理店都以白衣为制服，一身白衣也充分反映了店铺的整洁风格，俨然是“行走中的广告”。但要尽可能避免将这身白衣穿出店去，不得不穿出去的时候，必须再套上一件上衣。在店内，白衣也要时刻保持整洁。不用经常送去干洗，但在进行比较脏污的操作时要穿上塑料围裙，避免白衣被弄脏。

①帽子 将帽子戴好，不要露出刘海。帽子佩戴整齐，更显格调。

②领子 对齐，保持平整。

③腰带 客人视线经常注意的位置，打结时应仔细使其对称。

④手掌 定期修剪，不留长指甲。

(2) 寒暄·姿势

寒暄

客人来了时应大声说：“欢迎光临！”这点必不可少，一方面是对客人的尊重，另一方面是示意全体人员开始招待客人。此外，客人入座之后，对客人一对一的寒暄更为重要。

姿势

鞠躬 ①长时间保持站立姿态工作非常辛苦，但不得露出倦怠。挺起腰身，视线自然向前。

②背部下压。此时，注意颈部不得弯曲。

托盘的拿法 在肚脐上方约10cm的高度，稳稳拿住托盘。托盘和身体之间保持拳头大小的间隔，持托盘时手臂稍稍弯曲。

隔着柜台提供菜品 ①②双手拿住器皿，放下时用单手，另一只手稍稍靠近。

③④相反地，撤下器皿时，先用一只手拿起，另一只手托住下方。

(3) 记笔记的方法

“用身体掌握技艺”没有错，但是，对于新人来说，每天工作中需要掌握的知识很多，如操作步骤、物品的名称等。当天学到的当天消化，从高效处理工作的角度出发，记笔记不可或缺。除此之外，前辈或店主在工作中也会经常传授重要的技艺。平常的轻声耳语，趁着还没忘记，用笔记下来肯定会有所收获。要知道“金言玉语”往往就在日常生活中。

只是一味地记录，可能实际并没有吸收掌握。为了出色、高效地掌握技艺，如何将笔记内容融会于脑中至关重要。可以将笔记分为3种，使用起来非常方便。日常使用的笔记本，最好是方便随身携带的尺寸。当天记录的笔记，晚上回家一定要誊写汇总成简洁易懂的形式，且每周一次（利用周末时间等）将其汇总至更大的笔记本中。不断地合理积累，记录下的内容更容易成为自己的知识。笔记的形式要选择自己容易理解的。

(4) 人际关系方面的注意点

对志在从事餐饮业的人来说，感受别人的心情，并将自己的心情传递给别人的能力是必不可少的。对新人来说，妥善处理与前辈、供货商、同事的关系，既能每天保持好心情工作，工作方面也能给自己加分。所以，能够设身处地为他人考虑，对厨师很重要。

前辈 新人的所有工作内容都是前辈传授的，作为后辈，始终要站在前辈如何容易教授知识的角度考虑。被动传授肯定不如主动传授，要让前辈心甘情愿地积极传授自己需要的技艺。

接受前辈批评的时候，先要大声说“对不

起”，使彼此的心情都能得到平复。虚心接受批评是一种品德。同时，新人也能在批评中获得知识，应以积极的态度面对。

供货商 有的新人对客人及前辈很客气，但对供货商却很随意。事实上，供货商对每家料理店的口碑也会产生很大影响。所以，应该以诚意对待供货商，交心了解之后，也会受教良多。

同事 同事之间也要保持和谐的关系。每天一起开心工作，这是同事之间相处的前提，不要僭越同事负责的工作，要保持和谐的关系。

(5) 采购方法·选择方法

首先，需要掌握自己店铺的需求量。即使是采购一种蔬菜，也要根据独立制作成菜品的单价，综合考虑蔬菜的价格及品质。自家店铺使用什么样的食材，这是日常应该注意的事项。

如果店里让自己去采购，采购的内容及价格必须事先确认，不得擅自做主。因此，必须用笔记录。

(6) 自我管理

通常休息日可以自由活动，但工作时精神、体力必须保持最佳状态。

尽早掌握工作内容，成为合格的料理人。为此，我也会介绍一些利用休息日快速成长的方法。

①为了了解自家店铺使用的食材，自己买来鱼或蔬菜，制作并品尝。这样即便使用自己的钱，也会乐此不疲。

②光顾其他料理店——不必去非常高级的日本料理店，比如咖啡店等，学习店内的服务方式、整洁环境等可取的地方。

2 备货的准备

为了顺利开展工作，新人必须保证店内使用的工具及所备货品等处于随时可用的状态。通过一系列准备工作，还能了解店内的工作流程。

(1) 准备工具

接下来，主要介绍所需工具的保养、清洁方法。

用丝瓜制作灶刷 清洁保养时会使用棉布、灶刷、洗涤剂、清洗剂等，其中经常使用到的灶刷，通常用风筝线将晒干的丝瓜绑紧制作而成。擦洗锅或刀具时非常方便，还不会产生划痕。下面就介绍这种锅刷的制作方法。

①将晒干后的丝瓜切成合适大小，并沾水使其柔软，方便之后用风筝线绑紧。

②从内向外，用风筝线紧紧缠绕捆绑。

③除了丝瓜，还可将毛巾卷起制作成锅刷。

刀 介绍日常的刀保养方法。

①锅刷（丝瓜锅刷）滴入适量洗涤剂，先在专用台面上擦洗刀身。

②刀保持竖直，擦洗刀柄。

③用充分干燥的布巾擦掉刀身上剩余的水分。

④放置于安全且方便取用的位置。

砧板 ①污渍严重时，撒上适量的盐，用硬毛锅刷擦洗。

②漂白方法…用漂白剂抹匀砧板整面，盖上浸过漂白剂（已稀释）的湿毛巾，静置一段时间。

布巾 基于易于吸水等理由，布巾通常使用毛巾。

①保养方法用清洗剂清洗之后，放入盆中。

盆中事先倒入清水及适量漂白剂。

锅　通常使用丝瓜锅刷或钢丝锅刷擦洗锅。

①建议按照内侧→外侧的顺序洗锅。卸力之后，按画圆的动作反复擦洗。

②为了清除金属的异味，先整体放入热水中，再用清洗剂清洗。

卷帘　①锅刷滴入清洗剂，沿着卷帘的缝隙擦洗。

②锅刷无法清洁的缝隙部分，可用竹签剔除。

锅盖　如果有异味，可先在水中浸泡30分钟，异味更容易去除。浸泡过之后，使用常规方法清洗。

筛网　①筛孔出现堵塞时，先从上方撒盐。

②用锅刷从上方拍打清洗，避免盐溅入眼中。

铜锅　①颜色变深时，滴入少量酱油，并转动铜锅使酱油均匀分布。

②静置一会儿后，再用锅刷擦洗就能变干净。

③背面喷洒清洗剂，用海绵擦洗。最后，整

（1）准备工具

用丝瓜制作锅刷

刀

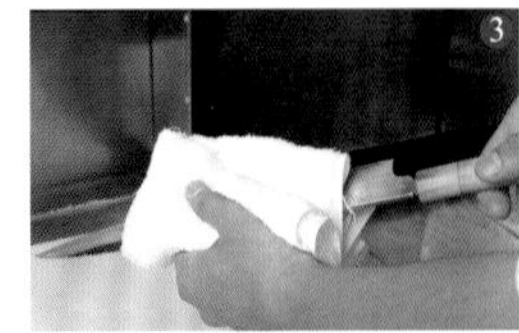

砧板

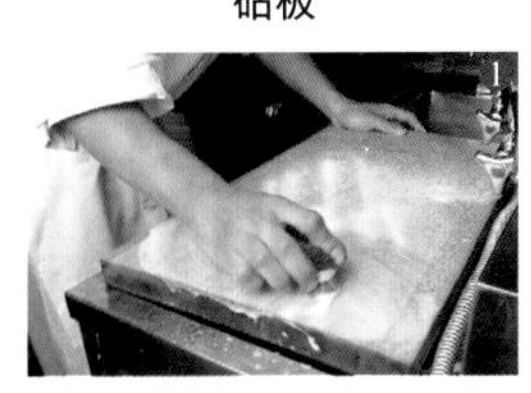

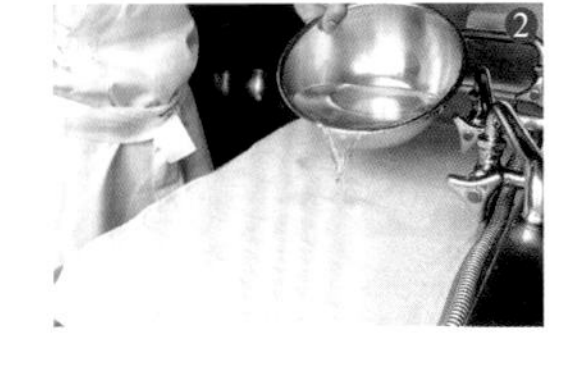

布巾

锅

体过热水，再用清洗剂洗一下。

金属串针 ①前端折弯后的处理。

②前端抵住磨刀石，慢慢磨使其恢复原状。

(2) 器皿的保养

玻璃器皿 ①玻璃器皿充分干燥后，用专用布巾（白色棉布）擦拭。

②布巾放在左手上，用大拇指夹住，器皿放于上方。

③布巾剩余部分包住器皿，开始擦拭。

漆器 ①温水倒入盆中，混合少量清洗剂。

②用白纱布轻轻清洗，避免损伤漆器。

陶瓷器皿 陶瓷器皿使用前后用水浸泡，更容易除掉污渍。

(3) 备货

前一天必须询问前辈（或前辈提出要求）需要备哪些货。备货完成，第二天的工作才能顺利进行。备货尽可能整齐存放于统一位置，方便取用。此外，为掌握余量，应在仓库门的内侧等准备确认表，方便使用。

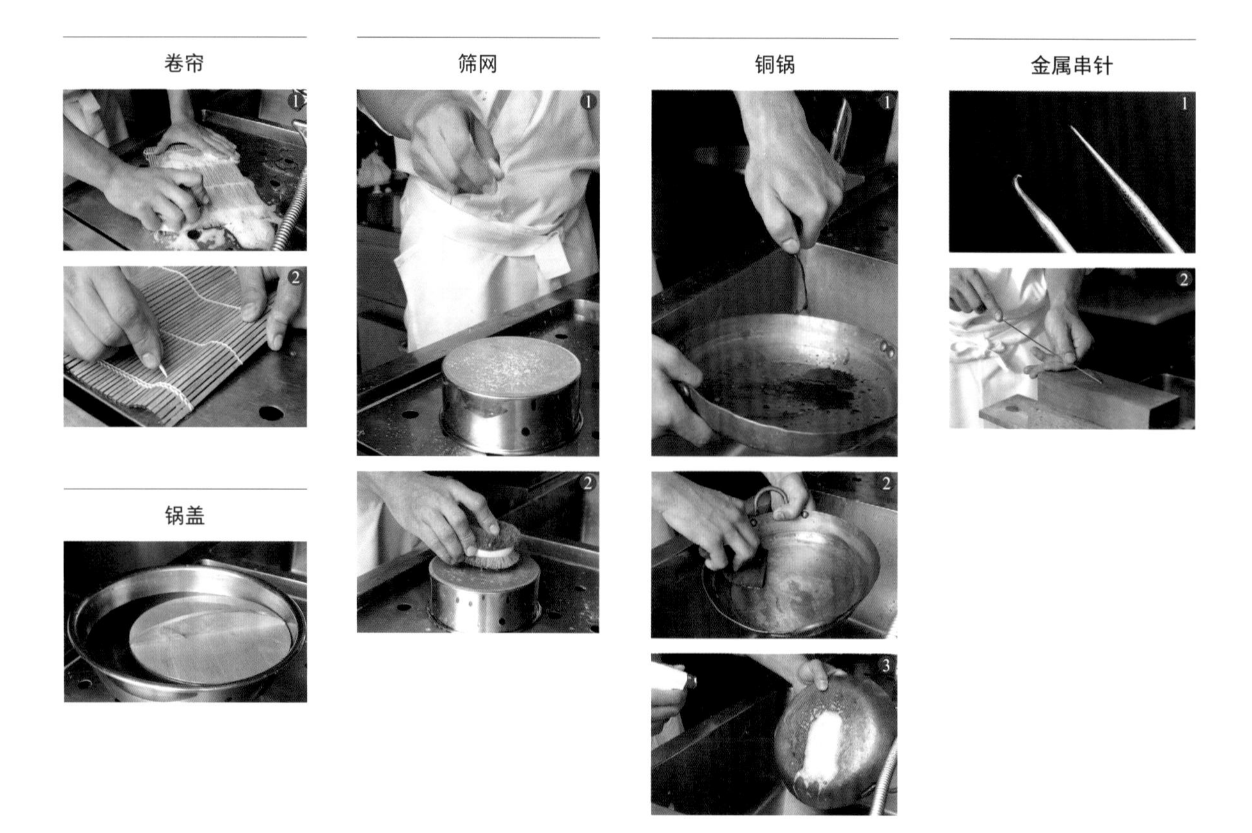

（2）器皿的保养

玻璃器皿

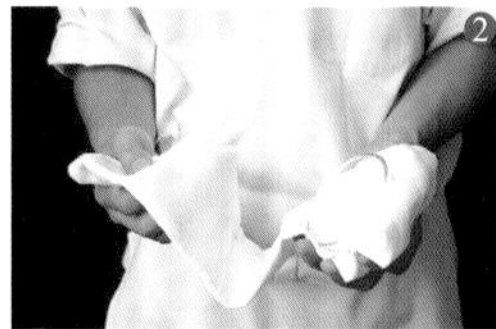

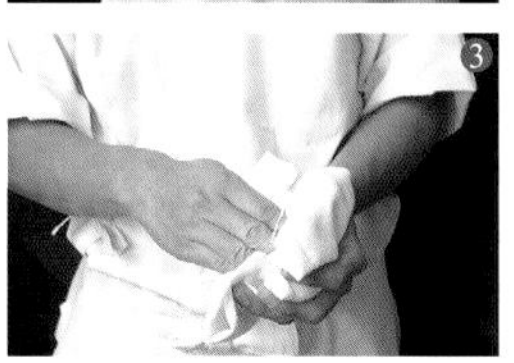

陶瓷器皿

漆器

（3）备货

清洁方法

柜台

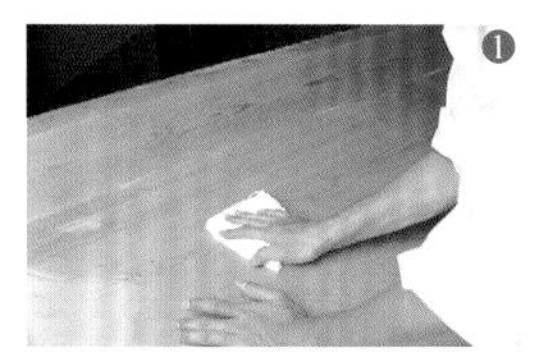

木门框

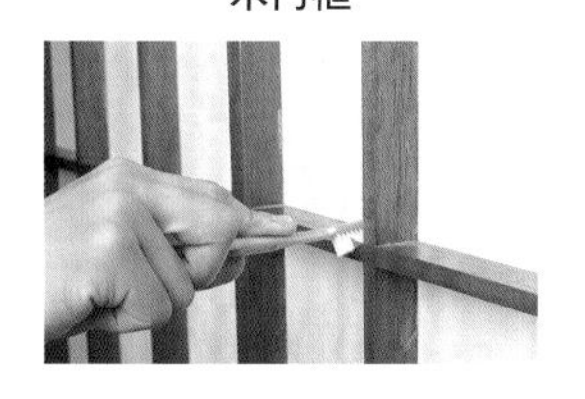

玄关（玻璃门）

灶台周围

烟道周围

水槽周围

3 清洁方法

仔细清洁店内，保持愉快的心情，也能保证工作安全有序地进行。新人平常不忙时要随手擦拭，养成好习惯。保持对环境的敏感，形成身体习惯。

柜台 ①日式料理店的柜台多为白木，脏后会很明显，平常保养时需要用浸过大量水的湿毛巾擦拭。

②弄脏之后，应用清洗机（接触面带砂纸的研磨机）擦洗。沿着木纹，呈直角缓慢移动清洗机。

木门框 用棉布干擦。边角部分用牙刷清除污垢。

玄关（玻璃门） 玄关是最先映入客人眼里的部分，需要时刻保持整洁。如果料理店的入口是玻璃门，需要喷洒专用的清洗剂，之后干擦。

墙壁 有涂装的木墙壁弄脏后要用中性清洗剂和家用清洗剂擦洗。

灶台周围 ①事先在灶台下方的托板中铺上锡箔纸，方便清洁。

②海绵滴入清洗剂，仔细擦洗。

③喷火口部分容易堵塞，每周用金属串针清除一次污垢。

④旋钮开关周边等组装件部分，用牙刷等仔细擦洗。

烟道周围 ①下方铺上报纸。先在内侧喷洒清洗剂，用棉布擦拭。

②接着用同样方法清洁外部。烟道周围容易存积油污，如果放任不管，后期很难清理，需要特别仔细清洁。

水槽周围 ①使用最频繁的位置，需要用清洗剂仔细清洗。

②水槽上方的架子等细小位置，需要用牙刷清除污垢。

蔬菜的清洗方法和保存方法

大多数新人都是从清洗工作做起的。最初的工作之一就是洗菜，根据当天的菜单，将蔬菜以最方便烹饪的方式提供给厨师。看似单纯的工作，却能近距离观察蔬菜，也能学到很多。但不能盲目蛮干，要知道这是与自己今后5年或10年息息相关的工作，要积极学习本领。

洗菜之后的保存是需要用心思的，要最大限度保持各种蔬菜的新鲜度及营养度。绿色的菜保持青绿水嫩，白色的菜保持白净不变色。因此，要尽可能快地掌握每种蔬菜的性质及特点。

1 青菜类

青菜，特别是菠菜、小松菜等叶菜，处理后经过一段时间会蔫，需要洒水才能使其恢复水嫩状态。这样，水煮时容易进味，成品的颜色、韧性（软的菜经过水煮之后会更具韧性）、口感会大不同。

(1) 菠菜

将水倒入足够大的盆中，小心清洗，避免折断茎部。

(2) 小松菜

①根部比菠菜更紧密，先直接用冷水冲洗根部，充分清除泥沙等。接着，与菠菜一样水洗。

②保存已清洗的叶菜时，应放入筛子中，再盖上淋湿并拧干的白纱布。

(3) 茼蒿

相比菠菜或小松菜，茼蒿更容易有小虫，需要掰开仔细清洗。

(4) 白菜

①基本上是切出所需用量后再清洗。从菜心周围弧线下刀，逐片切下菜叶。

②用水洗切下的菜叶。较脏的位置用锅刷轻轻擦洗。

③对未用的白菜，为了保持形状完整，可用淋湿并拧干的白纱布裹住后放入冰箱。保存已清洗的叶菜时，与小松菜相同，也用湿的白纱布盖住。

1 青菜类

（1）菠菜

（2）小松菜

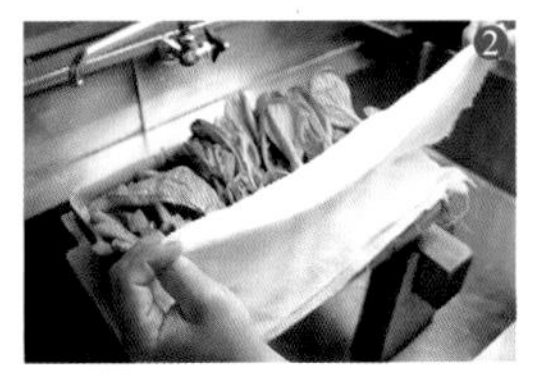

（3）茼蒿

（4）白菜

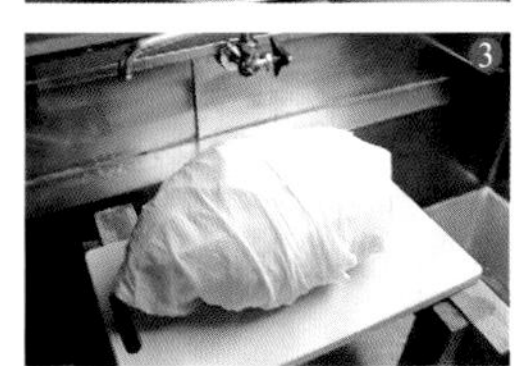

⑸ 圆白菜

菜心部分最容易损坏，所以要先挖出菜心，之后与白菜相同，切下菜叶后清洗。

⑹ 大葱

先清除损伤部分，再用水冲洗。

2 根菜类

⑴ 牛蒡

①用锅刷仔细清除泥垢。

②根据当天的用途，切成合适的长度保存。保存时，用报纸轻轻将其裹住（避免表面干燥），放置于阴凉的环境中。

⑵ 芜菁

根部保留 4 ~ 5cm 长的叶子，剩余的切掉。用手或锅刷整体清洗。根部较脏，要用牙刷擦洗。

⑶ 生姜

生姜表面凹凸不平，要用牙刷轻轻擦洗以清除污垢。

3 软白类

此类蔬菜损伤后容易变色，需要细心处理。

（5）圆白菜

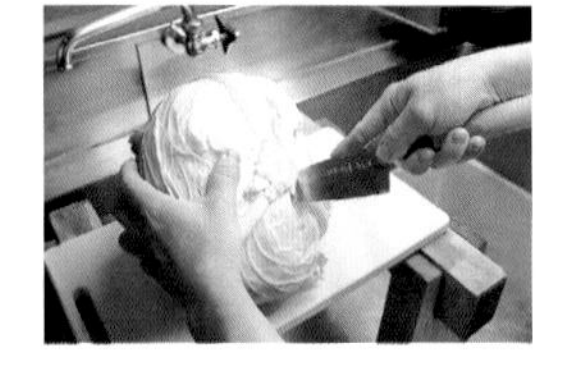

（6）大葱

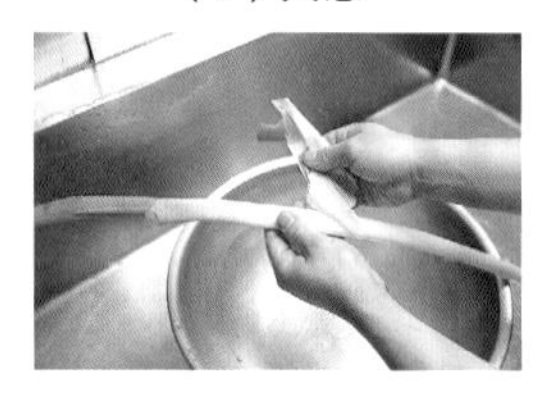

2 根菜类

（1）牛蒡

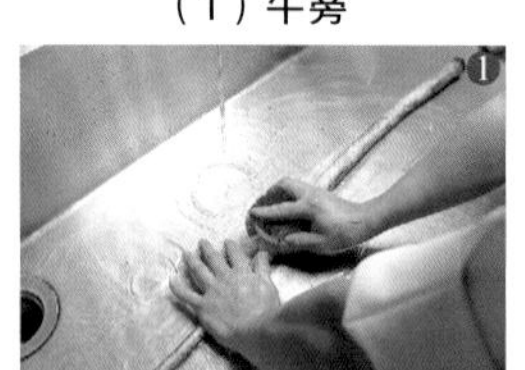

（2）芜菁

（3）生姜

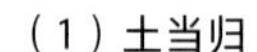

3 软白类

（1）土当归

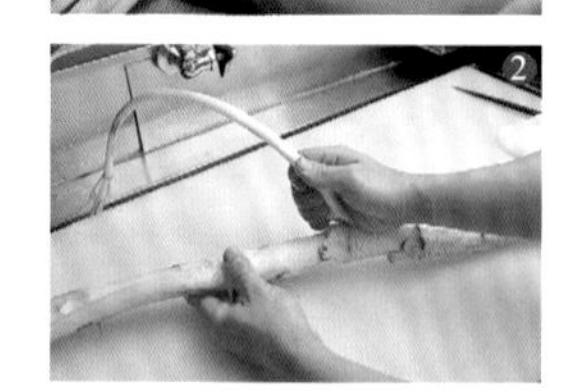

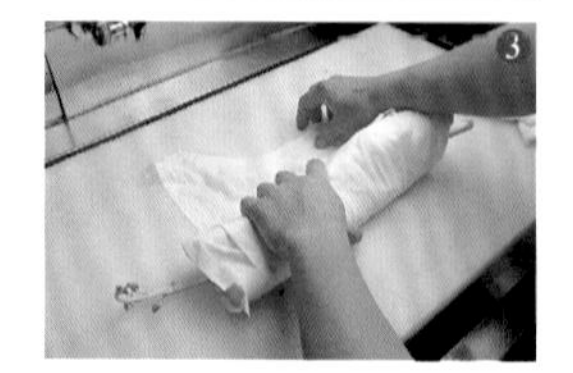

（2）山药

处理方法稍有不同，要熟练掌握。使用之前基本都需要预先处理。

⑴ 土当归

①②用水冲洗，逐根撕开。

③用淋湿并拧干的白纱布裹住，放入冰箱保存。

⑵ 山药

山药损伤之后会变色，应用软布小心清洗。保存方法与牛蒡相同，用报纸包住放入冰箱。

⑶ 百合

百合里有泥垢的，要放入装满水的盆中，用牙刷清除泥垢。清洁时避免对其造成损伤。

⑷ 豆芽

①放入装满水的盆中，搅动清洗。

②逐根仔细清洗根部（摘根）。接着，放入筛子中。

4 野菜、芽菜类

这类菜同样容易受损，需要小心处理。

⑴ 花椒芽

①叶子掉一片就不能用了，需要小心处理。在托盘内铺上餐巾纸，将花椒芽逐片摆放，并稍稍喷水。

②在其上盖上一层餐巾纸，再用保鲜膜轻轻裹上（注意透气性），放入冰箱保存。

⑵ 红蓼

盆中放满水，筛子浸入水中，再将红蓼放入，用手轻轻洗，避免损伤叶片。纤细的菜建议使用这种套用筛子清洗的方法。清洗完成之后，直接放在筛子上。

（3）百合

（4）豆芽

4 野菜、芽菜类

（1）花椒芽

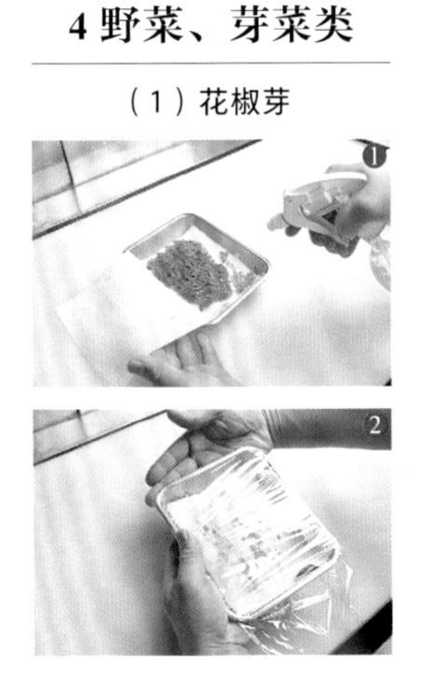

（2）红蓼

（3）萝卜芽

(3) 萝卜芽

不只是萝卜芽，带种子的菜都需要摘掉种子部分，因为种子容易残留农药等污垢。萝卜芽大多生吃，需要仔细清洗。

盆中放满水，小心分开萝卜芽，将根部拿起进行揉洗。要注意避免折断茎部。最后，确认内侧的种子是否清除干净。

5 菌类

处理菌类时最关键的是避免接触太多湿气。并不是使其干燥，但太过湿润会导致损伤。因此，建议在使用前才清洗。

(1) 本占地菇

保持每根对齐，左手轻轻接触，将其放入装满水的盆中清洗。

(2) 香菇

在装满水的盆中搅动清洗。保留柄头使用，整个放入筛子中。菌伞部分含水，清洗时容易损伤，建议在使用前才清洗。

(3) 金针菇

①根部对齐并用橡皮筋固定，避免散乱。

②菌伞朝下，摆动清洗。注意不要用力过大，否则容易折断。

(4) 滑子菇

气味较重，需要彻底清洗。放入筛子中，下方套上盆，用流水搅拌清洗，之后直接提起筛子。

(5) 松茸

①松茸香味怡人，所以尽可能避免清洗，用淋湿并充分拧干的白纱布轻轻擦拭表面的污垢即可。保存时要确保空气流通，用餐巾纸直接轻轻盖住，或者稍稍喷水。

②保持肥美的外形，从上方轻轻裹上保鲜膜。

5 菌类

（1）本占地菇

（2）香菇

（3）金针菇

（4）滑子菇

（5）松茸

6 荚类

这类菜常带着荚一起入口食用，需要仔细清理。

(1) 毛豆

①首先，带着枝用流水大致清洗干净。

②根据当天的用途，需要摘掉枝使用时，逐个摘下（也可切掉荚的两端），并放在筛子上保存。

(2) 秋葵

盆中放满水，盖上筛子清洗。凹陷部分容易藏污纳垢，应用指尖仔细清洗。

关键在采购之前确认当天的菜单、使用量等。如有不明白，应提前向前辈等问清，不能擅自做主。例如，计划带叶子使用的蔬菜等，如果随意摘掉，可能会对煮食厨师造成麻烦，也会导致自己重复劳动。

6 荚类

(1) 毛豆

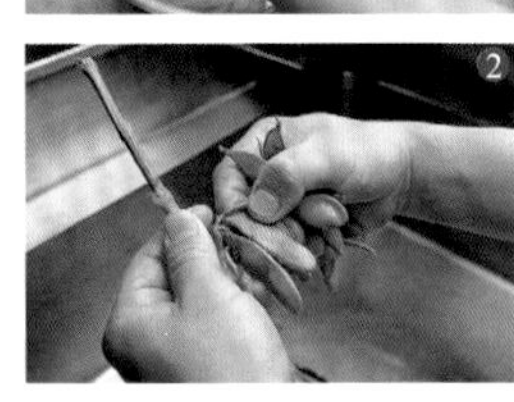

(2) 秋葵

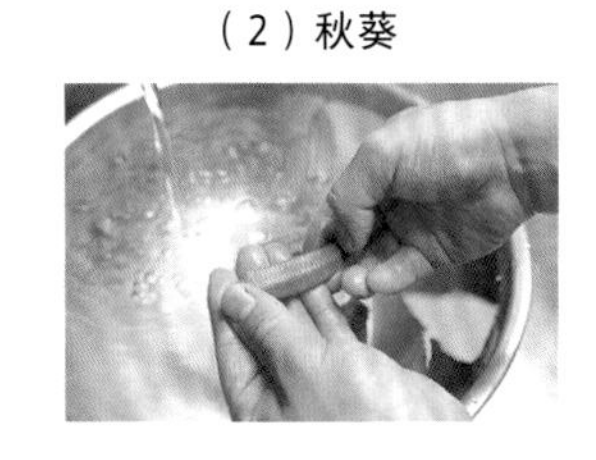

刀的使用方法·保养方法

新人开始拿刀时，最关键的是快速、熟练掌握“基本姿势”。薄刃刀是最常用的刀，也最适合新人。尽快掌握基本姿势，将来的刀切工作也会更加轻松。许多新人会在没有熟练掌握基本姿势时就向往使用柳刃刀，想立即开始刺身制作工作。当然，即使没有掌握基本姿势，也能直接使用柳刃刀。但是，基础不掌握好，长久来看是没有好处的。为了不至于后悔，建议一步一步踏实学习。

1 刀的种类和用途

对新人来说，需要使用 3 种刀，即薄刃刀、出刃刀、刺身刀。根据各自用途，还有更细分的种类。刀的刀刃可分为“本烧”和“霞烧”两种，本烧是指由纯钢制成的刀刃，霞烧是指由钢和铁混合制成的刀刃。

(1) 薄刃刀

主要用于切、刻、削开蔬菜类。此外，也可用于切鱼肉以外的加工品。刀尖分为圆形和方形，本书中使用的是圆形。

(2) 出刃刀

主要用于鱼的分块，以及鱼类、禽类、畜类的粗加工。对比其他道具，其刀刃厚，方便切开坚硬的骨头。根据处理对象的大小，可细分为更多尺寸大小。

(3) 刺身刀（柳刃刀）

主要用于制作刺身，以及软骨小鱼的分块、鱼虾禽类、加工品等处理。刀刃狭长，且刀口薄。

①②柳刃刀（本烧）③出刃刀（霞烧）④薄刃刀（霞烧）

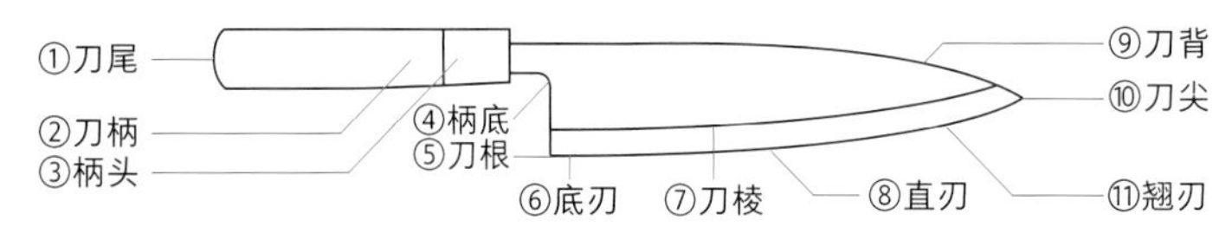

各部位的基本名称

2 基本姿势

首先，身体应完全掌握以下介绍的基本姿势。

①首先，身体平行面向砧板，腿部分开与肩宽相当，稳稳站立。身体和砧板之间保持约两个拳头的距离。

②③直接顺势的一侧腿向前，倾斜35度~45度。

④保持姿势。视线朝向手边，刀始终垂直于砧板。这样的姿势最自然。

2 基本姿势

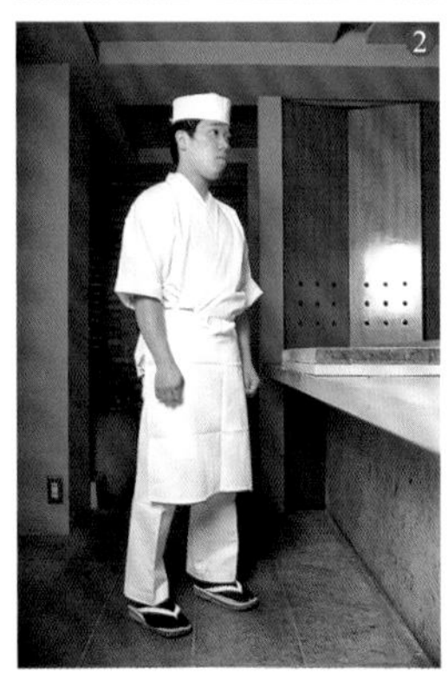

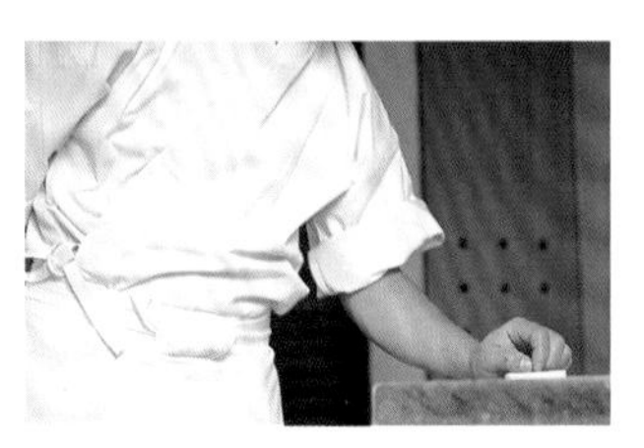

辅助的左手（非惯用手）位置的正确示范。刀仅贴着左手的食指。

错误示范。左手的4根手指对齐，容易贴紧刀。但是，身体展开，且手臂位置太高。

从正面看，已保持基本姿势。身体正好撑起，右手在一定范围内保持固定状态。手部可自然运动，且刀也保持垂直状态。

3 刀的拿法

首先，应掌握薄刃刀的基本拿法。刀的种类很多，但拿持方法相同。新人通常先使用薄刃刀，熟练掌握其拿法很关键。

(1) 薄刃刀的基本拿法

切开时的拿法

①大拇指、食指拿住刀柄上方部分。

②剩余的手指轻轻握住刀柄。

③正面视图。

＊大拇指、食指紧紧握住，但手腕应适当放松，不至于刀松脱即可。为了自由灵活使用，应训练出“巧妙支撑”的感觉，而不是单纯的握住。

削开时的拿法

并不是在砧板上操作，而是精加工桂皮、芜菁时的拿法。先保持基本拿法，接着只需将大拇指位置稍稍向上移动。

(2) 出刃刀、刺身刀的拿法

食指抵住刀背的拿法

①处理鱼时，食指抵住刀背。这样拿持，神

（1）薄刃刀的基本拿法

切开时的拿法

削开时的拿法

（2）出刃刀、刺身刀的拿法

食指抵住刀背的拿法

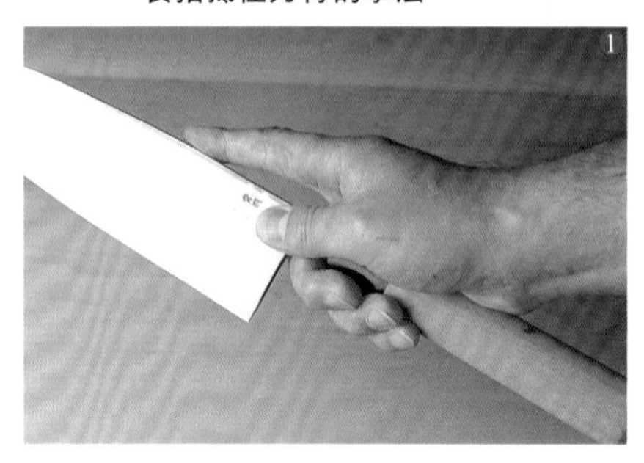

经敏感性可达到刀尖。与薄刃刀的基本拿法相同。

②保持食指抵住刀背的位置至刀尖稳定，这是要求速度时的拿法。

食指抵住柄头上方的拿法

①切刺身时的拿法。

②可从底刃开始使用，切开后的切面平滑整齐。

削皮刀的拿法

大拇指抵住刀背，食指抵住刀棱，其他手指握住刀柄。这是切坚韧物、纤维强韧物或削鱼皮时的拿法。使用的是一般鱼用刺身刀（照片①），河豚用出刃刀（照片②）。

食指抵住柄头上方的拿法

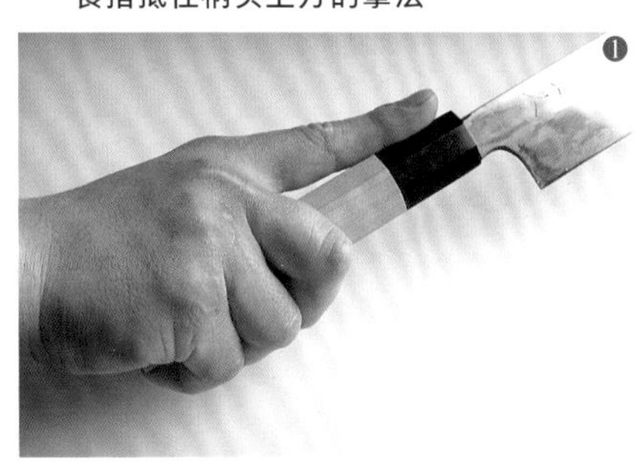

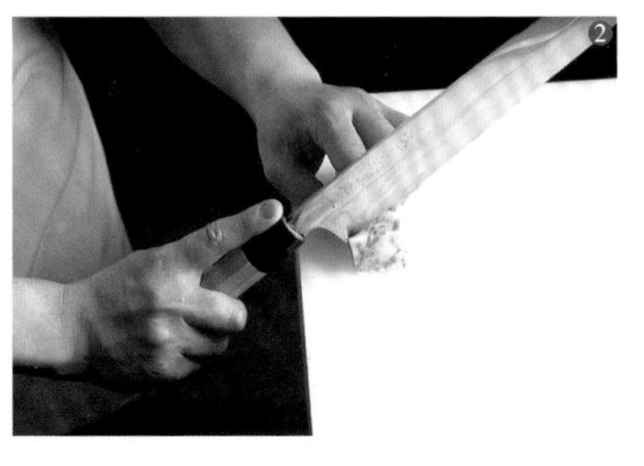

削皮刀的拿法

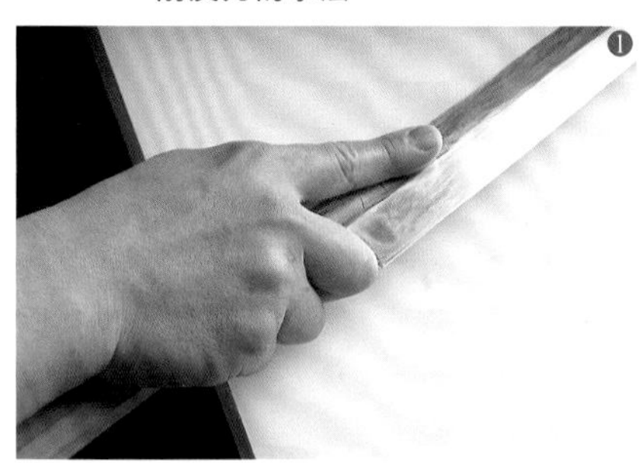

切东洋鲈时的拿法

需要用力切时，仅仅拿住刀刃下方部分，防止刀晃动。

用刃尖时的拿法

小拇指抵住柄底，大拇指、中指及无名指夹住刀刃，食指前伸抵住刀背。剔除虾线等细致工作时，收短刀身会更稳定。

4 以基本姿势开始实际工作

(1) 直切

保持基本姿势，站立于砧板前方。直切时，身体和砧板呈45度打开。

萝卜切条。用刀的刃尖，越接近刀尖，切出的丝越细。切这类细致部位时，用刀刃较薄部分。

(2) 削切

①削切时，身体和砧板呈60度打开。

②萝卜削切成桂皮状。使用刀刃中间部分，切开的厚度可通过右手大拇指的力量改变。越用力，切得越厚。刀尖微妙上下移动，左手的萝卜对应刀的移动，朝着刀刃方向转动。转动萝卜，而不是转动刀。

③削片厚度主要通过两个大拇指的力量调节。

切东洋鲈时的拿法

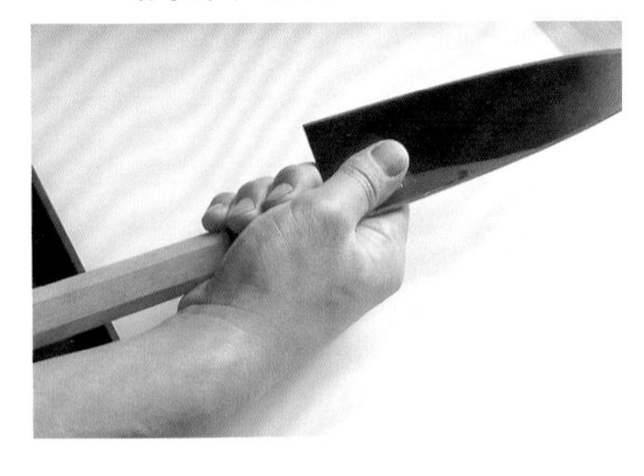

用刃尖时的拿法

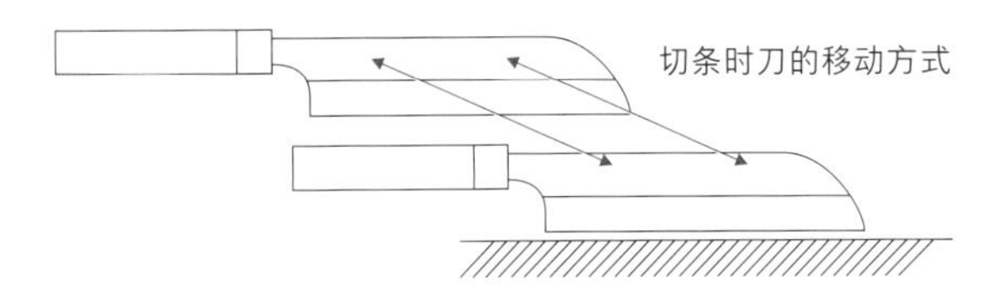

切条时刀的移动方式

（1）直切

（2）削切

刀的正反面

刀也分正反面。刀背朝上拿持的右手为正面（照片①），左侧为反面（照片②）。日本料理中，刀的插入方法及摆盘方法有其不可忽视的规矩。这些传统中，包含了阴阳（还有五行、五色等）学说。基于此，用刀正面切出的面为阳面，反面切出的面为阴面（照片③④）。摆盘时，用刀的正面切出的阳面朝上。此外，削切时刀的正面朝向食材（照片⑤），切出制作的圆形为阳面形状。切块时刀的反面朝向食材（照片⑥），切出阴面形状。

新人刚开始拿刀时也有切菜摆盘的机会，那时就需要遵照这些规矩，所以务必记住。

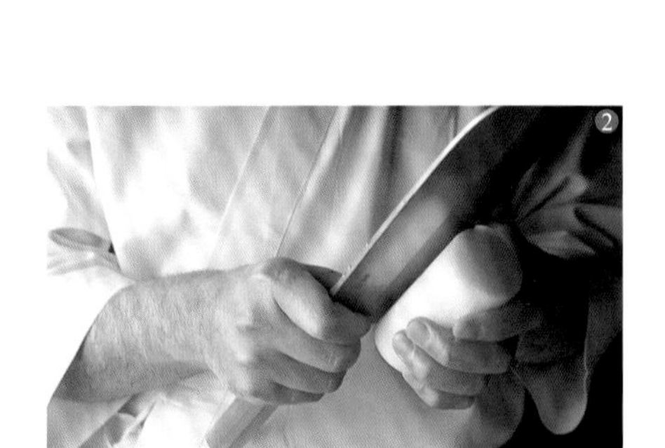

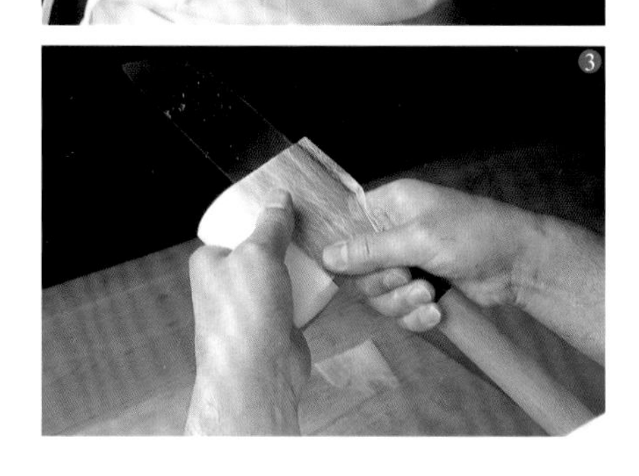

刀的正反面

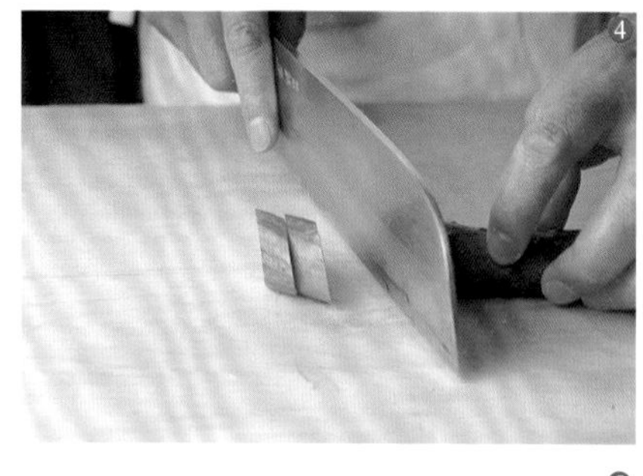

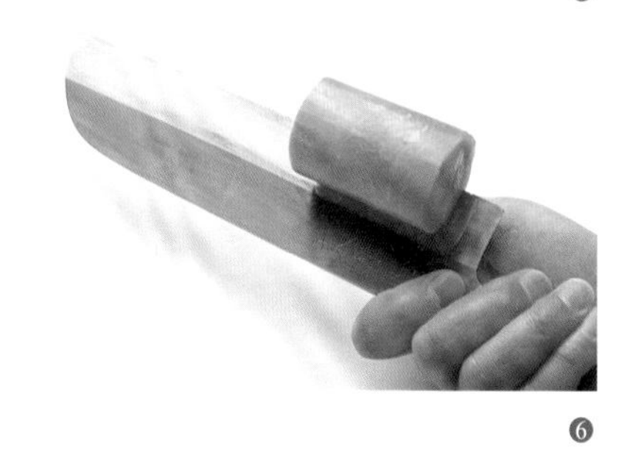

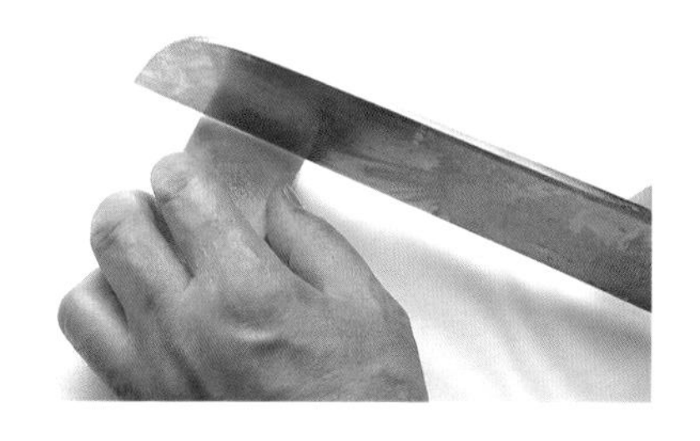

5 刀的保养方法

日本料理店中，刀的保养及管理由各自负责。刀的状态会对基本姿势产生较大影响，应仔细研磨刀，使其始终保持锋利状态，也是为了自己使用方便。

磨刀石分为粗、中粗等类型。本书以中粗磨刀石为例，解说薄刃刀的研磨方法和保管方法。

⑴ 薄刃刀的研磨方法

①使用事先在水中浸泡30分钟以上的中粗磨刀石（刀刃薄，所以薄刃刀绝对不能使用粗磨刀石）。

②朝向磨刀石正面站立，如照片①所示，刀的正面贴住磨刀石。左手抵住刃尖，右手拿住刀柄。并且，左手不得用力。

③对应刃尖的弧度，使磨刀石和刀刃之间保持相应角度，按画弧线的方式研磨（照片②③）。记住，先从刀尖开始磨。

④研磨时，左手逐渐向刀柄移动，慢慢推进至底刃（照片④⑤⑥）。越接近底刃，刃尖的弧线越接近钝角，由此改变磨刀石和刀刃之间的角度。

⑤接着，研磨反面。刃尖朝上抵住磨刀石，仍然以画弧线的方式轻轻研磨（照片⑦⑧）。研磨时，可基本不带角度。

（1）薄刃刀的研磨方法

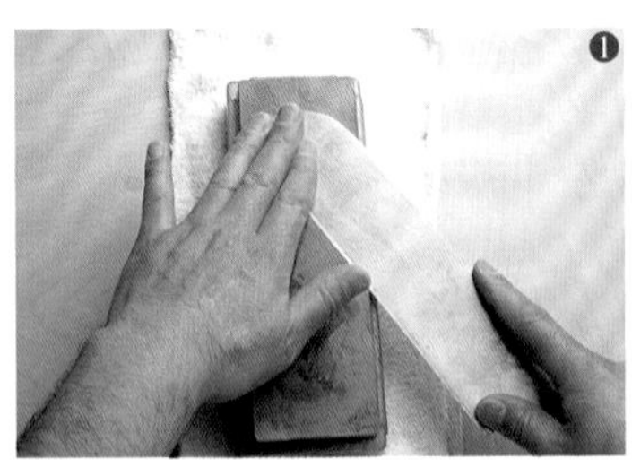

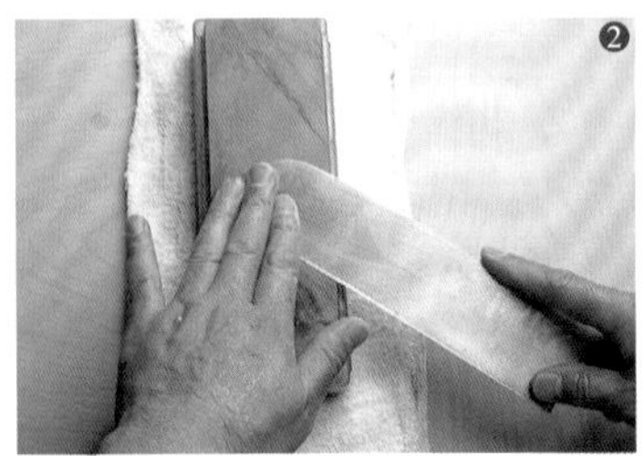

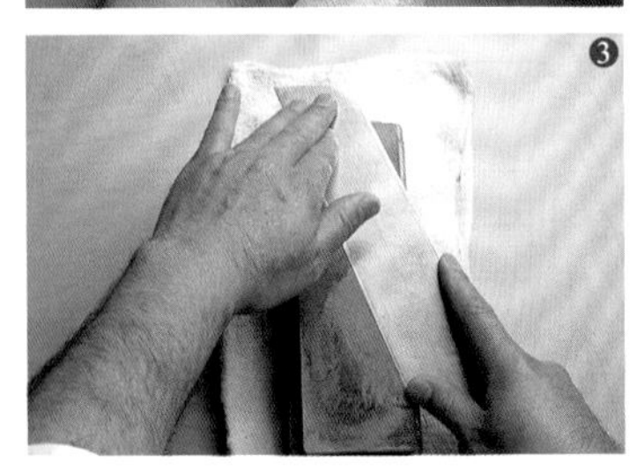

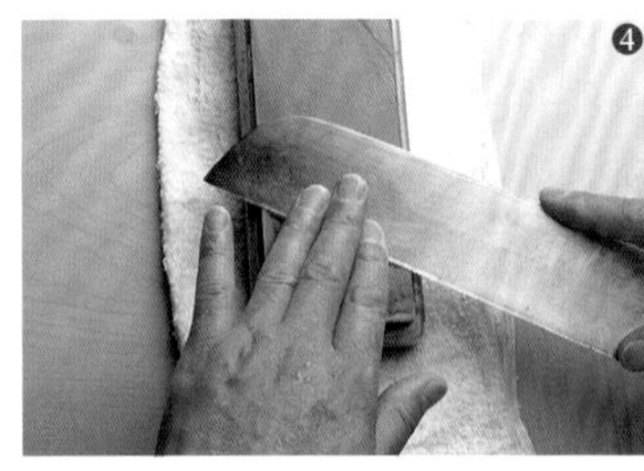

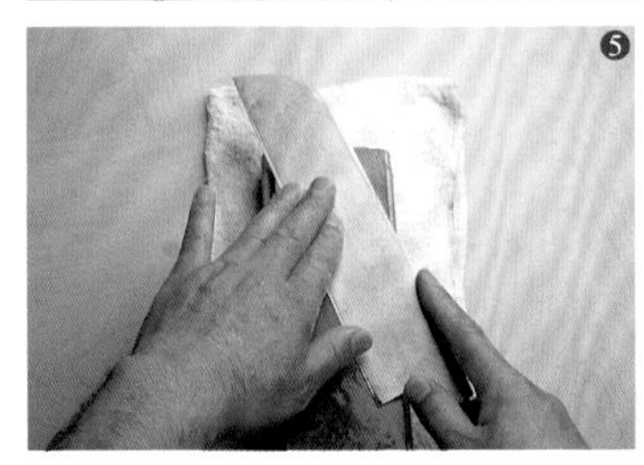

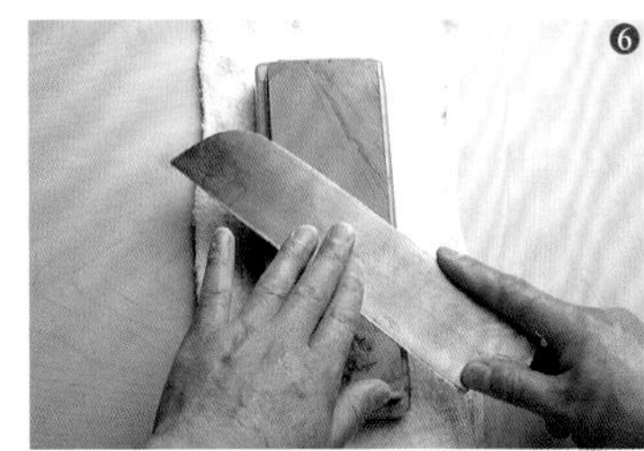

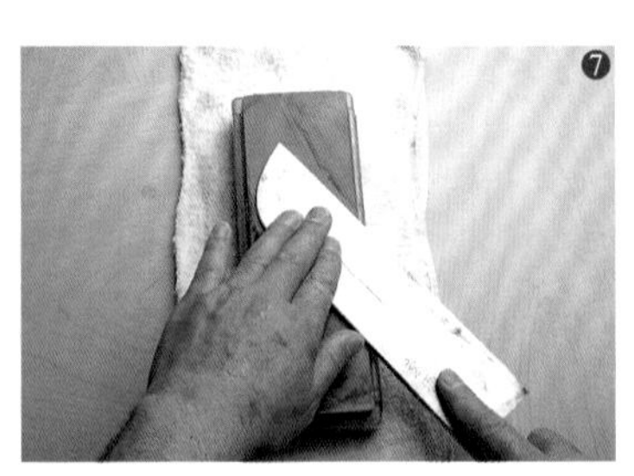

⑥确认磨的效果。刀尖垂直用手指轻轻抵住，无侧滑则研磨完成。刚磨完的刀带着金属气味，可放置一晚清除气味，也可切需要丢弃的蔬菜。

(2) 出刃刀的研磨方法

刀尖带有圆弧，研磨时需要与其对应，改变刀的角度。手指压住刀尖，对齐刀尖的弧线，拿住刀柄上方研磨（照片①），接着将研磨位置慢慢靠近底刃附近，同样用手指压住刀刃，对齐弧线稍稍降低刀柄研磨（照片②），接着移动至底刃位置，降低刀柄对齐角度研磨（照片③）。

保存方法

通常在充分干燥之后将其放在通风良好处保存。需要长期保存时，可涂少量车缝机油，用报纸包住保存。也可用滤纸裹住保存。

（2）出刃刀的研磨方法

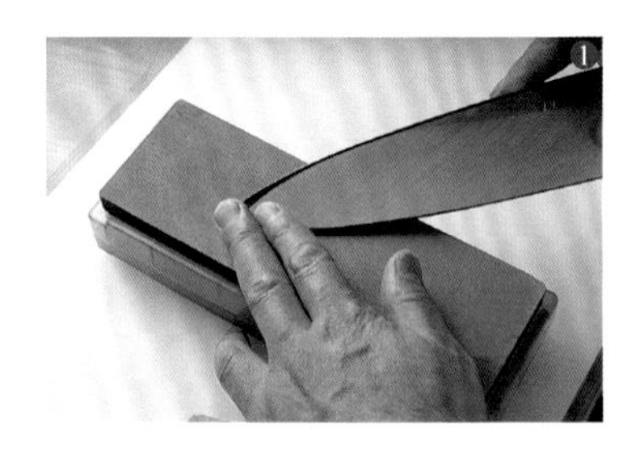

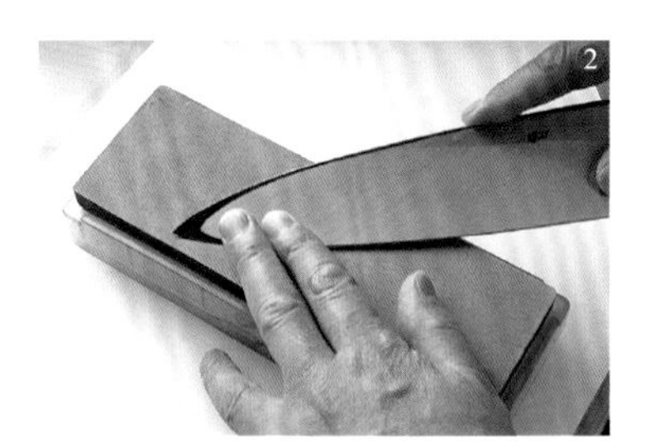

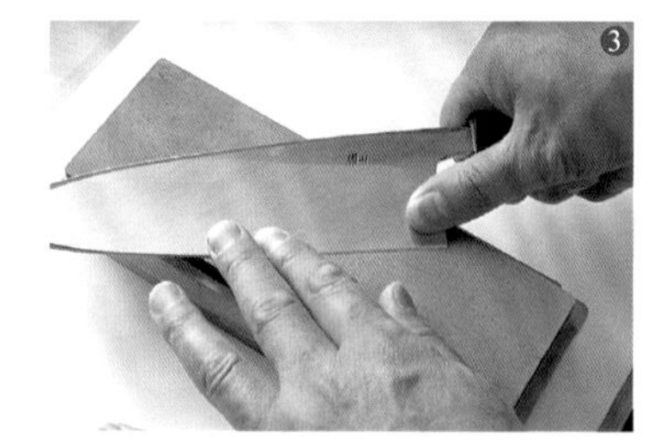

蔬菜的切法

下面介绍常用的蔬菜基本切法。首先，需要掌握蔬菜有哪些切法。旁观师傅或前辈的工作时，一定会派上用场。

一款料理中，蔬菜的大小、切法都有其理由。为了方便品尝、入味或者美观，从而形成最适合这款料理的切法。

不能认为与自己的工作内容无关，而不去关心师傅或前辈的工作过程。仔细观察他们的切菜过程，带着各种疑问学习，因为今后必将自己亲手操作，所以现在掌握“蔬菜切法”是很有意义的。

1 基本切法

此处收集了各种蔬菜切法中的最基本切法，务必牢记这些。

萝卜的桂皮削

首先，削掉萝卜的皮。如图所示抵住刀（照片①），边调节厚度边削皮，使萝卜削皮之后为整齐的圆柱形。这个整齐的圆柱形（照片②）是许多切法（切成圆片等）的基础。

左手（非惯用手）的大拇指一边递送萝卜，一边桂皮削（照片③）。萝卜本身转动，刀不动。右手轻轻上下移动刀，起到微调的作用（照片④）。左手的松紧需要用眼睛估测厚度。

从桂皮削开始的切法

切条

①将萝卜切成5～6cm长，桂皮削削成2mm厚。

②2～3片叠成容易切的厚度，沿着纤维切成1～2mm宽。也有切薄圆片之后切条的方法。

长条

与切条的要领相同，长度约10cm。对比切条，桂皮削时要削得更长。

粗条

与切条的要领相同，稍粗（每根粗约2～3mm）。因此，桂皮削时的厚度约为2～3mm。

极细条

与切条的要领相同，长度约4cm，稍细（通常1mm以内）（照片①②）。因为比较细，为了将其分开，需要过一遍水。

1 基本切法

萝卜的桂皮削

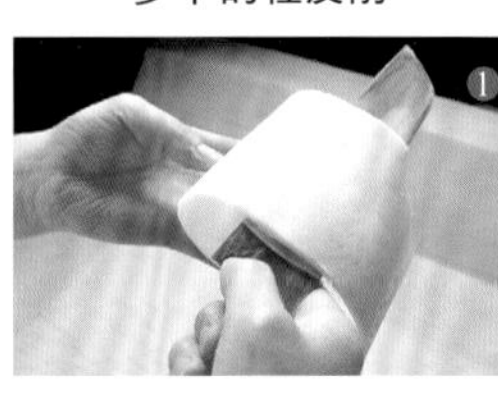

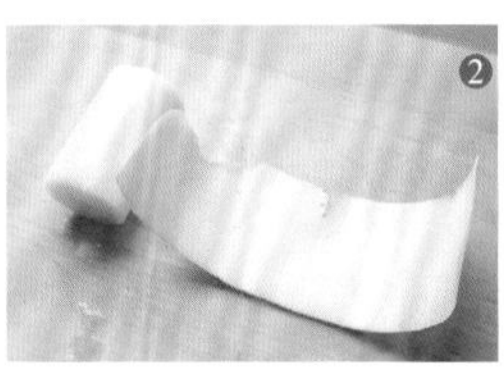

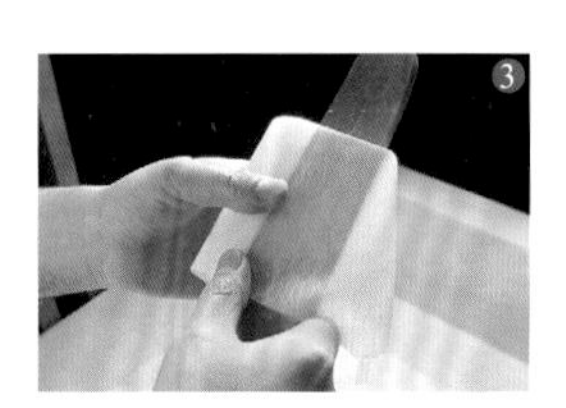

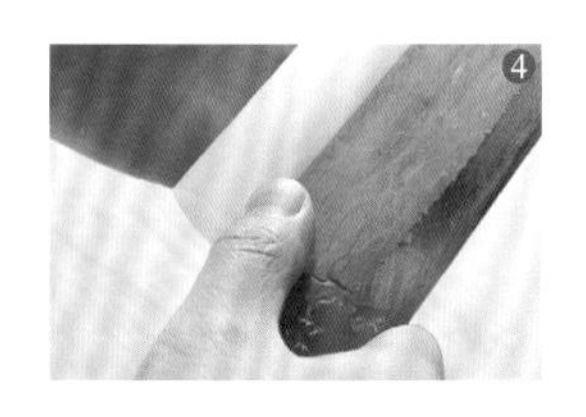

切条

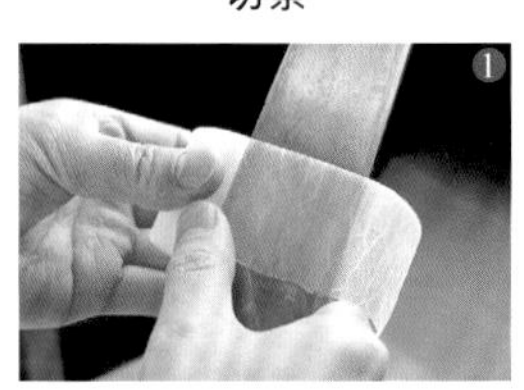

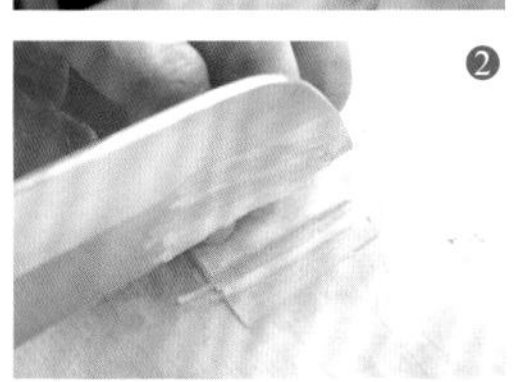

从圆片切开始的切法

圆片切

平行于切口，直接切削皮后的整齐圆柱形。厚度根据用途调整。

半月切

将切好的圆片对半切。需要切许多时，可堆叠起来对半切。

银杏切

将切好的圆片四等分。需要切许多时，可堆叠起来十字切。用于煮食及装饰等。

利久切

圆片切之后，沿着圆中心稍外侧切开。

长条

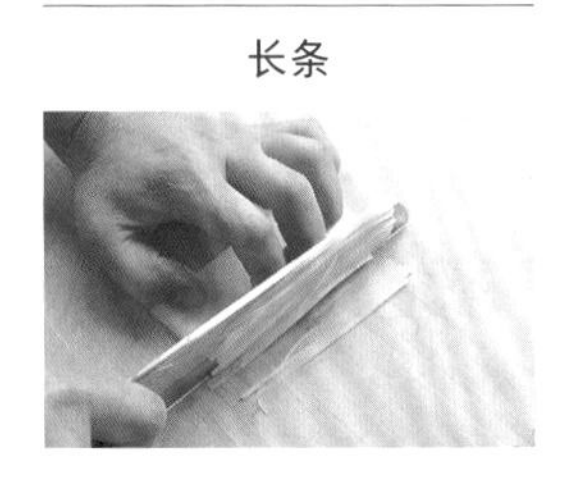

圆片切

极细条

半月切

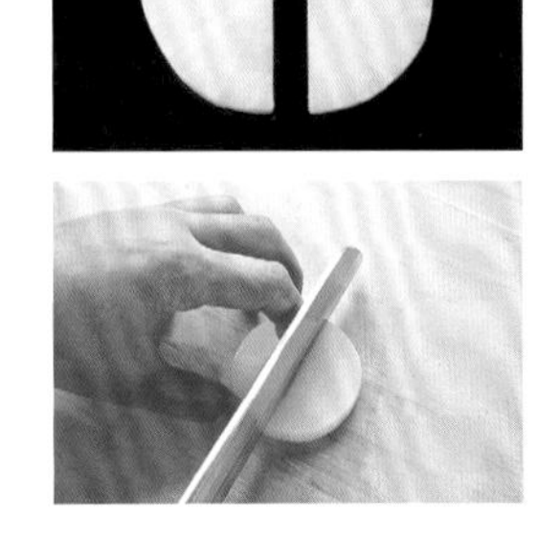

银杏切

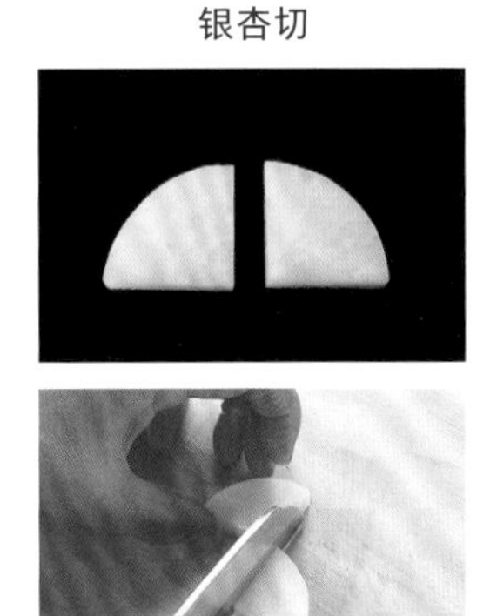

利久切

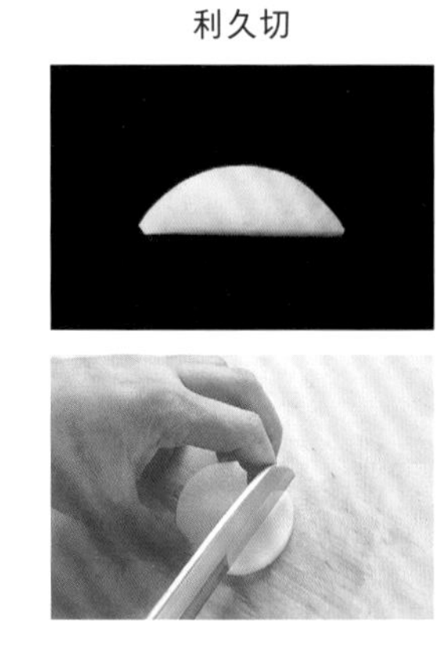

从桂皮削开始的切法

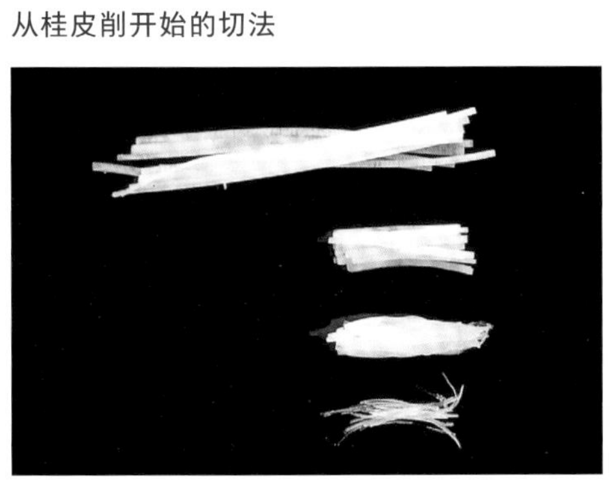

由上至下分别为长条、粗条、切条、极细条。

从圆片切开始的切法

上排左侧开始依次为：圆片切、半月切、银杏切、利久切、梳篦切、扇面切。

下排左侧开始依次为：木口切、彩纸切、四半切、短条切、梆子切、错位切。

梳篦切

半月切之后，切掉两端。

扇面切

半月切之后，内侧附近加上角度，切掉两端。

彩纸切

圆片切，沿着纤维切薄。切掉两端弧线部分，修整成正方形。

木口切

将彩纸切的四边切掉。

四半切

将彩纸切沿中线二等分。

错位切

将四半切沿对角线二等分。

短条切

将四半切再次竖直二等分。

梆子切

切成长度约 5 ~ 6cm、边长约 7 ~ 8mm 的棒状。

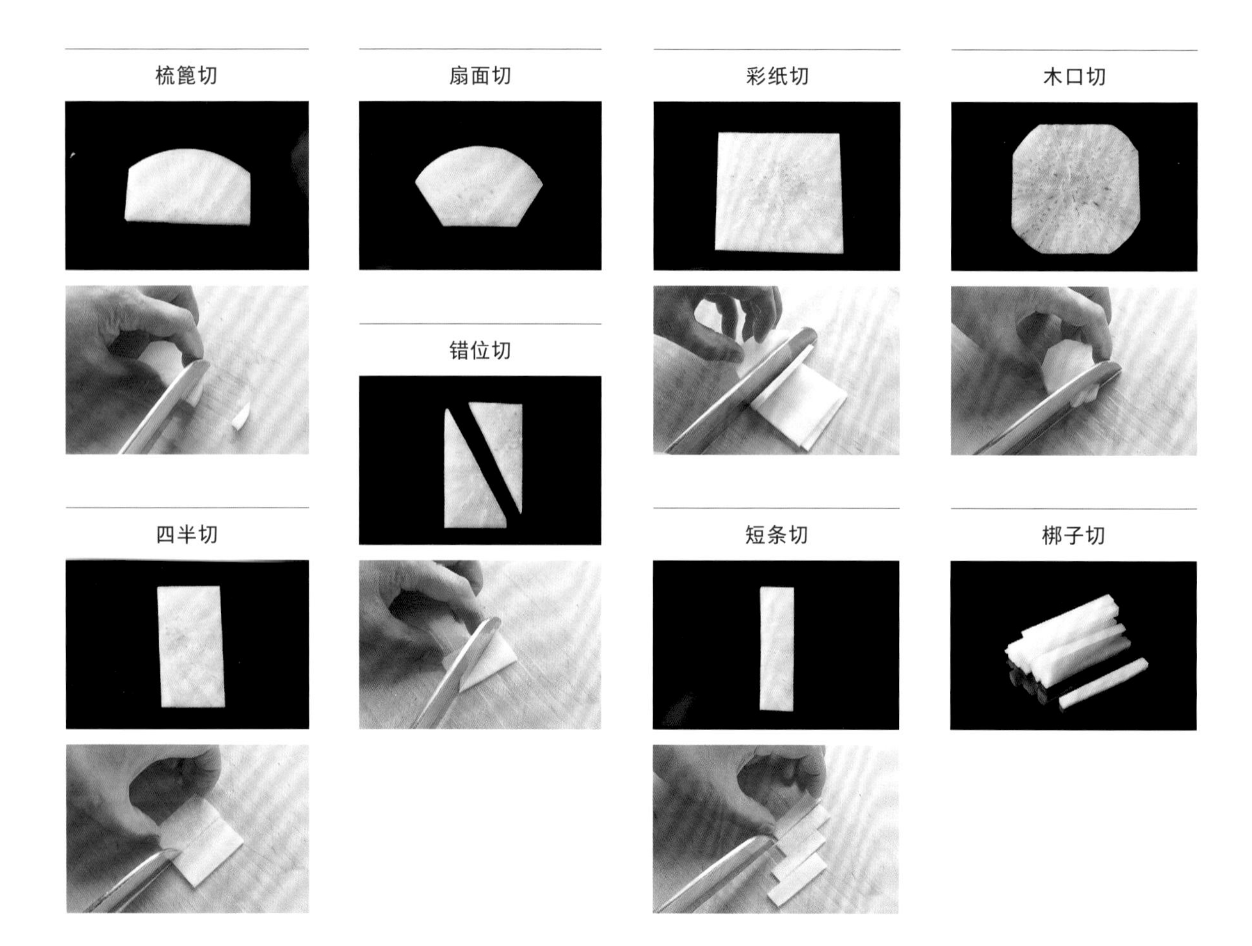

切大块

将梆子切再切成边长 7 ~ 8mm 的方块。

切小块

比切大块更小块，切成边长约 3 ~ 5mm 的方块。也可从粗条状态开始切。

切末

用比切条更细的条状切。

从细长状开始的切法

寸切

大葱切成约 1 寸（约 3.3cm）长。

横切（从一头）

从一头开始平行切长葱、黄瓜等。厚度根据用途调整即可。

斜切

从一头对齐斜切长葱、牛蒡。边拉动刀边仔细切。

乱切（滚刀切）

将牛蒡、胡萝卜等转向近身处，从切口开始斜切。注意大小统一。

马蹄

从一头斜切，另一头平切。

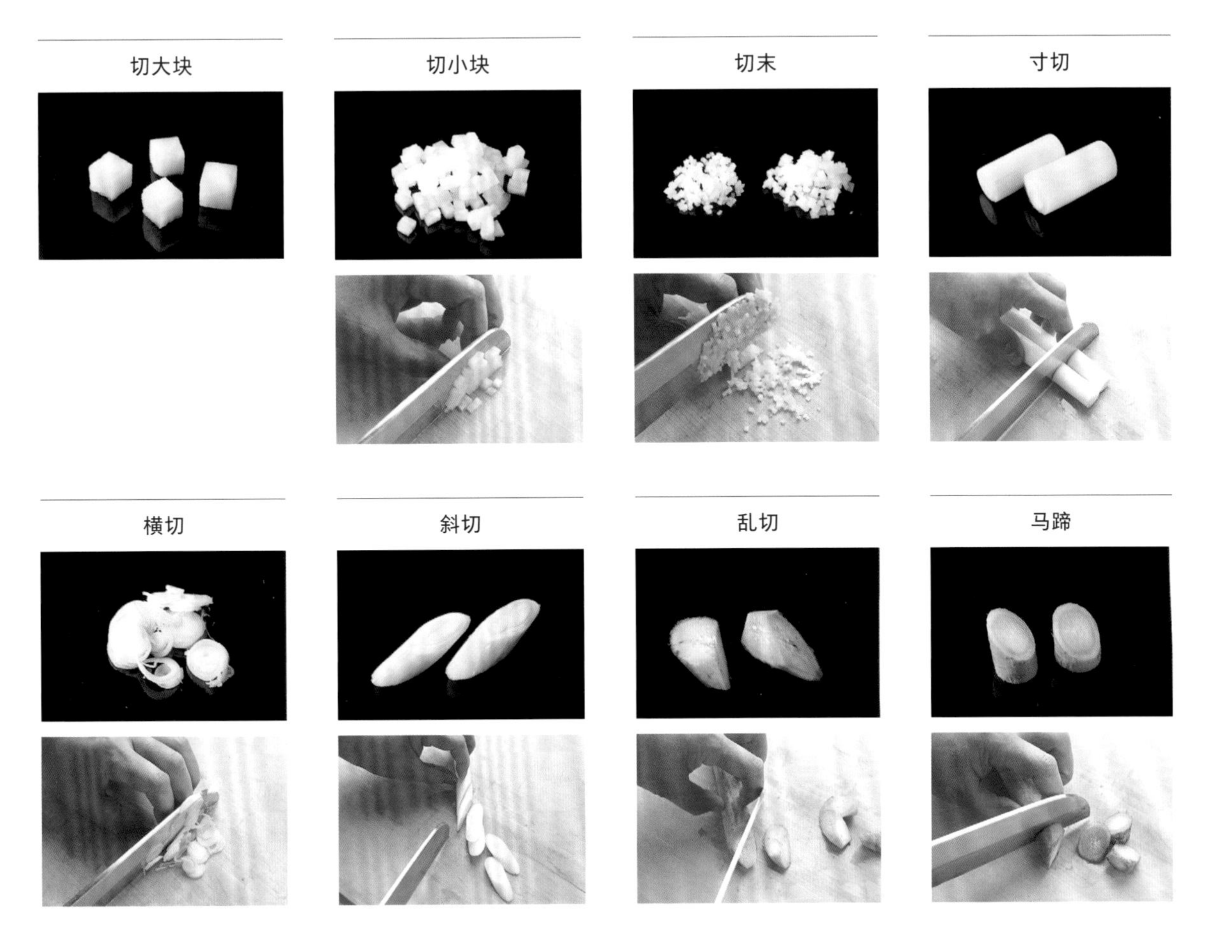

切细丝

①在牛蒡表面加入多处切口。

②牛蒡横着放在砧板上，边转动牛蒡，边用刀的刃尖将其切细。

2 装饰切法

日本料理中使用的装饰切法特别追求外形美感。因其种类较多，列举几种具有代表性的，务必要熟练掌握。

圆筒竹刷茄子

摘掉小茄子的蒂，使其容易烧制。如图所示，加入切口。

鹿纹茄子

摘掉小茄子的蒂，分成两半。如图所示，加入网纹状的切口。

蛇皮黄瓜

①刀稍稍悬空，避免切断黄瓜，倾斜着入刀。

②黄瓜翻面，同样方式入刀。注意，切口角

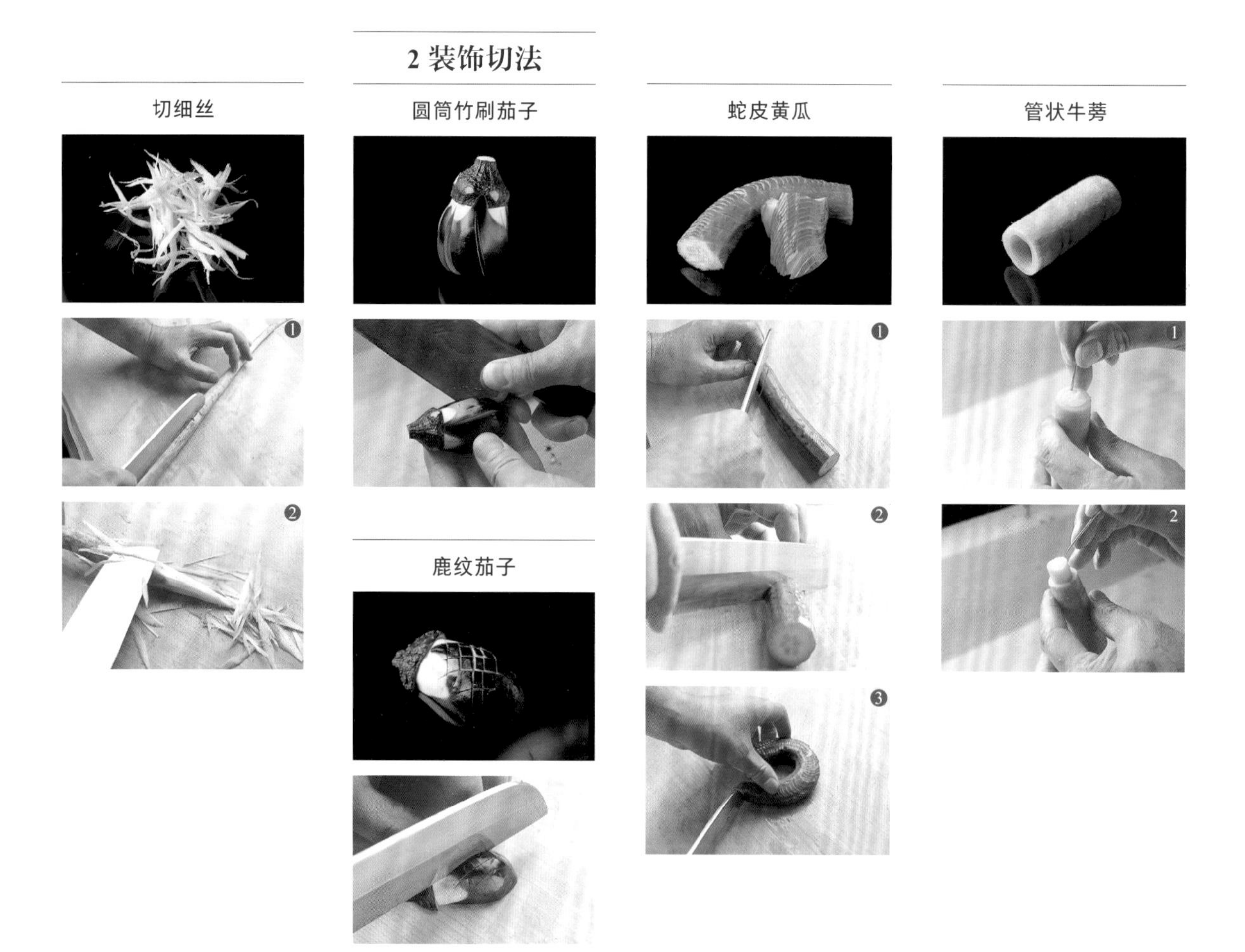

度与步骤①相反。

③如图所示，弯曲调整形状。

管状牛蒡

①将牛蒡煮硬，并寸切。

②将金属串针穿入牛蒡皮内侧（与皮保持适当距离）四周，转动牛蒡，推出内侧被切出部分。可用于煮食或醋牛蒡。

四方切

黄瓜段切成适当大小的方形。

花莲藕

①将莲藕切成合适厚度，孔和孔之间倾斜入刀。

②③边角修整圆润。可用于点缀或装饰。

箭羽莲藕

①切莲藕。准备 1 片倾斜切的藕片。

②③竖直切成两半，切口朝上对齐。

细竹

将土当归、莴笋等削成细长的圆柱形。

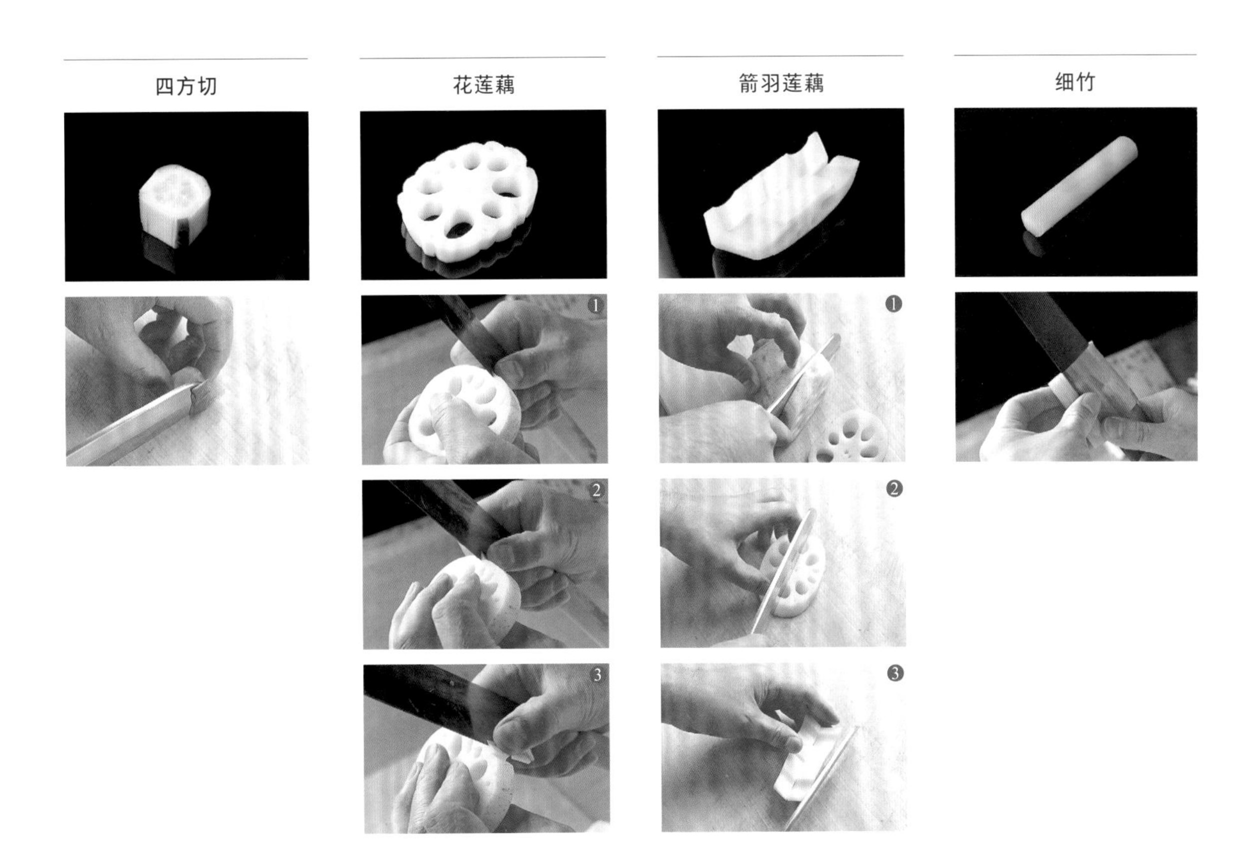

龟甲

先切圆片，再将圆周六等分（可以用刀标记）切成六边形。

五边形（五角形）

先切圆片，再切成等边五角形。圆周难以五等分时，可准备带状的细长纸，打结制作成纸型。注意，每边比纸稍宽。

倒角

为了防止煮后走形，保持整齐的外形，将切口的边角切成45度。

龟甲

五边形（五角形）

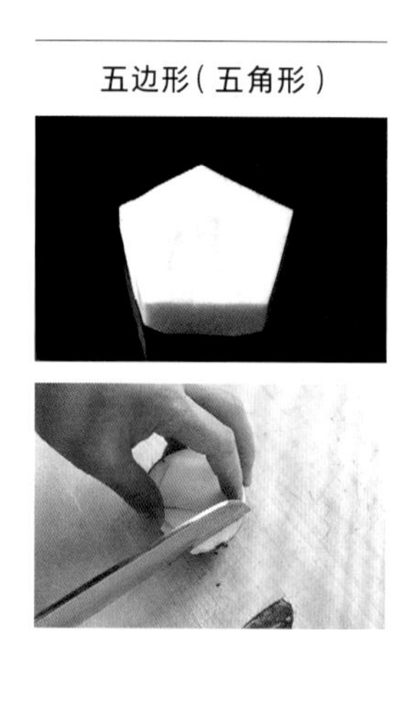

倒角

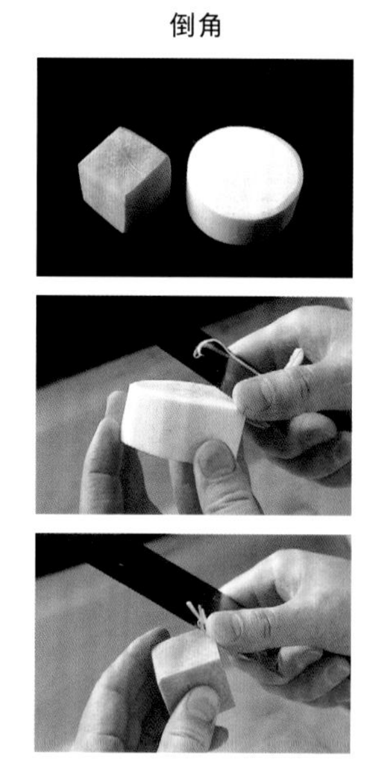

帮厨·二厨助手的工作①

水洗分解鱼

帮厨是指辅助性使用刀，协助二厨助手的工作。下文主要按操作顺序介绍鱼的粗加工方法及鱼的拿法，以及刮鱼鳞、取出内脏清洗（此步骤之前统称为“水洗”）及使用前的暂时保存方法。

关键要记住，即使相同种类的鱼，其粗加工方法也会因用途而改变。根据当天的菜单，决定是否切除鱼头或鱼鳍，刮鱼鳞时是否保留鱼皮纹，粗加工方法并不是一成不变。无论蔬菜或鱼类，首先应了解及确认当天的菜单。

怎么样才算是合格完成水洗处理工作？应当记住当天工作的流程，并完全理解目前的工作环节对整体工作的意义。具体说来，通过水洗处理可以理解所用食材（蔬菜、鱼类等）的用途，并迅速完成相应的前后处理工作，使接下来的工作能够有效衔接。预见自己工作的前后关联，思考如何将自己的作用最大化很重要。

鱼各部位的名称

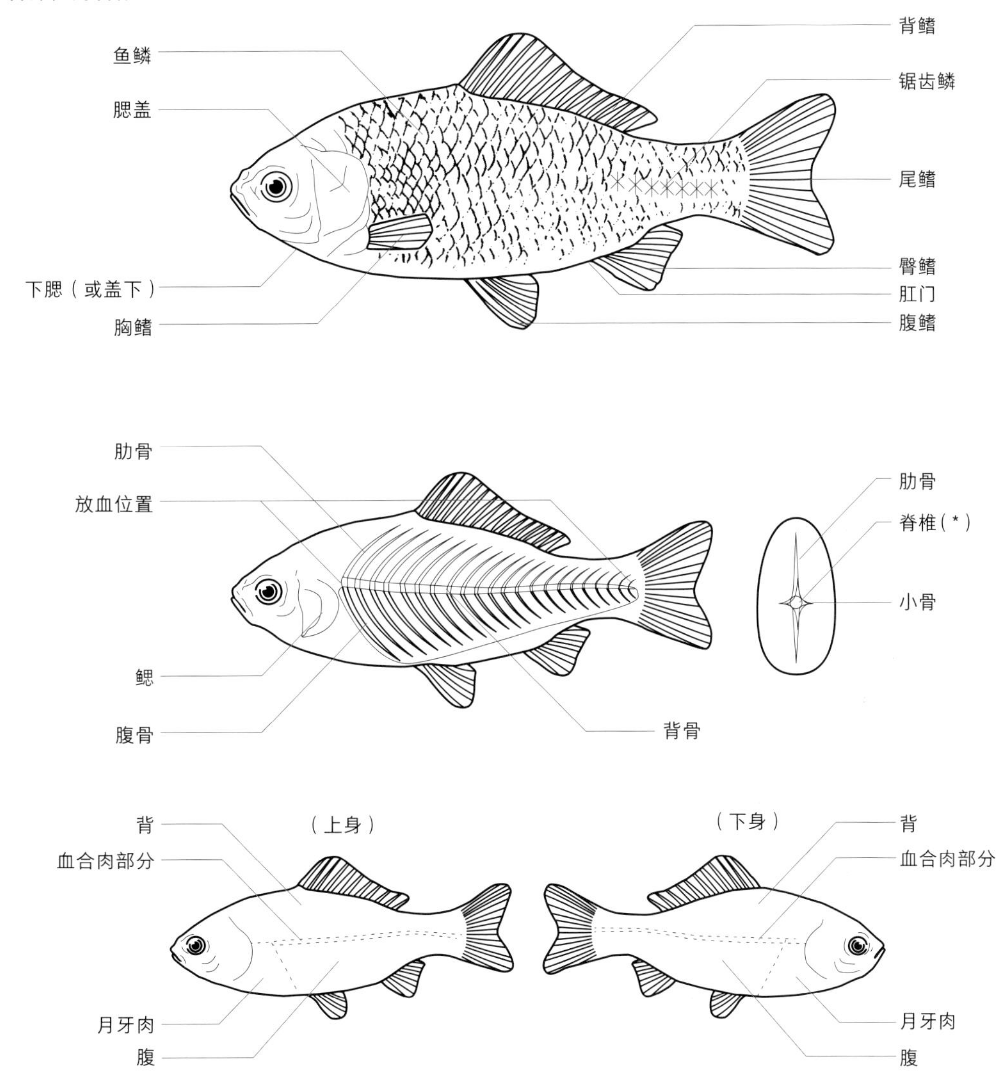

* 本书中将肋骨中央的骨头称作脊椎。

分解前

刮鱼鳞、取出内脏水洗等处理容易弄脏水槽及台面。而且，容易影响下个流程的工作，因此需要做到以下几点：

①砧板必须弄湿，使其不易沾上血，再用充分拧干的布巾擦拭。

②布巾仔细清洗后拧干，并始终放在身边。

以上两点必须遵守。当然，始终保持周围环境整洁，准备好所需工具，也是必不可少的基本工作。

水洗分解鱼时的工具。从左开始依次为：钢丝球、锅刷、一次性筷子（缠上布）、鱼鳞刨、牙刷

鱼的拿法

注意，拿起鱼时绝对不可对鱼身施力过度。特别是死鱼僵直后会变软，需要小心处理。为了保持其原有形状，应始终用手支撑拿起。

琥珀鱼

类似这样的大鱼，先用左手紧紧拿住尾部，以防其掉落。横着拿起时，为了避免形状走样，应保持鱼身平整。

鲽鱼、大泷六线鱼等

对身体较小且柔软的鱼，要用手压住鱼鳃的根部竖起拿起，这样拿样鱼身不易滑动，不会走形。

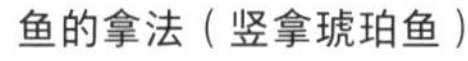
鱼的拿法（竖拿琥珀鱼）

（横拿琥珀鱼）

（鲽鱼）

刮鱼鳞

1 使用鱼鳞刨（以鲷鱼为例）

①首先，将鲷鱼的头部摆放于左侧。用鱼鳞刨由上至下呈半圆形行进，刮掉鱼鳞。通过这样处理，鱼鳞不易乱溅，且容易清除干净。基本上是沿着由尾部至鱼头的方向刮鱼鳞。

②需要保留鱼形时，插入鱼鳃中刮鱼鳞，避免刮掉鱼鳍。

③稍稍倾斜鱼身，刮腹部的鱼鳞。

④头部的较硬部分用鱼鳞刨轻敲以刮掉鱼鳞。

⑤用鱼鳞刨大体清除一遍鱼鳞之后，再用出刃刀（用于分解整条鱼的日式刀）刮掉细小部分的鱼鳞。先从背部开始，沿着鱼身的弧线，熟练地用刀尖仔细刮掉鱼鳞。刮鱼鳞的方向依旧是由尾部至鱼头。

⑥接着是腹部，这时使用刀刃的根部。

⑦分解头部：鱼鳞大且坚硬的鱼（鲷鱼等）特别需要仔细处理，毫无保留。

⑧最后，拿起头部，处理鱼嘴部分的鱼鳞。

2 主厨刀（比目鱼、方头鱼等）

比目鱼、方头鱼等鱼鳞细小且紧密贴合的鱼类，可用柳刃刀连皮一起刮掉鱼鳞。这种柳刃刀就是主厨刀。

①首先，除去比目鱼的胸鳍。

②从鱼身中心开始，沿着由尾部至鱼头的方向，前后移动刀尖以刮掉鱼鳞。建议在鱼身下方铺上纱布，保持鱼身稳定。每次刮鱼鳞的范围不能太大，以免刀刺坏鱼身。

刮鱼鳞

1 使用鱼鳞刨

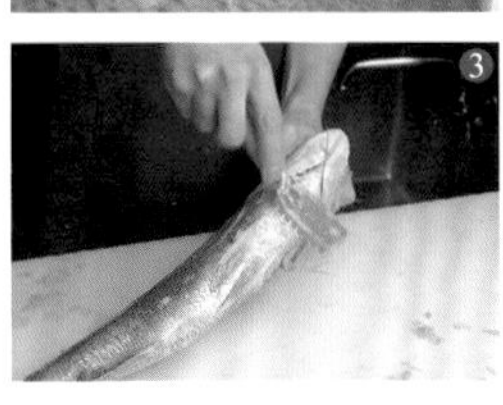

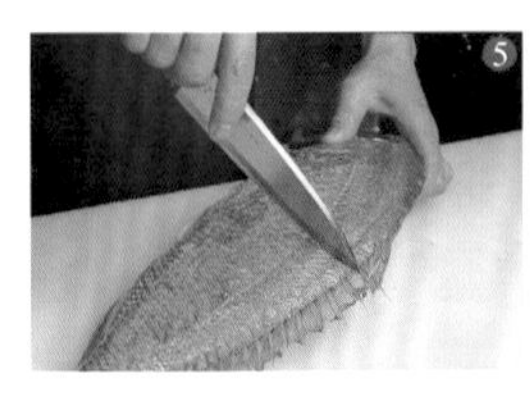

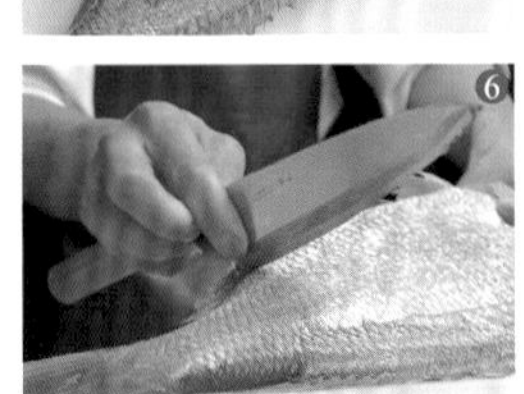

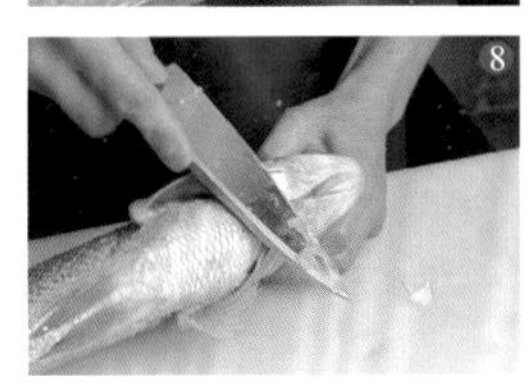

2 主厨刀

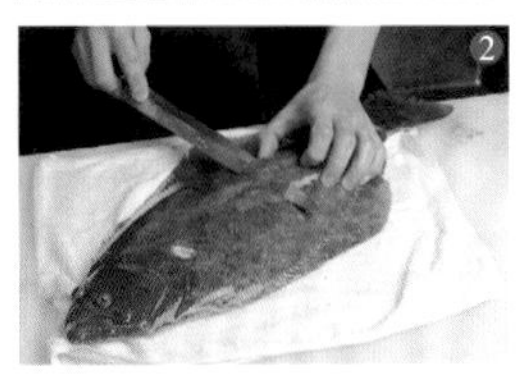

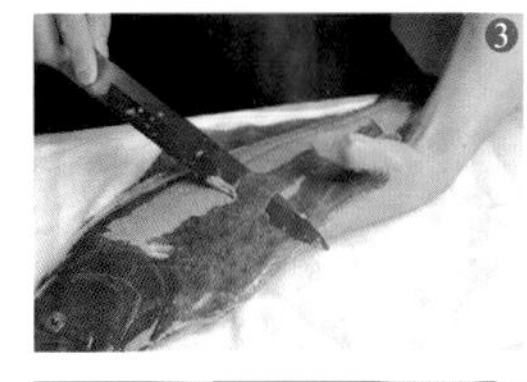

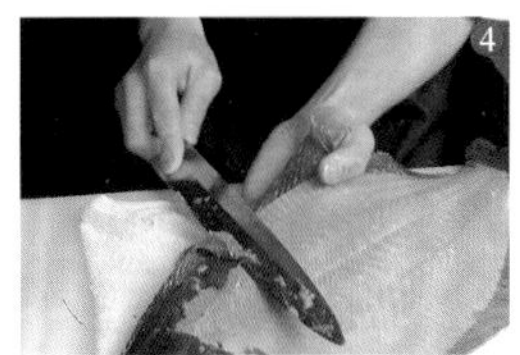

③肉身薄的鱼鳍附近，应将手插入扶住鱼身，并小心刮掉鱼鳞。

④刀接触鱼鳍时，刀刃不容易在鱼鳍边缘前后移动，应朝着同一方向刮鱼鳞。

⑤鱼身翻面，以同样的方法处理腹部。

3 使用鱼鳞钢丝刷

大泷六线鱼等鱼鳞细小、紧密贴合且难以使用刀清除的鱼类，可用鱼鳞钢丝刷呈半圆形行进，能轻易刮掉鱼鳞。

取出内脏

鱼的内脏如不取出清理干净，则难以持久保鲜。鱼鳞刮掉之后，应及时取出内脏。需要注意的是，取出内脏时要避免对其造成损伤。一方面可以有效控制二次污染，另一方面有的料理可能需要使用内脏。此外，根据鱼的大小及料理用途，鱼内脏的取出方法也会有所不同，需要提前了解。

1 鱼头需要保留时（刀切入至肛门为止）

①以鲷鱼为例：首先，将鱼头摆放于左侧，刀插入腮盖。

②沿着月牙肉至胸鳍方向转动刀，切断腮盖的根部。

③刀尖刮擦腮盖，另一只手压住鱼头，挑出腮盖。

④沿着月牙肉至胸鳍方向插入刀。

⑤一刀整齐切开至肛门为止。注意刀刃深度，避免损伤内脏。

⑥用刀整齐切出内脏。

⑦刀尖轻轻插入血合肉（暗色肉）部分，以方便对鱼进行水洗。

2 鱼头需要保留时（在侧腹部划入暗刀）

①以鲽鱼为例。偏平形状的鱼等需要保持

取出内脏

1 鱼头需要保留时①

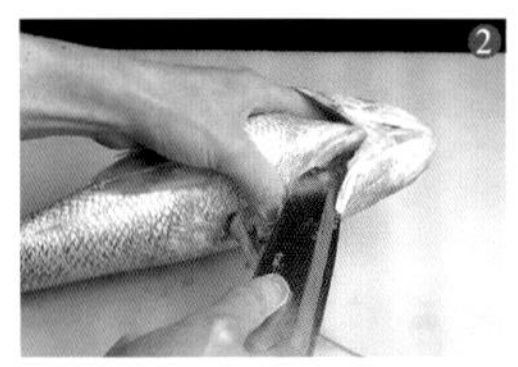

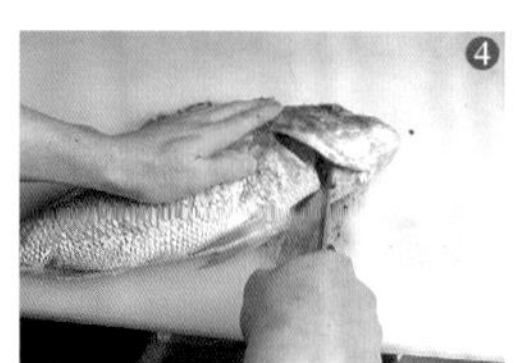

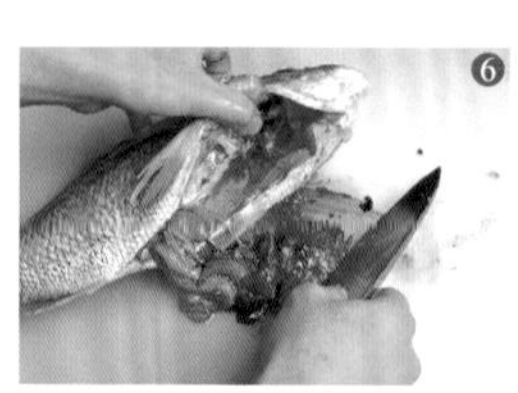

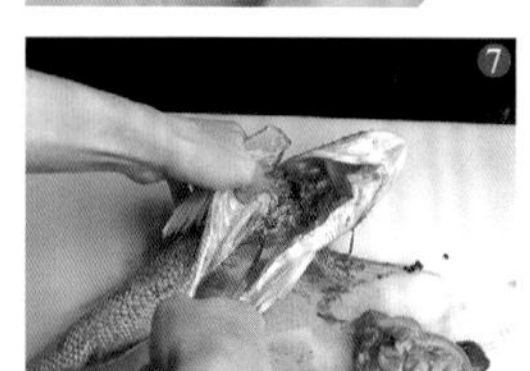

2 鱼头需要保留时②

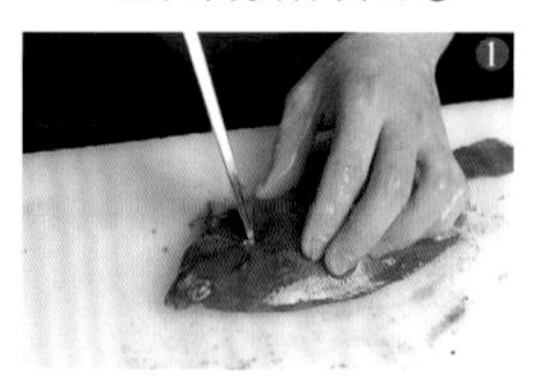

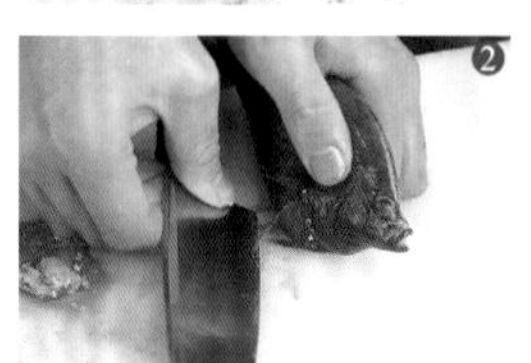

原形使用时，在腹部隐蔽位置划入切口（暗刀），用刀尖刮内脏。

②将鱼身翻面，刮出内脏。用刀尖、底刃撑开切口，将内脏彻底清除。

3 鱼头需要保留时（从腮盖取出内脏）

鱼身较小且细长的鱼等需要保持原形使用时，刀从鱼鳃伸入取出内脏，无须刺伤鱼身。

①以竹夹鱼为例。如照片所示，将竹夹鱼的腹部朝上放好，用刀背轻轻压住下颌。

②手指插入打开的腮盖。

③刀插入鳃的根部，用刀尖刮内脏。

④直接将鱼身向内侧转动半周，使腮盖贴住砧板。

⑤鱼身恢复原状，刀将内脏自然刮出。

4 鱼头需要切掉时（大型鱼）

①以鲣鱼为例。用出刃刀从腹鳍根部斜切。

②从胸鳍斜切（两侧）。

③接着，在腹部浅切。

④用手剥离鱼头和鱼身之后，将内脏整体取出。

⑤在腹部深切，在与血合肉接触部分加入切口。

⑥⑦用刀尖剔除血合肉。

3 鱼头需要保留时③

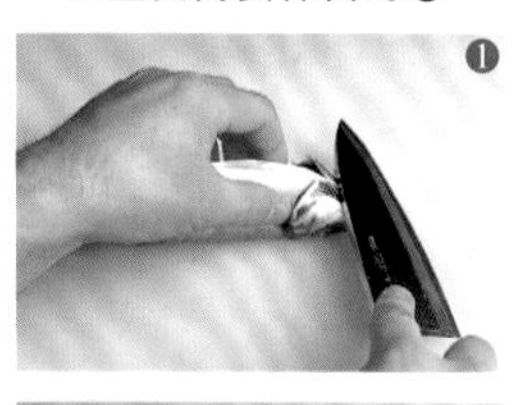

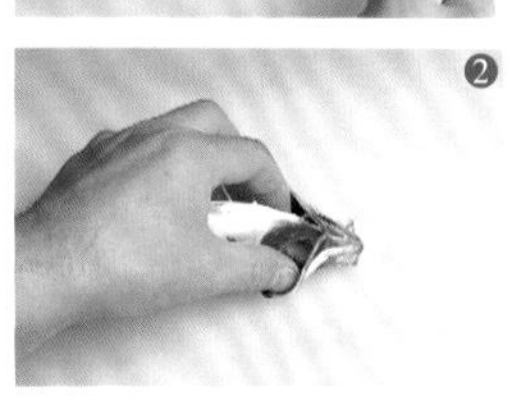

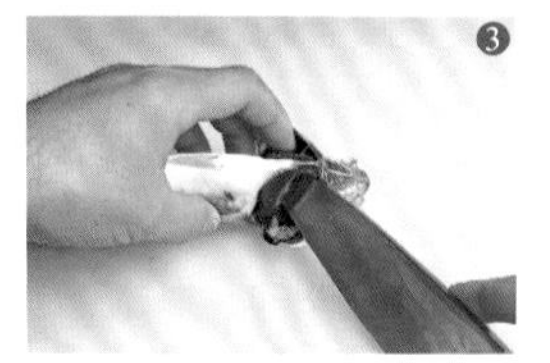

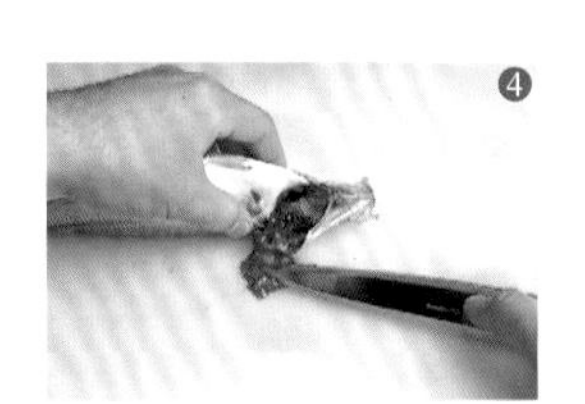

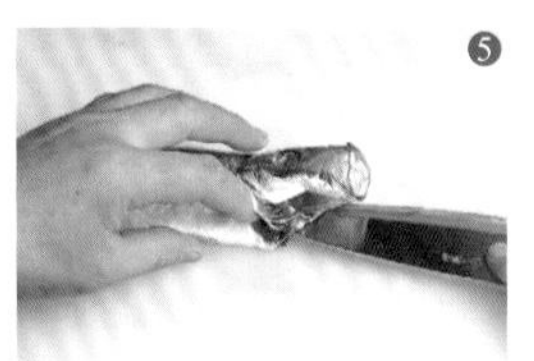

4 鱼头需要切掉时①

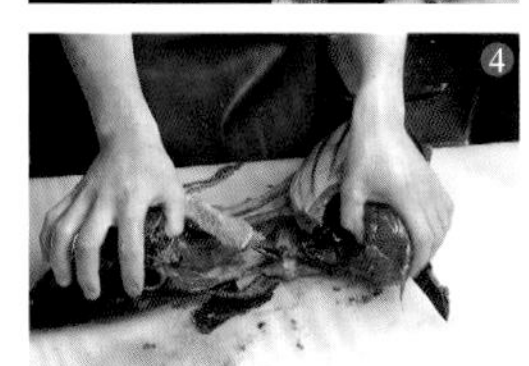

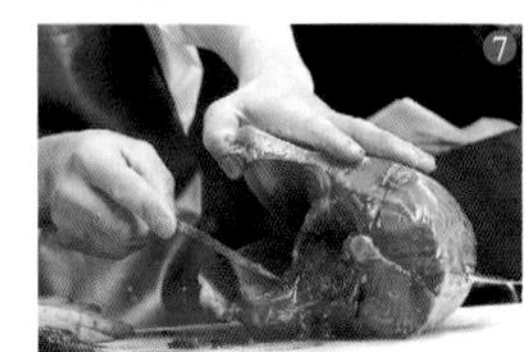

5 鱼头需要切掉时（小型鱼）

①以沙丁鱼为例。鱼身软，需要小心处理。用刀除掉鳞片。

②切掉鱼头。也有用手摘掉鱼头的方法，但用出刃刀切掉的效果更整齐。注意，应保证刀刃锋利。

③倾斜切掉腹部。

④滑动刀，直接刮出内脏。

⑤熟练运用刀尖，刮出剩余的内脏。此时，注意避免划伤鱼身。

冲洗血合肉及污垢

1 使用锅刷

①以鲷鱼为例。盆中装满盐水（尽可能接近3%浓度的盐水），放入鱼，用锅刷刮擦血合肉及污垢。如果此时未充分清洗，会残留血污、腥臭等。

②使用锅刷时对应鱼肉厚度，控制刮擦范围，避免对其他部分造成损伤。

③不方便处理时转移到砧板上，背骨周围的血合肉也能轻松刮出，接着再放回盆中，在砧板和水盆中交替处理。

④最后，换掉盐水，在水中处理细小部分（可以使用牙刷）。

2 使用牙刷

①以沙丁鱼为例。鱼身较小或柔软时不使用锅刷，应使用牙刷。盆中装满盐水，放入鱼仔细

5 鱼头需要切掉时②

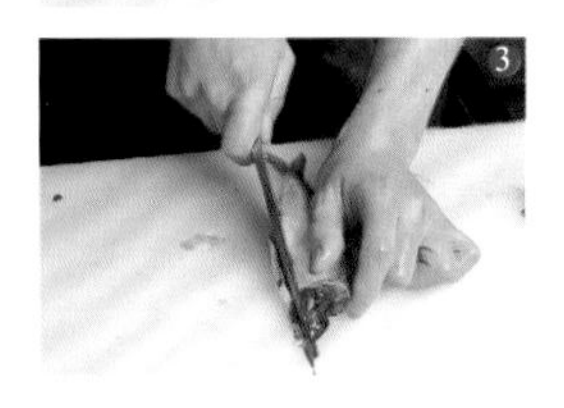
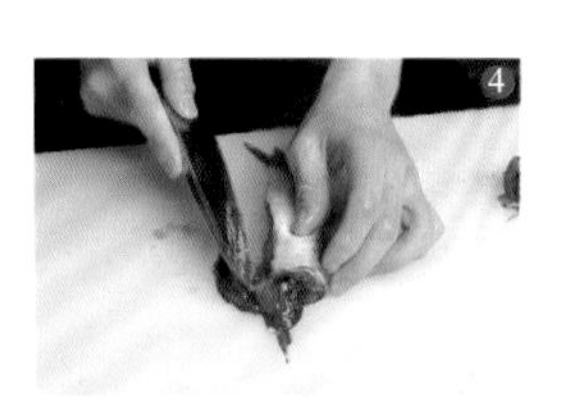

冲洗血合肉及污垢

1 使用锅刷

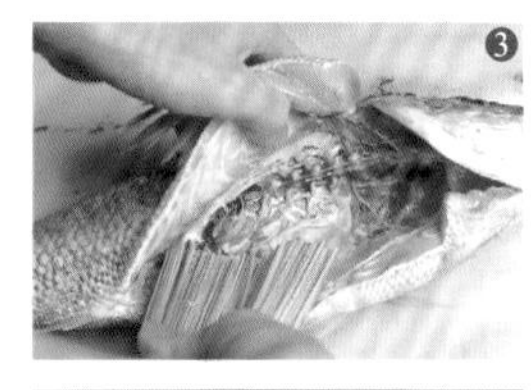

2 使用牙刷

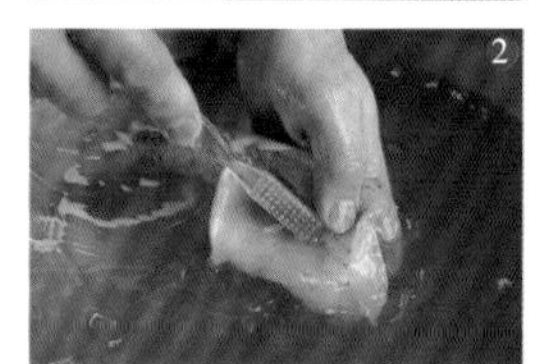

清洗。

②以大泷六线鱼为例。撑开避免划伤鱼身，轻柔清洗至内侧。

3 使用一次性筷子

以鲽鱼为例。用暗刀等加入尽可能小的切口，肉身软的鱼将手指插入腮盖，放入冰的食盐水中用一次性筷子刮出内脏。将一次性筷子缠上布，避免损伤鱼身。

鱼的存放

1 大型鱼

①以鲷鱼为例。鱼身打开部分塞入纸巾。

②用淋湿后拧干的白纱布包住收存。

2 小型鱼

①尽可能在托盘内铺上易吸收水的纸，再将鱼摆放好。任何种类的鱼都是打开一侧的腹部容易损坏，应将腹部朝上摆放（如照片所示）。

②用保鲜膜紧紧封上，放入冰箱保存。

3 使用一次性筷子

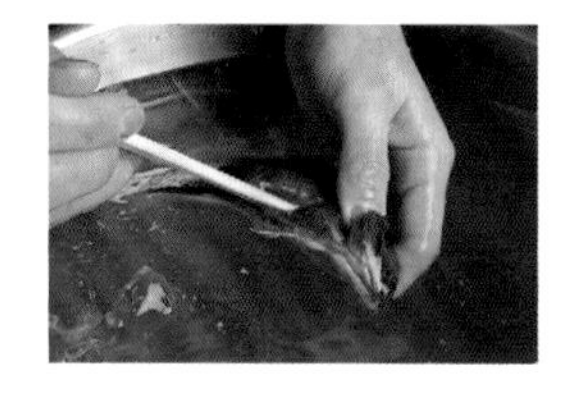

鱼的存放

1 大型鱼

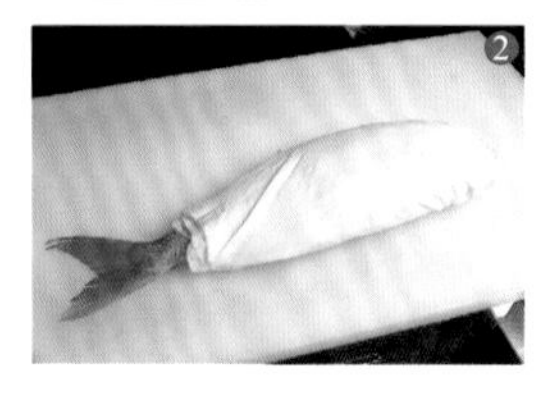

2 小型鱼

水洗分解贝类 / 乌贼的分解方法 / 螃蟹的分解方法

水洗分解贝类

扇贝内部有两处贝柱（闭壳肌）。注意不同贝类的贝柱位置可能有所区别。水洗分解贝类时有专用工具，应区分使用。

贝类体型小且结构复杂，应仔细分解。旁边应始终放着淋湿并拧干的棉布（与鱼类分解相同），一边擦拭一边分解。

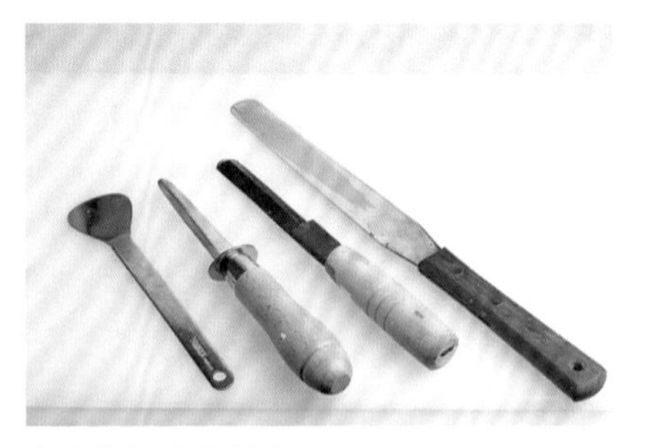

水洗分解贝类所需工具
（从左开始分别为：虾夷扇贝铲、开贝刀、赤贝刀、金属铲）

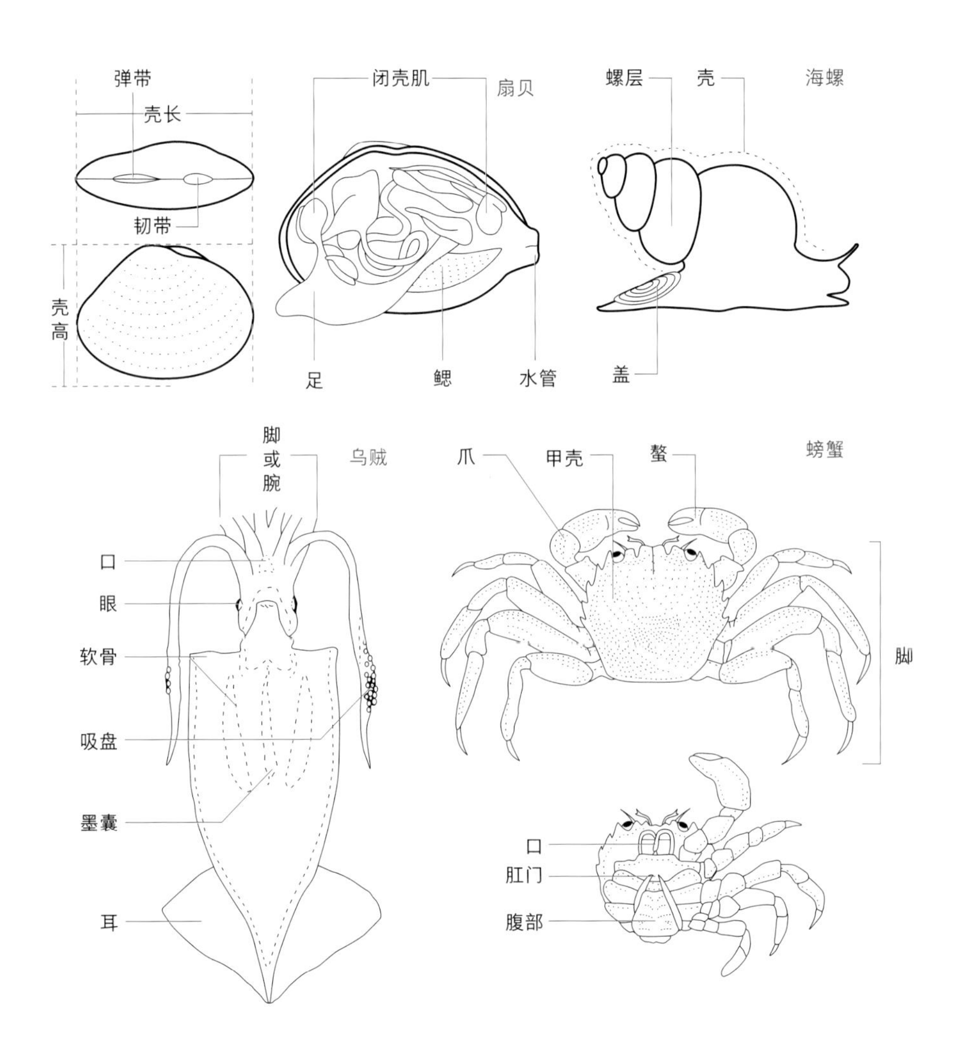

(1) 江珧贝

①插入开贝刀，割开贝柱。

②打开贝壳。

③拆去一侧的贝壳并割开贝柱。

④除去贝柱周围的内脏、肠等。

⑤用竹签剔除周围的薄膜。

(2) 海松贝

①水管朝向内侧拿起，插入开贝刀，割开贝柱。

②割开另一侧的贝柱。

③另一侧贝壳拆开。

④沿着贝壳的弧线，轻轻放入金属铲。

⑤从壳中取出肉身。

⑥剥开水管的皮。方法有两种，其中一种是撒盐后放置15分钟。

⑦用硬币摩擦剥掉皮。

⑧另一种方法：热水焯水管部分，浸入冰水后同样剥皮。这是急用时的简洁方法。

⑨刮掉肉身和水管。

⑩切掉小肠。

⑪从水管的正侧面插入刀，切开。搅动清除里面的污垢。

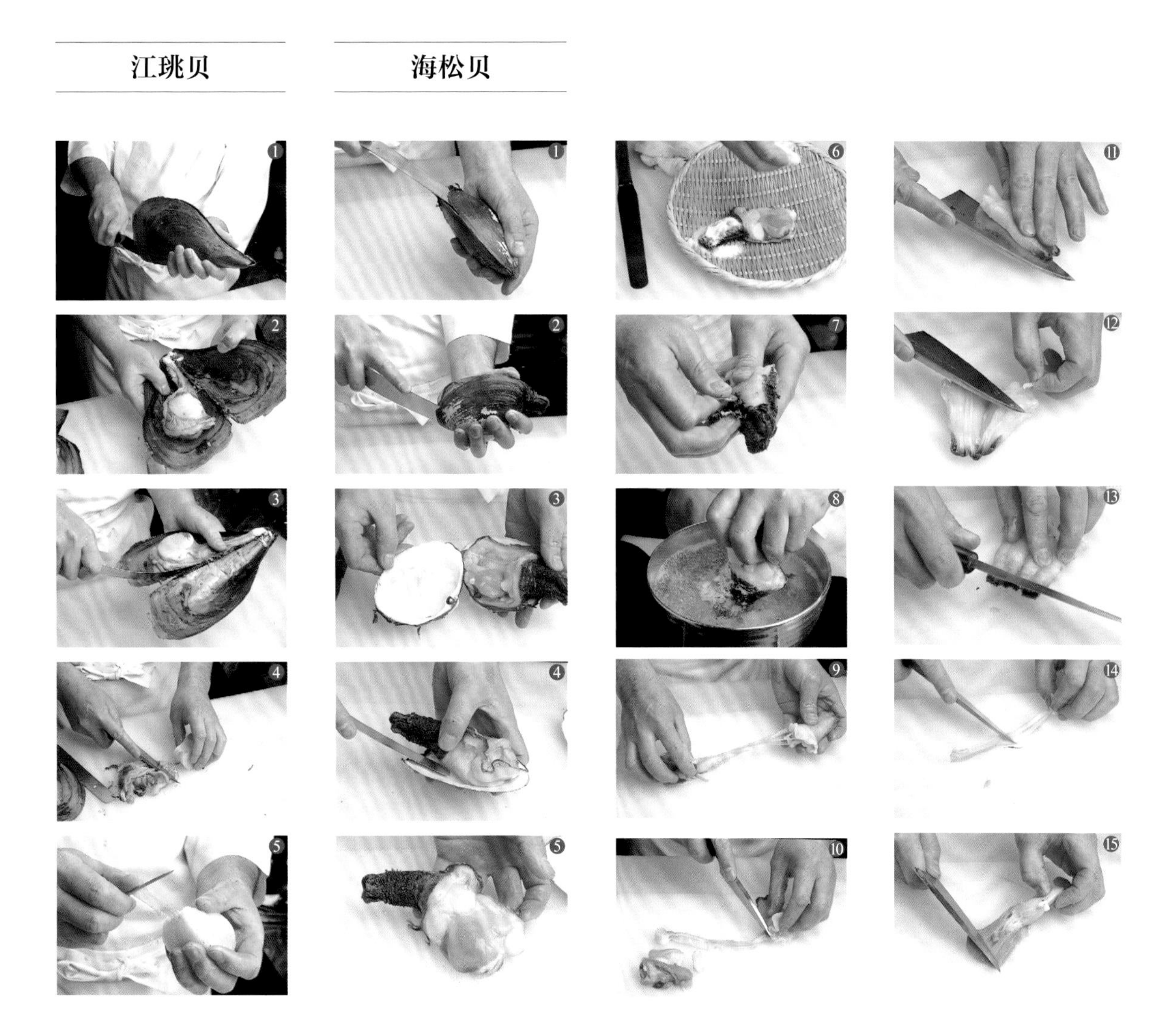

⑫切掉底部的水泡部分。

⑬用刀刮掉水管前端的膜。

⑭用刀刮掉小肠的污垢。

⑮切掉肉身和砂囊。

⑯将肉身切半。

⑰用刀刮掉内脏。再用拧干的棉布擦掉膜及污垢。

⑱已经过水洗的海松贝。

⑲水管前端的黑紫色部分浸入热水中。

⑳颜色变成红色后，浸入冰水中冷却。

㉑用棉布擦掉水汽。

(3) 鸟蛤

可食用的黑紫色足容易剥离。壳柔软，应小心分解。

①②摘下两个贝柱。

③用金属铲从壳中挖出肉身。

④拿起肉身和足，拉扯分为两块。

⑤－⑧从足的侧面插入刀，刮出内脏。为了防止黑紫色部分剥离，在砧板上铺锡箔纸等，使其容易滑动，以免受力过大。

⑨⑩肉身放入约 65 摄氏度（手可放入的温度）的热水中浸泡之后再浸入冰水中，以保持其柔软。

⑪用拧干的棉布轻压擦拭水汽。

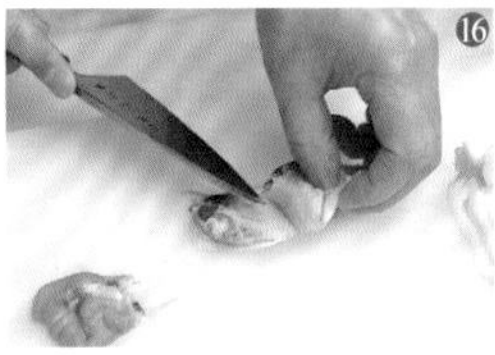

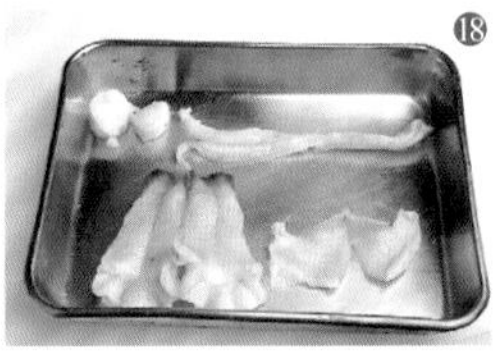

鸟蛤

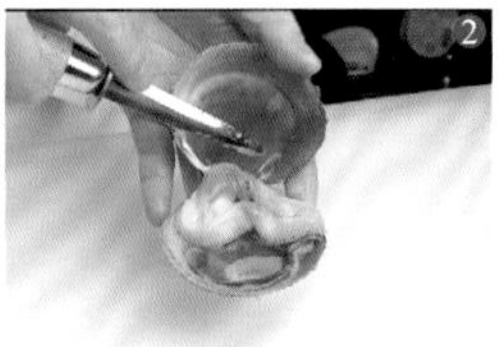

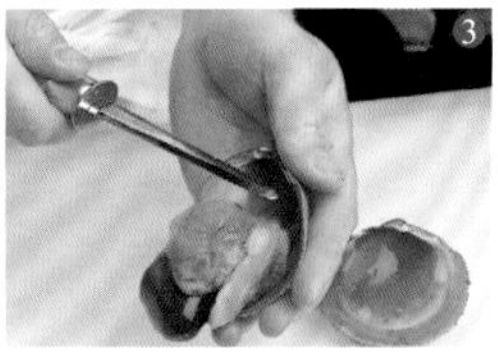

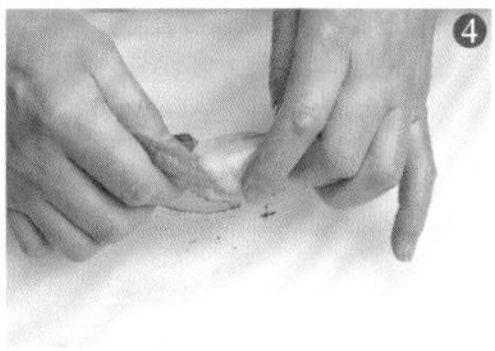

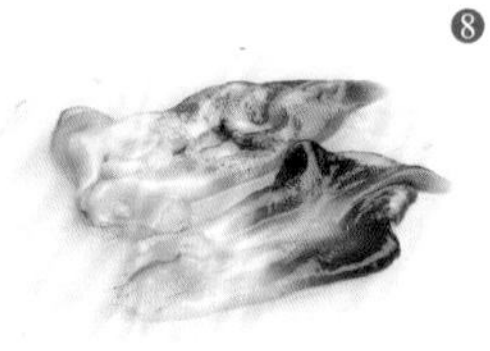

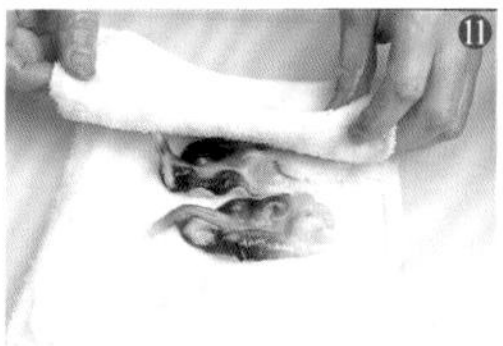

⑯ ⑰ ⑱ ⑲ ⑳ ① ② ③ ④ ㉑ ⑤ ⑥ ⑦ ⑧ ⑨ ⑩ ⑪

(4) 赤贝

此操作容易弄脏砧板，应边处理边擦拭。

①左手拿起赤贝，开贝刀塞入凹陷的弹带部分。左右扭动开贝刀，使壳错开。

②插入开贝刀。

③沿着壳的弧线，摘下贝柱，取出肉身。

④步骤①中壳的弹带突出部分裂开时的肉身取出方法。从破损部分插入开贝刀，摘下贝柱。

⑤壳打开，可取出肉身。

⑥左手拿住肉身，用刀背压住小肠。拉动肉身，可分开肉身和小肠。

⑦用刀背刮掉小肠，清除污垢。

⑧从侧面插入刀，避免切掉肉身。

⑨如照片所示切开，里面的内脏可见。接着，刮掉左右的内脏。

⑩用盐揉搓肉身和小肠，去掉黏质。先将肉身和小肠一起撒盐。

⑪上方用小盆盖住，用力晃动，使盐分均匀分布。

⑫仔细用水洗，清洗污垢及黏质。用棉布仔细擦拭水汽。

赤贝

(5) 鲍鱼

①壳朝下放置，肉身撒上盐。放置10分钟左右，使肉身收紧。

②用锅刷擦洗清除污垢及黏质，接着用水洗。

③用刨丝器的柄沿着鲍鱼壳，从壳的薄侧至厚侧插入。

④左手将壳较厚侧朝上立起，空手劈砍肉身。

⑤拉开摘下肉身，内脏留在壳中。

⑥从壳中取出内脏。

⑦肉身加入小切口，取出红色软骨。

⑧⑨如照片所示，肉身穿入两根竹签，以保持其形状。

(6) 海螺

趁新鲜及时处理，避免肉身收缩。

①开贝刀插入海螺的盖中。

②开贝刀插入连着贝柱部分顺时针转动，快速拆开。接着，连同盖一起取出肉身。

③左手固定壳，插入另一只手的食指，转动拆开内脏和壳。

④转动壳，刮出内脏。

⑤开贝刀插入肉身和盖之间，切掉盖。

鲍鱼

海螺

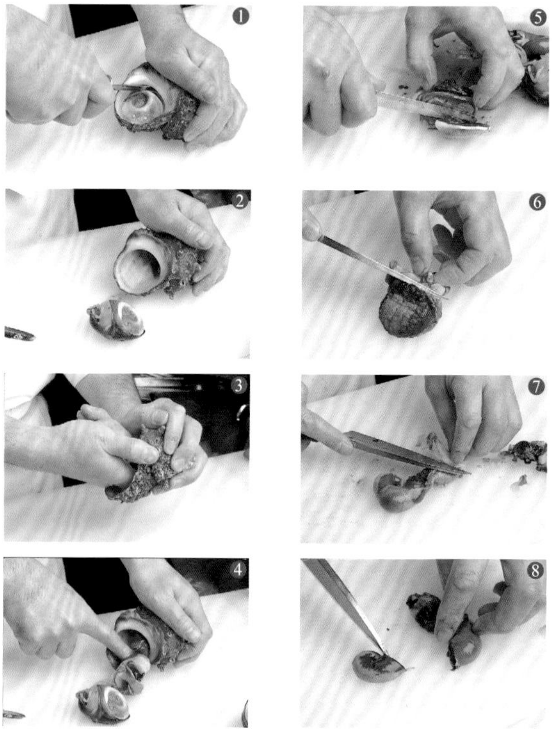

⑥用刀切掉连着盖部分附近的水管。

⑦切掉贝柱和内脏。用刀刮出清除贝柱中的污垢。

⑧切下内脏的可食用部分（螺旋花纹前端）。

⑨用盐搓揉可食用部分，除去污垢和黏质。注意，整体均匀撒盐。

⑩用小盆将其盖住，用力晃动，使盐分均匀分布。

⑪盐搓揉完成后的状态。

⑫水洗清除污垢后，再用棉布擦掉水汽。

乌贼的分解方法

乌贼淋水后会降低新鲜度，尽可能在不弄湿状态下分解。注意保护墨囊，否则破裂后需要水洗。薄皮难剥，应用布巾辅助剥皮。

(1) 莱氏拟乌贼

取出内脏

①在背部中央竖直加入切口。

②撑开切口，大拇指插入内脏（被薄皮包着）和肉身，取出内脏。

③左手压住肉身，右手收紧拿住脚和软骨，连着内脏一起拉扯取出。

剥皮

④大拇指插入肉身和皮之间，剥掉边缘的皮。

⑤从边缘开始剥皮。

⑥肉身翻面，用棉布辅助薄皮。

⑦硬皮乌贼建议用竹签剥皮。

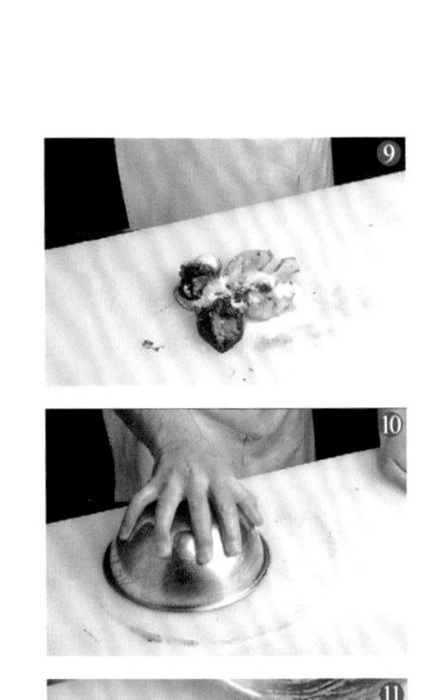

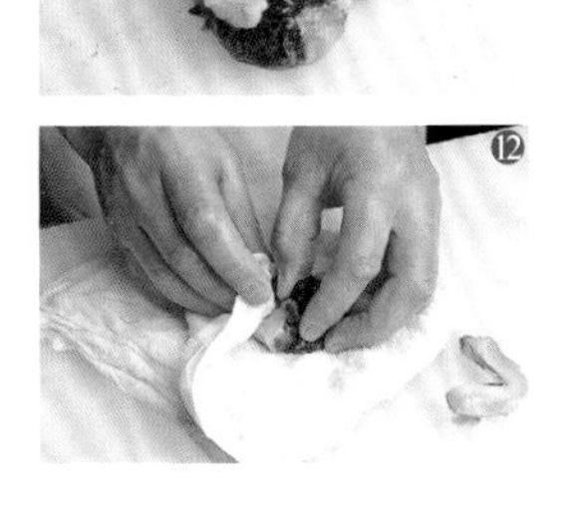

莱氏拟乌贼

取出内脏

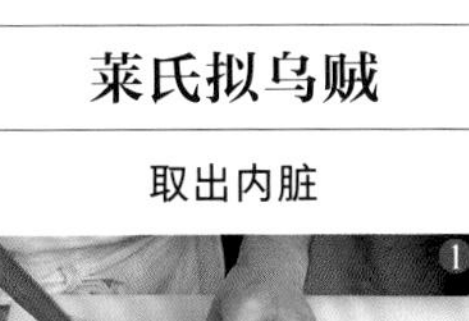

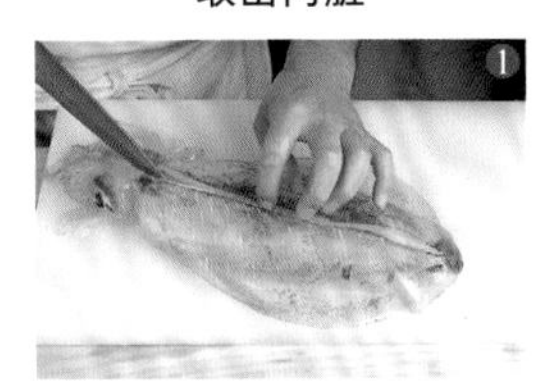

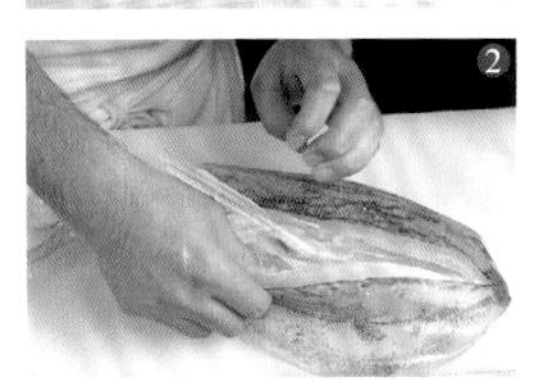

剥皮

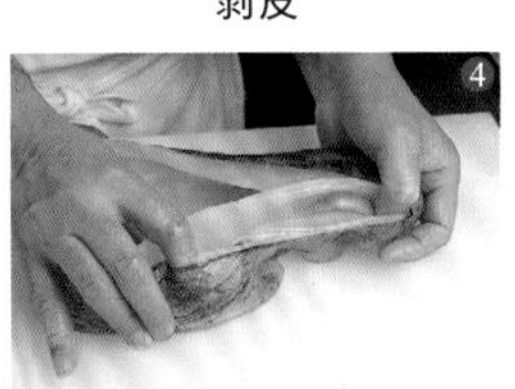

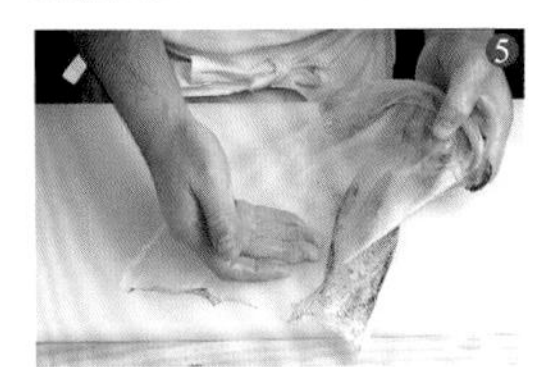

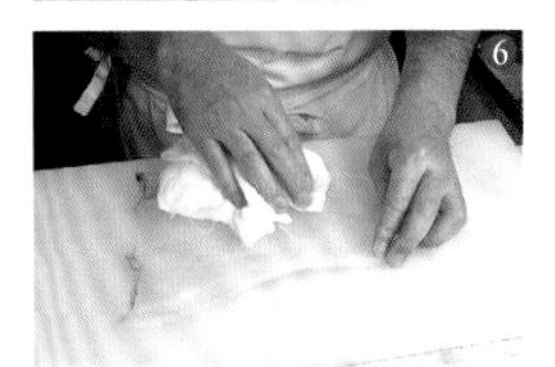

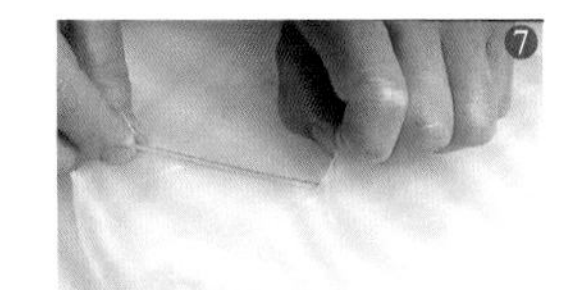

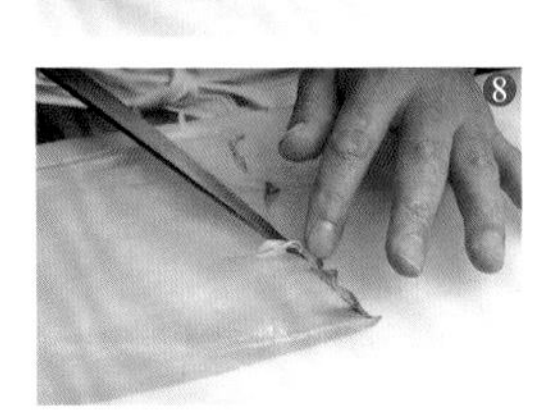

⑧切掉下方连着的两个软骨。

⑨直接切掉边缘。

剥掉鳍的皮

⑩切掉鳍与肉身部分相连的软骨。

⑪从步骤⑩的切口插入手指，剥掉边缘的皮。

⑫用布巾剥掉正反面的皮。

分解头部

⑬摘下墨囊。

⑭从眼睛上方切掉内脏。

⑮切开眼角，切掉口。

⑯左右眼睛也要除掉。

⑰除掉眼睛后加入切口，再用棉布辅助剥皮。

⑱用指甲勾住脚尖的吸盘，除掉吸盘（建议使用棉布）。

⑲⑳切开鱼头，取出小肠。

㉑分解完成的状态。

（2）长枪乌贼

取出内脏时，要尽可能避免残留。

①插入手指，分开内脏和肉身的连接部分。

剥掉鳍的皮

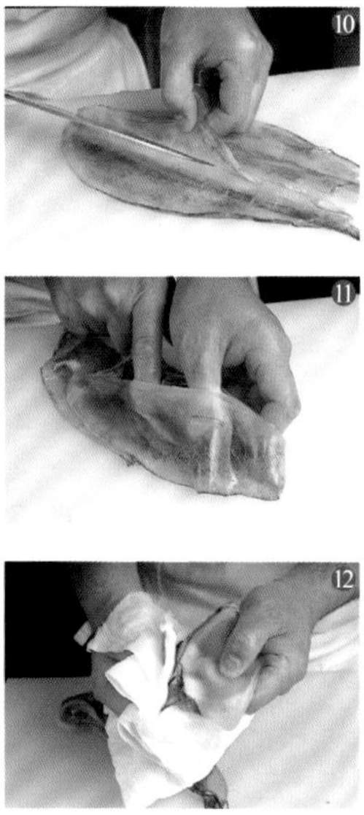

分解头部

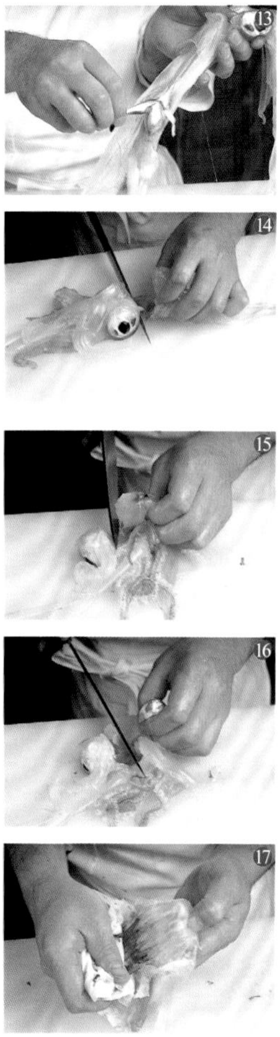

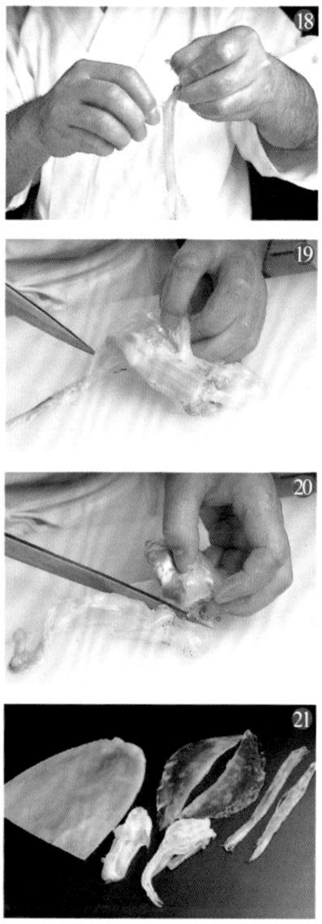

长枪乌贼

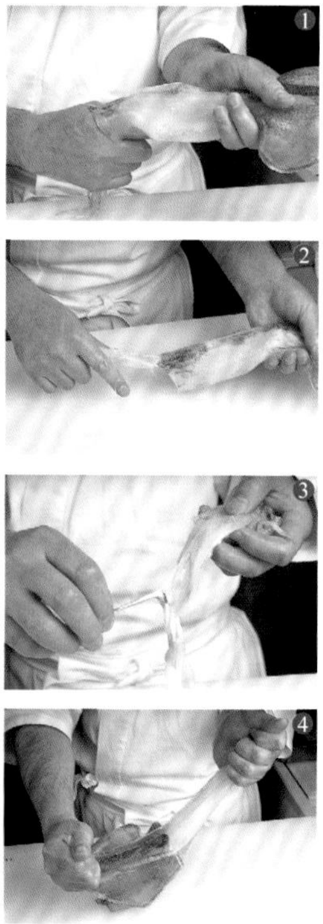

②拿住头部和脚，连同内脏一起取出。

③摘掉墨囊（腿的分解与莱氏拟乌贼相同）。

④除掉身体中的鳍，连鳍一起剥掉皮。

⑤抓住抽出软骨。

⑥刀刃朝向外侧插入，使连着软骨侧为右侧，从外侧向内侧移动刀，将其切开。

⑦用棉布除掉薄皮。

⑧分解完成的状态。

螃蟹的分解方法

考虑到方便食用，应先刀切螃蟹。

(1) 毛蟹

①蒸或煮螃蟹时，蟹壳朝下，腹部朝上，对其加热。这样分解，蟹汁不会沾到身上。大量螃蟹一起煮时，用绳子捆住蟹脚。如果将活蟹放入沸腾的热水中，蟹脚会挣扎掸落，应同冷水一起煮。煮的时间根据螃蟹大小，大致在15 ~ 20分钟。

分解肉身

②掰开4只脚，用刀沿着根部切掉。

③爪同样沿着根部切掉。另一侧的脚和爪同样切掉。

④用刀尖撬开拆掉腹部。

毛蟹

分解肉身

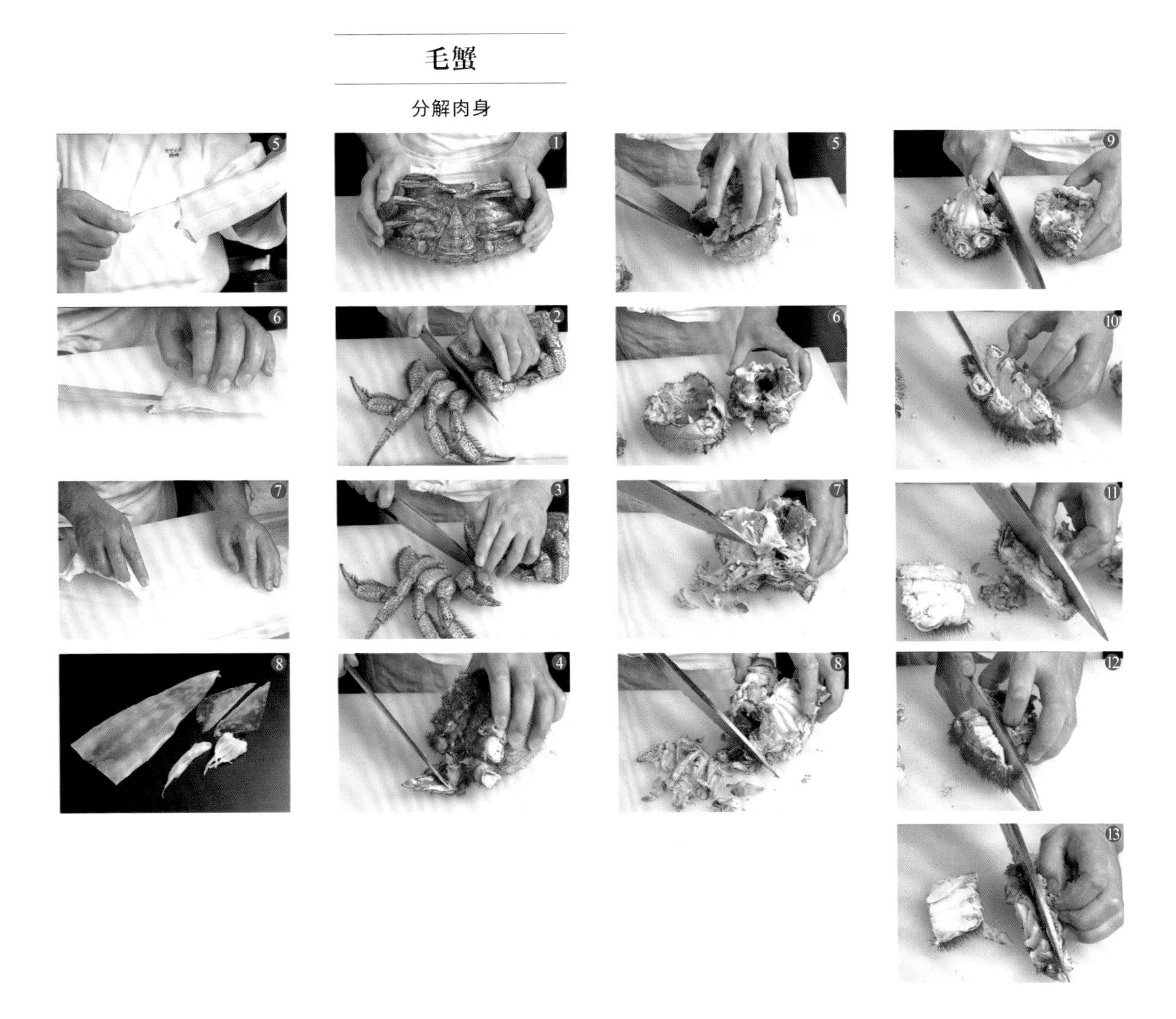

⑤刀尖插入已拆掉腹部的部分，按住蟹壳，拉动身体使蟹壳和肉身分离。

⑥已分离的状态。

⑦用刀刮掉肉身两侧的鳃。

⑧切掉嘴部分。

⑨肉身切半。

⑩从连着脚的一侧插入刀，切成两半。

⑪连着蟹壳一侧的肉身被分为两层，在分层位置再次切开。

⑫⑬从另一侧（步骤⑨将肉身对半切开时的切口侧）切开时，同样切成三块。

除掉蟹脚的壳

⑭关节对折成V字形拿起，切掉下侧部分的壳。

⑮⑯从步骤⑭的切口插入刀，切开壳。

(2) 帝王蟹

帝王蟹是寄居蟹的同科，体型较大，容易处理。

①与毛蟹的步骤②③同样，切掉脚和爪，再用刀的刀尖撬开拆掉腹部。

②刀尖插入已拆掉腹部的部分，按住蟹壳，拉动身体使蟹壳和肉身分离。

③用刀刮掉肉身两侧的鳃。

④切掉嘴部分。

⑤肉身切半。

⑥从连着脚的一侧插入刀，逐个切开。

⑦分别竖直对半切开。

除掉蟹脚的壳

帝王蟹

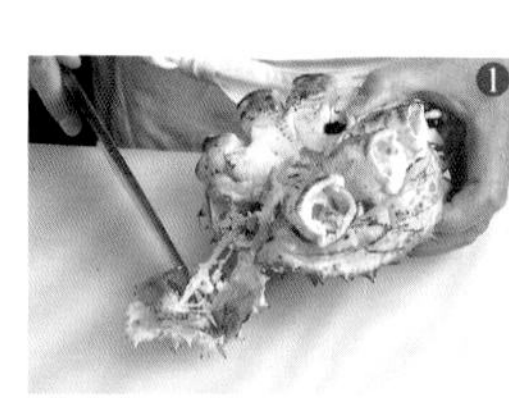

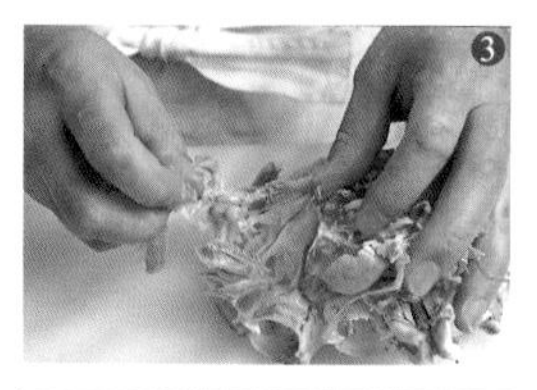

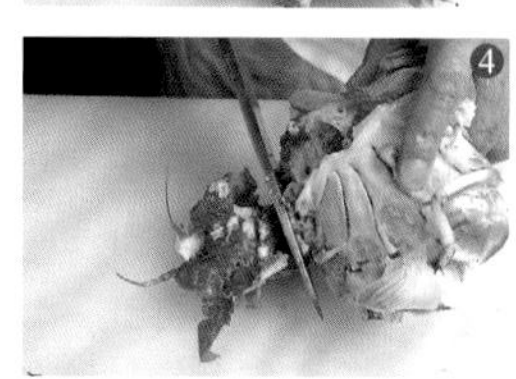

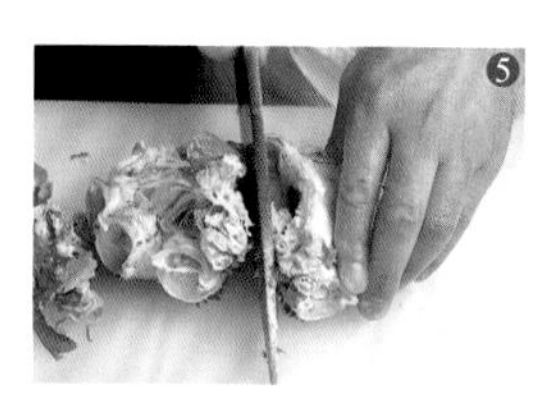

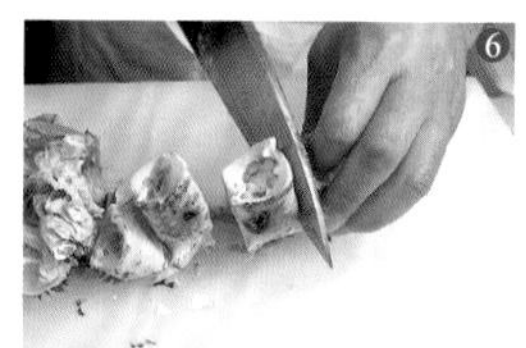

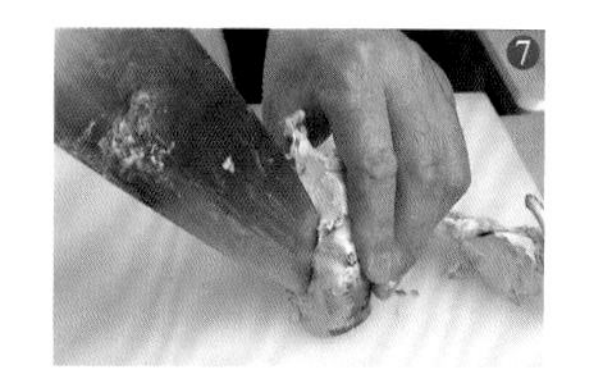

帮厨 · 二厨助手的工作③

鱼的分解方法

对鱼的最基本分解方法进行解说，即分三块、分五块、大名分块。根据当天的料理方式，分解方法有所不同。而且，要对应鱼的大小及形状选择合适的刀。

分三块（基础）

这是最基础的分解方法，在此通过步骤①—⑥说明分三块的方法。大型鱼也有其他分解方法：上侧肉身处理后不翻身，从腹部压住鱼骨并插入刀，改变朝向以切掉背部的鱼骨。鲣鱼、鰤鱼等大型鱼等，刀垂直插入背部的鱼骨，之后按①—③继续分解，仅将腹部切掉后即可使用。剩余部分按相同要领，仅需分解所用部分。

此外，分解生鲜有弹力的鱼或肉质收紧难以切开的鱼时，不用改变鱼的朝向，从腹部至背部沿着同一方向分解。熟练掌握这些方法需要练习，不断练习才能高效处理。

分三块（基础）

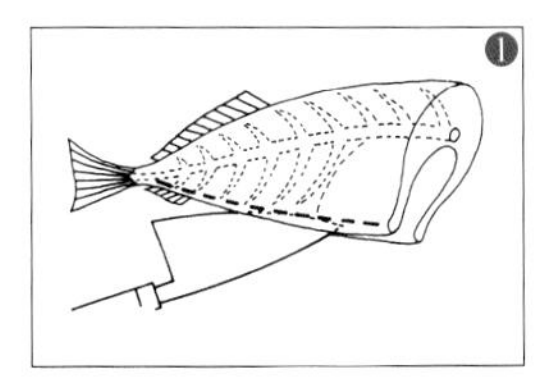

❶ 尾部朝向左侧，腹部朝向内侧，从尾部将刀插入腹鳍的根部边缘，一直切至尾部。

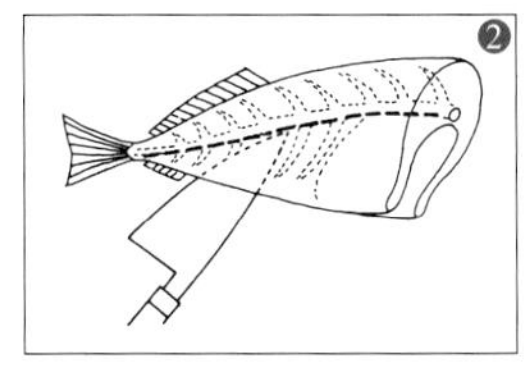

❷ 沿着肋骨，从鱼头朝向的位置，将刀插入至肋骨。

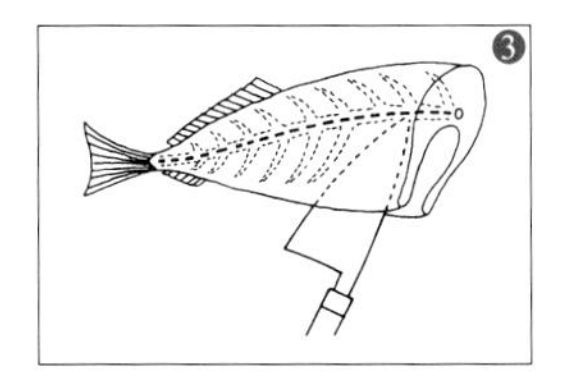

❸ 刀插入脊椎的隆起部分。脊椎较粗的鱼，建议将刀刃稍稍朝上。

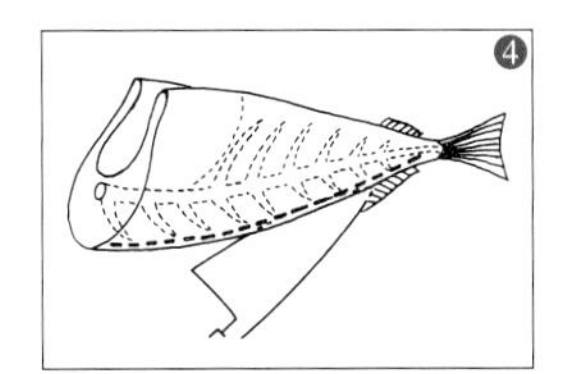

❹ 鱼身翻面，改变朝向，从尾部将刀插入背鳍的根部边缘，一直切至鱼头。

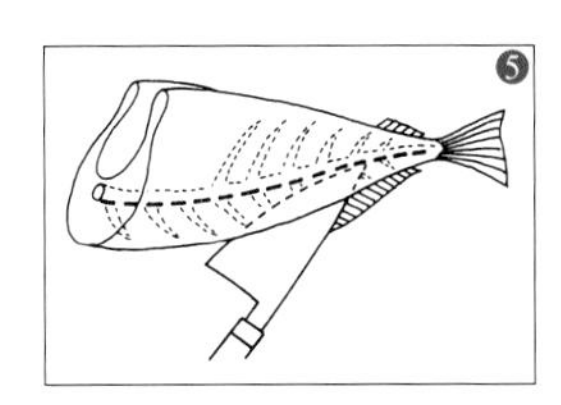

❺ 沿着肋骨，将刀插入至脊椎。

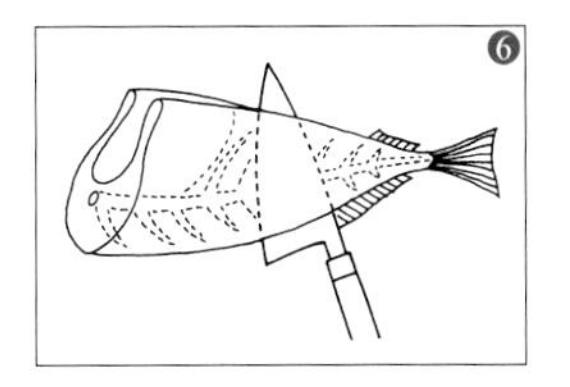

❻ 切开背鳍的根部，从尾部切开脊椎的上侧，沿着肋骨继续切，切掉肉身。

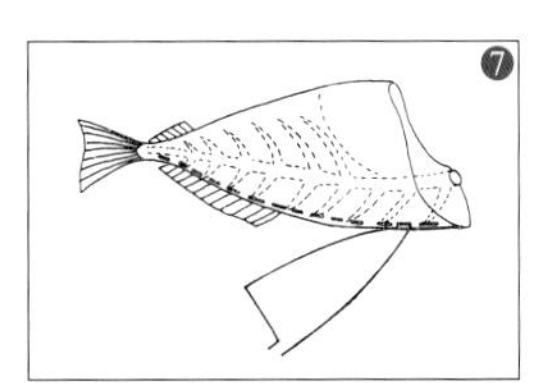

❼ 鱼身翻面，下侧鱼身沿着背鳍的根部边缘，从背部切至尾部。

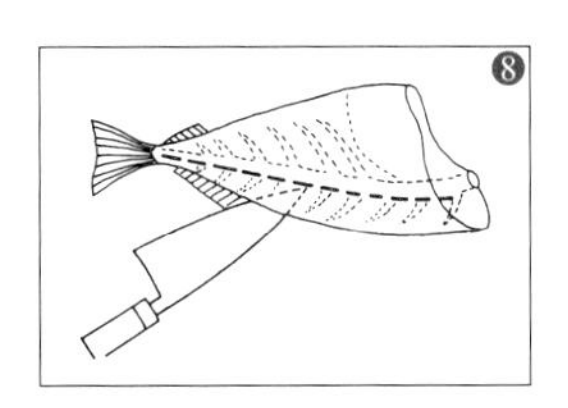

❽ 沿着肋骨，从鱼头至脊椎平整插入刀。

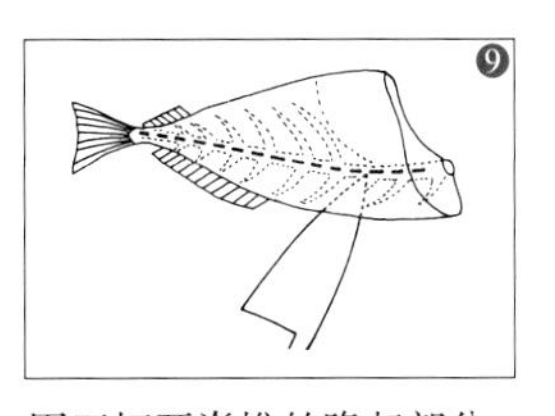

❾ 用刀切开脊椎的隆起部分。

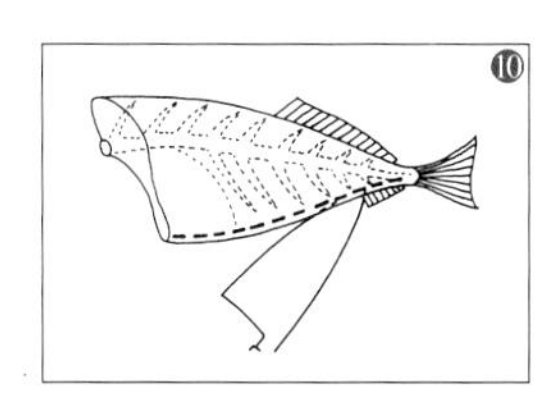

❿ 改变朝向，处理腹部。从尾部将刀插入腹鳍的根部边缘，连续切至鱼头。

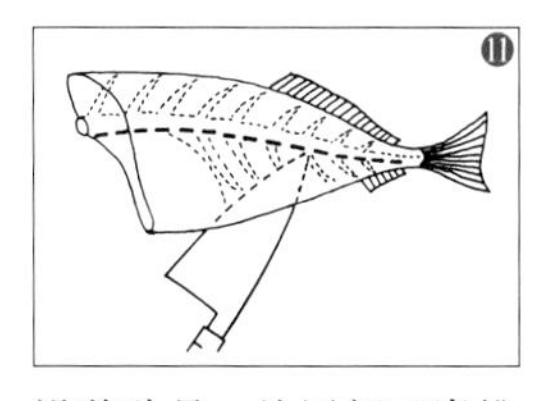

⓫ 沿着肋骨，从尾部至脊椎附近平整插入刀。

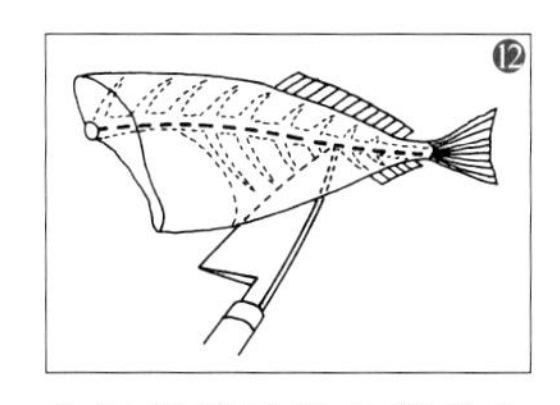

⓬ 从尾部将刀插入脊椎上方，切掉肉身。处理腹部鱼骨的根部时，竖起刀下压切开。

分三块（以鲷鱼为例）

①切掉鱼头。左手拿住胸鳍，从鱼头的根部开始，将刀倾斜插入胸鳍后方、腹鳍后方。

②尾部朝向左侧，腹部朝向内侧，从鱼头将刀插入至腹鳍的根部（深度为脊椎的一半左右），连续切开至尾部。切到尾部后，再次沿着鱼头→尾部的方向切开至脊椎。这次同样沿着鱼头→尾部的方向，将刀插入至脊椎上方。

③处理背部。与腹部相反，从尾部朝向鱼头，刀先浅插，接着插入至脊椎，沿着脊椎将刀插入两次。

④切开尾鳍的根部，从尾部朝向鱼头，切开脊椎的隆起部分，切掉鱼身。

⑤鱼头朝向右侧，处理下侧鱼身。按上侧鱼身的相同要领，但从背部开始处理。

⑥沿着尾部→鱼头的方向，处理腹部。与上侧鱼身不同，先切掉尾部的根部（这样处理可以使鱼身不易走形）。

⑦切开鱼身和脊椎。切到腹部后竖起刀刃，可整齐切开。

⑧划开腹部鱼骨。从肋骨侧开始沿着鱼骨的生长方向剔除。切掉剩余的腹部鱼骨，调整形状。

⑨分解完成的状态。

分三块
（以鲷鱼为例）

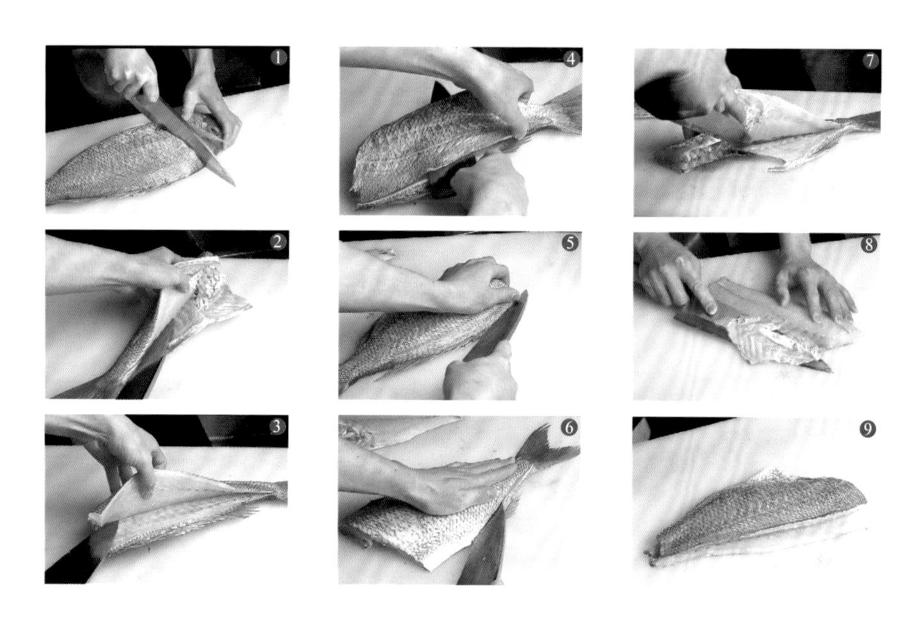

分三块（以竹夹鱼为例）

①切掉两侧的锯齿状鳞片，刮掉鳞片。

②切掉鱼头，切开腹部并除去内脏，将腹部用水清洗干净，并擦掉水汽。

③腹部朝向内侧，沿着肋骨插入刀，连续切至尾部。

④背部换到内侧，从尾部朝向肩口同样插入刀，按住肋骨，连续切至肩口。

⑤刀刃朝向外侧，切开尾部的根部，拆开一侧鱼身。

⑥肋骨朝向下侧，背部朝向内侧，从肩口沿着肋骨插入刀，连续切至尾部。

⑦腹部换到内侧，朝向肩口同样插入刀，按住肋骨，连续切至肩口。

⑧切开尾部的根部，拆开另一侧鱼身。

⑨切削掉腹部鱼骨。

⑩切掉边缘。

分三块
（以竹夹鱼为例）

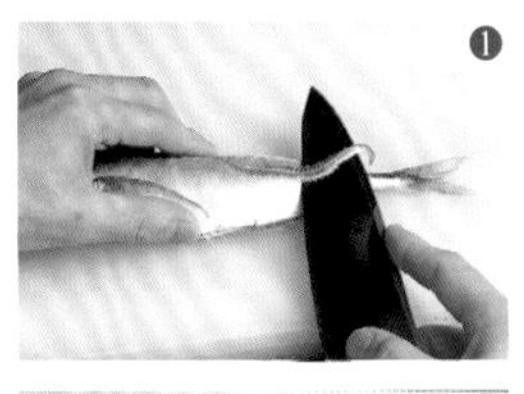

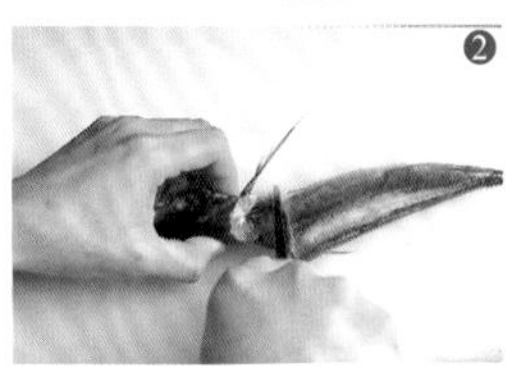

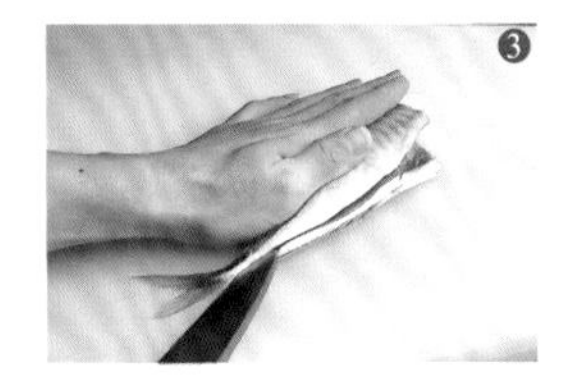

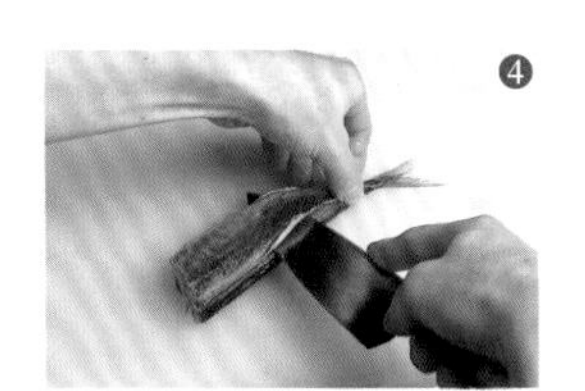

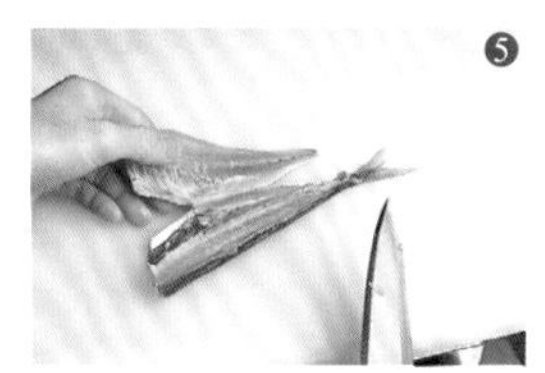

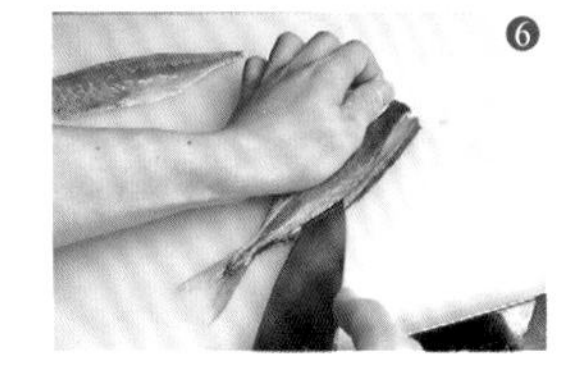

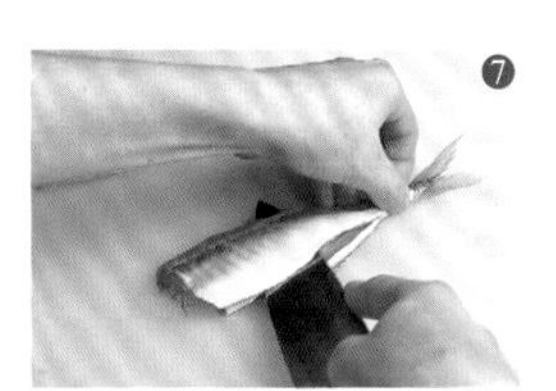

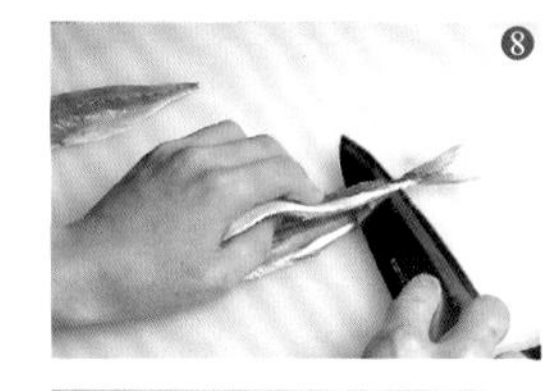

分五块（基础）

比目鱼、鲽鱼等扁平身长的鱼类常用的分解方法，整体分为五块（鱼骨、上侧鱼身的腹部、上侧鱼身的背部、下侧鱼身的腹部、下侧鱼身的背部）。

分五块（以比目鱼为例）

①将刀插入尾部的根部，将其切开。

②反向拿刀，沿着尾部→鱼头的方向，将刀插入上侧鱼身的背部边缘。

③同样，腹部也插入刀。

④沿着脊椎，按鱼头→尾部的方向竖直插入刀，将鱼身一分为二。

⑤沿着尾部→鱼头的方向，切开肋骨和背部的腹部鱼骨的根部。

⑥切开月牙肉根部，取出肉身。

⑦改变鱼的朝向，同样切开腹部。沿着肋骨

分五块（基础）

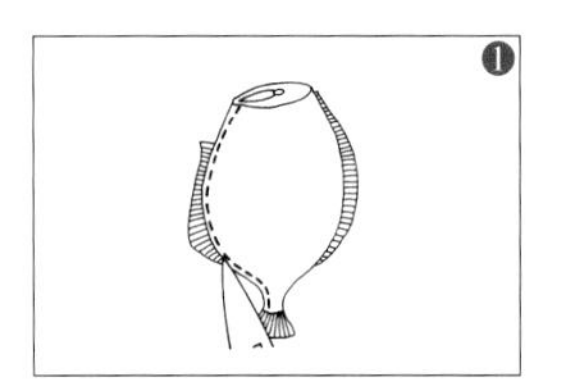

❶ 刀刃朝上，用刀尖从尾部开始沿着边缘加入切口。

❷ 另一侧按相同要领，从尾部开始沿着边缘加入切口。

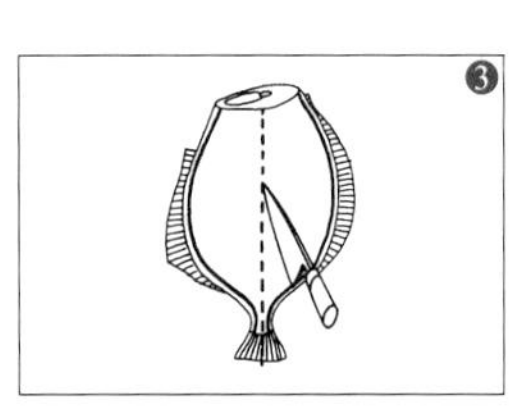

❸ 从鱼头至尾鳍的根部，将刀插入脊椎上方。尾鳍的根部同样插入刀。

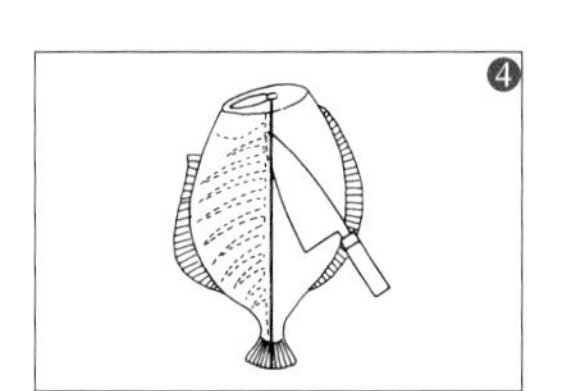

❹ 竖起刀，沿着脊椎切掉腹部鱼骨的根部，刀直接切至尾部，分开肋骨和肉身。

❺ 沿着肋骨分开尾部的根部附近的肉身之后，从鱼头沿着肋骨将刀倾斜分解。

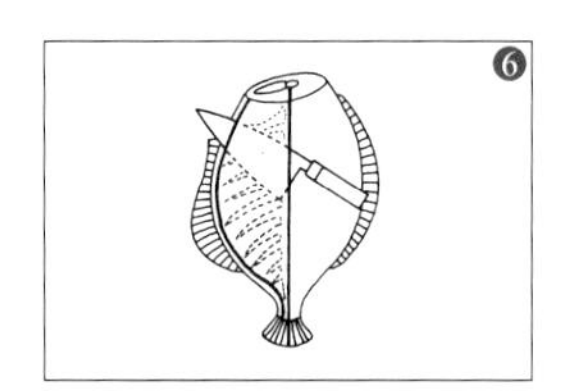

❻ 将刀插入至步骤①的切口，切开腹部。

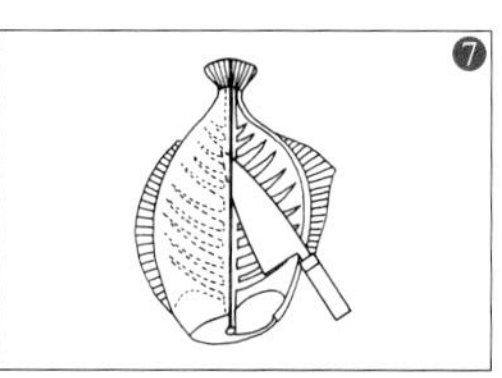

❼ 改变朝向，竖起刀，从尾部沿着脊椎连续切，分开脊椎和肉身。

❽ 倾斜刀，沿着脊椎从尾部开始平整分解。

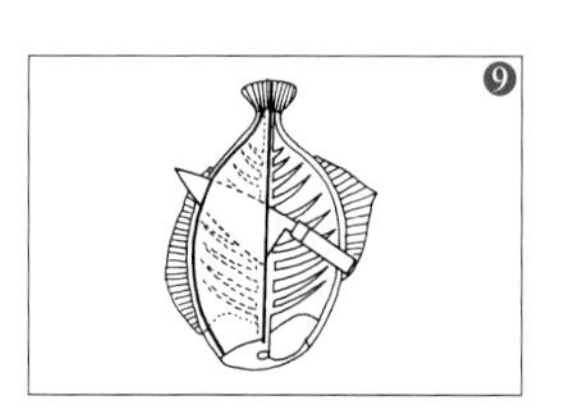

❾ 仔细分开边缘（避免留在鱼骨中），处理背部。反面按相同要领，依次处理背部及腹部。

分五块（以比目鱼为例）

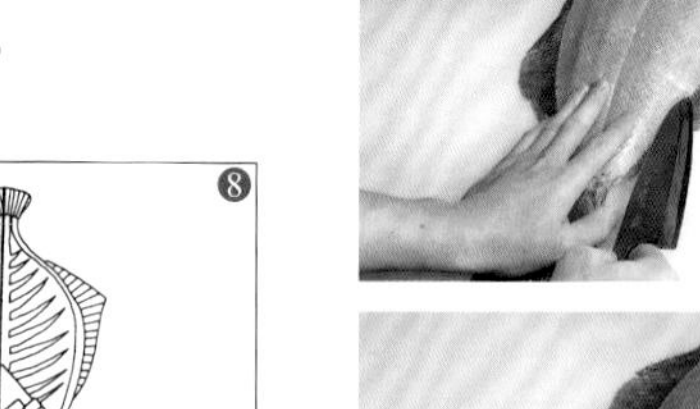

切开，并划开腹部鱼骨。

⑧上侧鱼身（正面鱼身）分解完成的状态。

⑨分解下侧鱼身（反面鱼身）。按上侧鱼身相同要领，反向拿刀，在鱼身边缘竖直插入刀。

⑩制作刺身时，将边缘清除干净。

⑪下侧鱼身分解完成的状态。

大名分块（基础）

肋骨留一些肉身的奢侈分块方法。从鱼头→尾部连续处理，适合沙鲮、下鱵鱼、秋刀鱼等鱼身柔软细长的鱼类。

大名分块（以沙丁鱼为例）

①切掉沙丁鱼的鱼头，肋骨放平，从底刃开始切入至脊椎。

②直接用刀的底刃连续处理。尾部保留于肋骨。

③④鱼身翻面，同样处理上侧鱼身。

⑤剔除腹部鱼骨。

⑥分块完成后，竖起刀分开鱼皮。

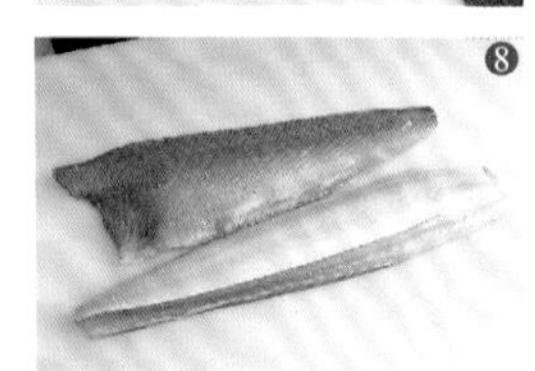

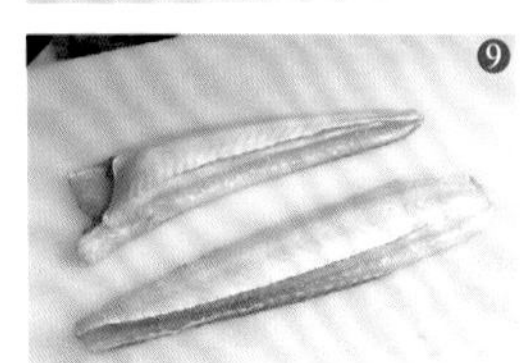

大名分块（以沙丁鱼为例）

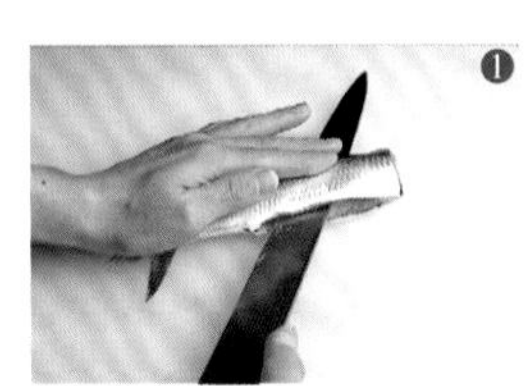

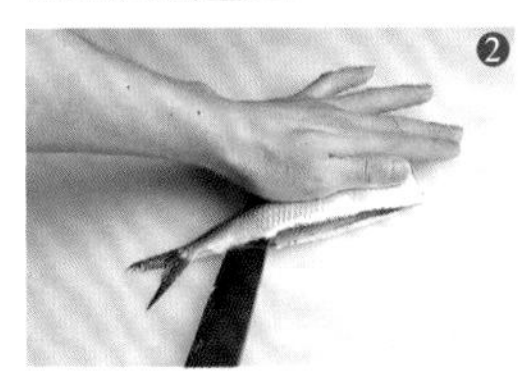

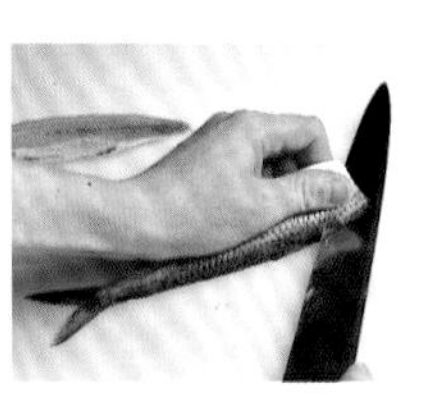

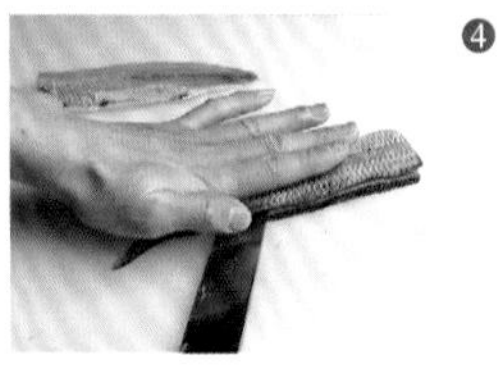

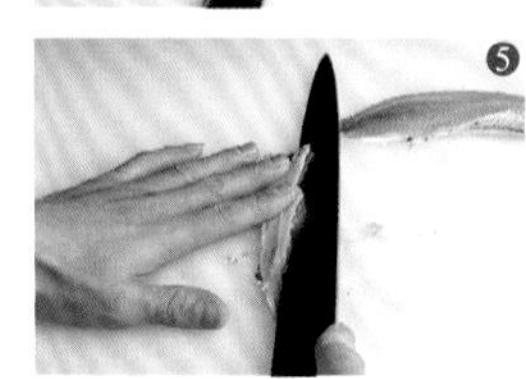

大名分块（基础）

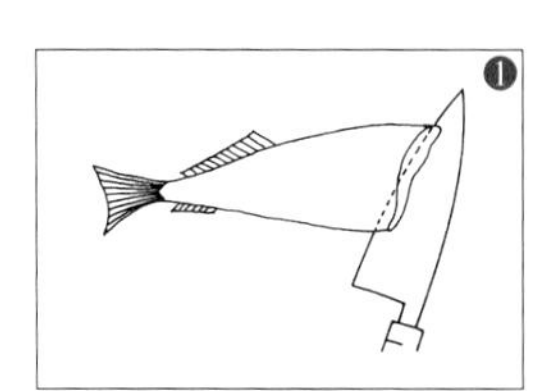

沿着肋骨，从底刃开始切入至脊椎。

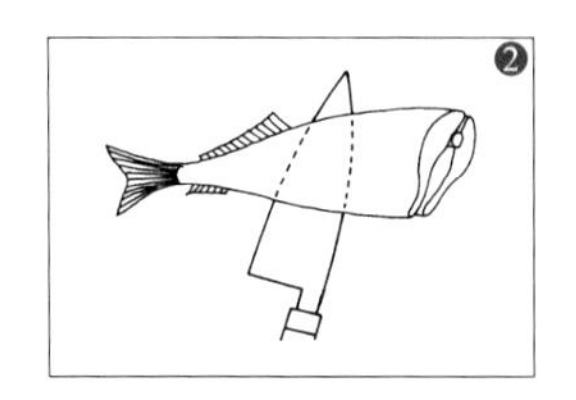

注意改变刀的角度。

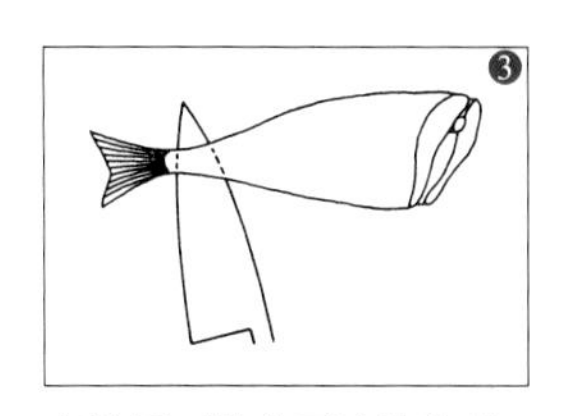

直接用刀的底刃连续处理。

帮厨 · 二厨助手的工作④

甲鱼的分解方法

注意避免被咬。

将甲鱼的腹部朝上放置，待其头部完全伸出后握住颈部。分解过程中，手不要放松。

切掉头部

①翻到反面，放在砧板上，使头部伸出。

②甲鱼翻身时会伸出头部，此时从上方快速抓住其颈部。

③腹部朝上放置，抓住甲鱼颈部的手腕朝向外侧，使其颈部充分伸出后固定，将刀的刀尖插入颈部的根部，切开血管和骨头。

④一直握住颈部，翻面使龟壳朝上，切掉颈部。

⑤切口朝下放入盆中，放掉血。

头部的分解

⑥去掉颈骨。先在喉咙部切 V 字形的刀口。

⑦刀刃朝向外将刀倾斜，从步骤⑥的切口插入刀尖，切掉颈骨的前端。

⑧反向拿刀，切掉颈骨（这样分解之后不用担心被咬）。

⑨用刀的底刃刮掉气管和食道。

⑩切掉头部。

拆开龟壳，身体分为两块

⑪龟壳四周是被称作“裙带”的柔软部分。用刀尖在此裙带和龟壳的边缘附近进入切口。先从侧面的尾部入刀。

甲鱼的分解方法

切掉头部

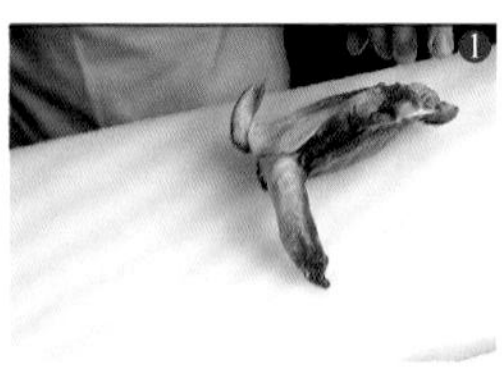

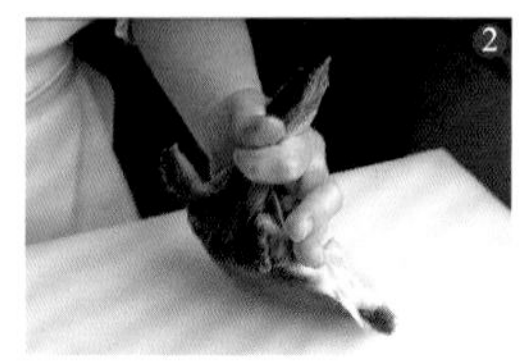

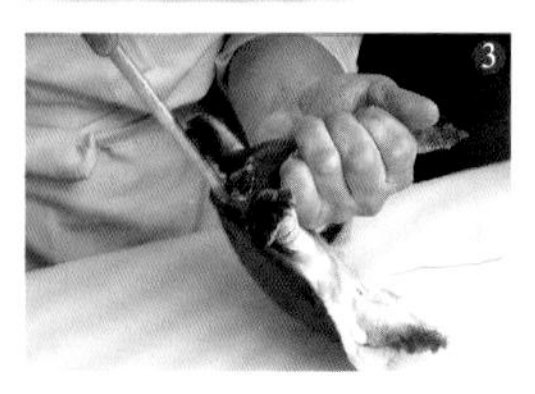

头部的分解

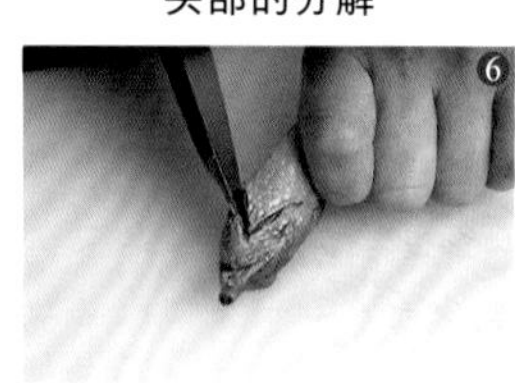

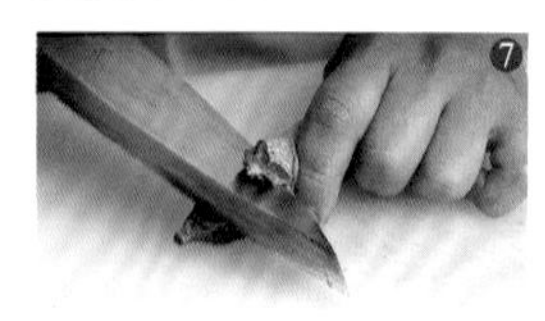

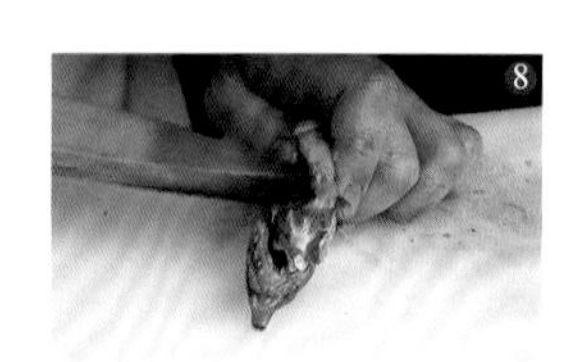

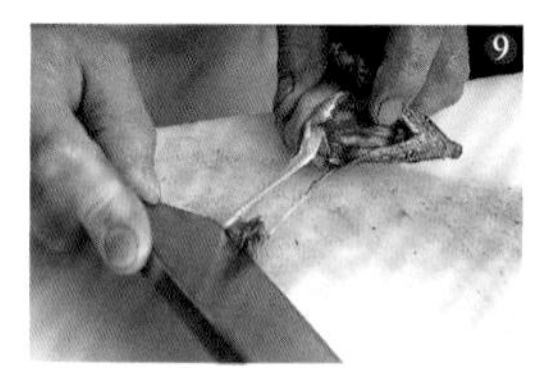

⑫接着沿四周划切口。注意切口不得太深，避免损伤内脏。

⑬将甲鱼翻到反面，龟壳朝下放置。刀尖插入打开的切口，用刀尖切开龟壳内侧，切掉龟壳。

⑭腹部朝上放置，腹部龟壳左右分别加入两处切口。

⑮从尾部插入刀，削掉中央的圆形坚固部分。

⑯用底刃压住已切开的腹部龟壳，将左手拿起的肉身轻轻剥开。此时，内脏连着尾部。

分解头部的肉身

⑰头部肉身的两腿中央竖直划切口，用左手抓住左侧的肉身，刀向左侧倾斜，从腹部龟甲切开一侧的脚。另一侧的肉身同样切开。

⑱切掉脚尖。

分解尾部的肉身

⑲切掉内脏。

⑳切掉膀胱。

㉑切掉胆囊。

㉒身体翻到反面，刀插入两脚的接合部切开。

㉓生殖器连同尾骨一起切掉。

㉔分解完成的状态。

㉕剥掉龟壳的薄皮。龟壳在人的手指能够忍受2～3秒的热水（65℃～70℃）中浸泡30秒，剥掉薄皮（肉身均要焯热水）。

拆开龟壳，身体分为两块

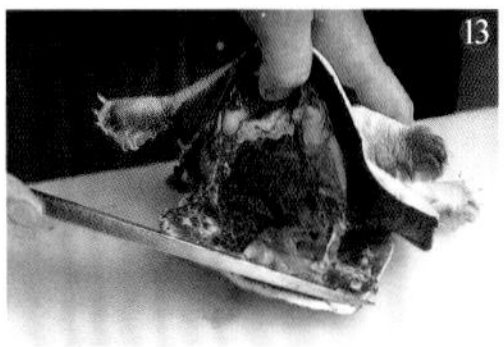

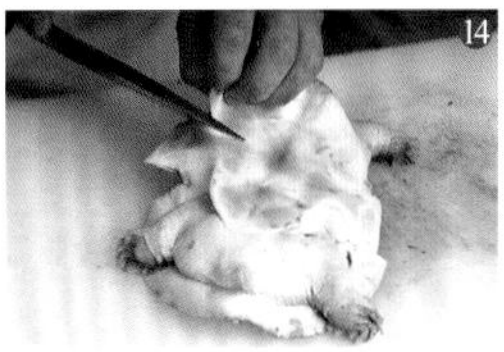

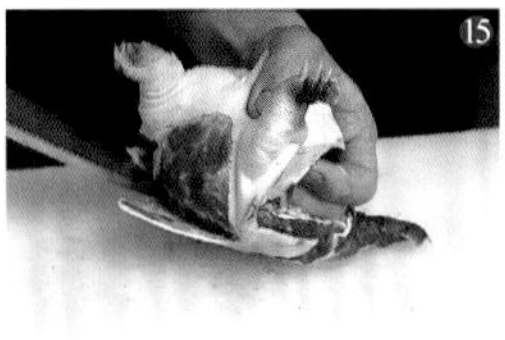

⑪ ⑫ ⑬ ⑭ ⑮ ⑯

分解头部的肉身

⑰ ⑱

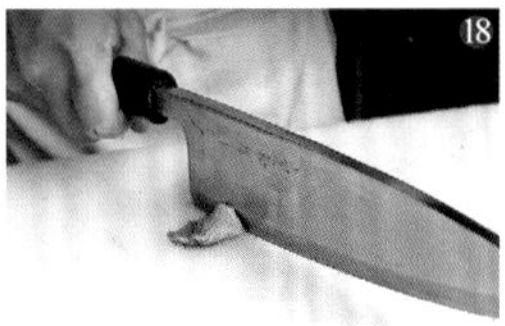

分解尾部的肉身

⑲ ⑳ ㉑ ㉒ ㉓ ㉔ ㉕

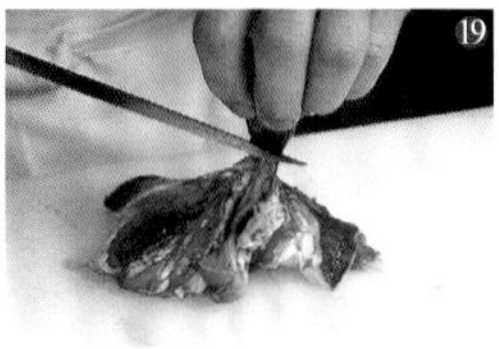

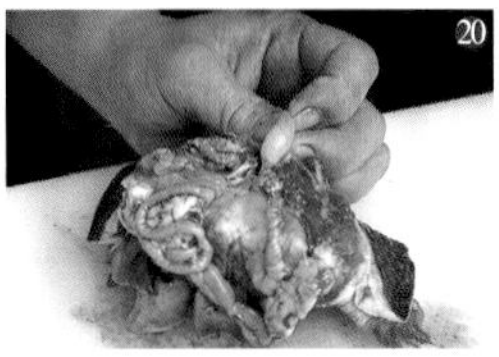

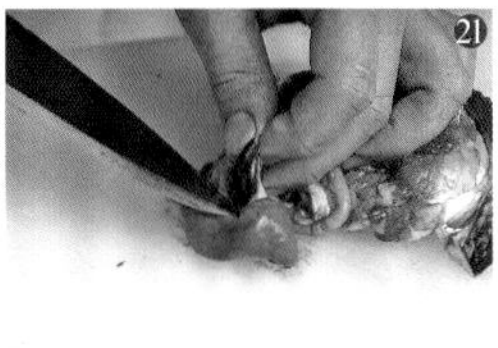

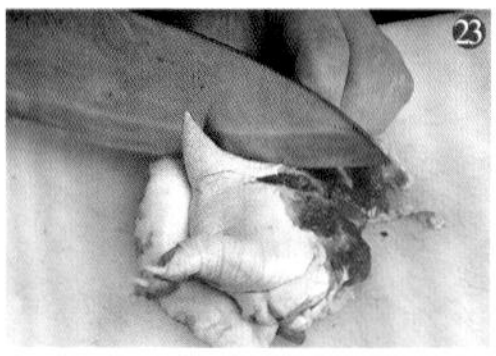

帮厨 · 二厨助手的工作⑤

鸡的分解方法

此工作的关键是充分理解鸡的身体，如骨骼结构及筋肉的走向等。

切下鸡腿

①从背部的肩口至尾部，在背部划浅切口。呈 Y 字形划切口，使尾部左右分开。

②翻面使腹部朝上，在左右鸡腿的根部加入切口。

③拿起左右鸡腿，手指压住根部外侧，大拇指插入步骤②的切口，从内侧向外侧折弯，切下关节。

④⑤刀插入鸡腿的根部，切开肉身和皮。

⑥用刀压住身体，扯下鸡腿。

切下鸡翅和鸡胸肉

⑦用刀切开鸡翅根部的关节。

⑧双手的食指插入切口，剥开。

⑨沿着鸡胸骨划浅切口。

⑩用刀压住肩口的骨头，拉住鸡翅，剥开鸡大胸肉。

⑪⑫另一侧的鸡翅和鸡胸肉同样分解。

⑬从左开始依次为：翅尖、翅中、翅根、鸡大胸肉。

切下鸡脯肉

⑭刀尖轻轻插入肋骨和鸡脯肉之间切开，切下两侧的筋。

切下鸡腿

切下鸡翅和鸡脯肉

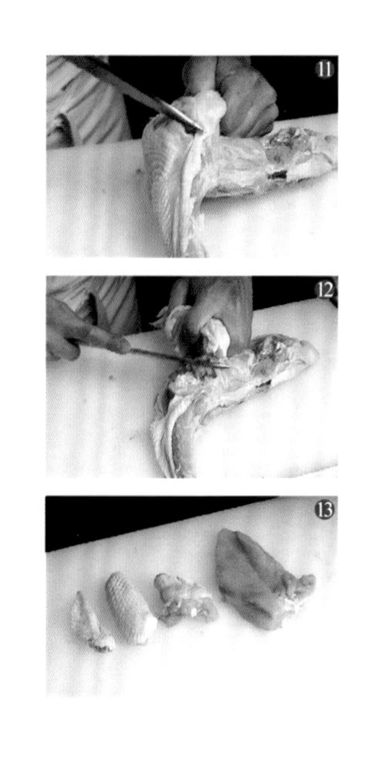

⑮已切开的鸡腿肉、鸡小胸肉、鸡大胸肉、鸡翅。

切下鸡架

⑯将肩胛骨从身体切下。

⑰⑱用刀压住肩胛骨的根部，拉扯颈部。

⑲从根部切掉颈部。

⑳已切削的鸡架。

鸡腿去骨

㉑从鸡腿内侧呈L形折弯部分开始朝向根部，沿着鸡骨插入刀尖。

㉒将刀尖依次插入鸡骨两侧。

㉓将刀插入大腿骨和胫骨之间的关节，切下关节。

㉔折弯鸡腿，用刀切掉关节周围的筋。

㉕用底刃压住鸡骨，拉扯鸡肉，扯下鸡骨。

㉖将刀尖逐渐插入胫骨两侧，使鸡骨外露。

㉗刀背敲打脚踝附近位置。

㉘折弯，用刀压住鸡骨，拉扯鸡肉，扯下鸡骨。

㉙㉚脚踝的皮整周划切口，用力左右拉扯，取出跟腱。

切下鸡小胸肉

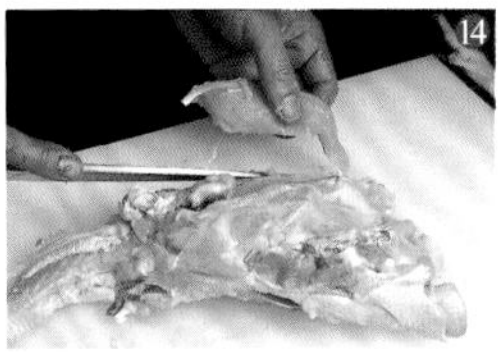

切下鸡架

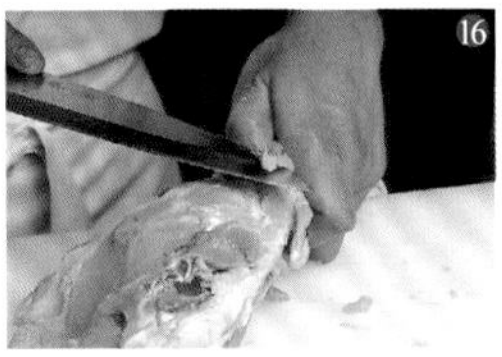

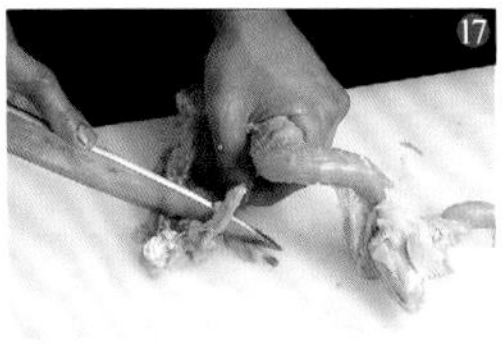

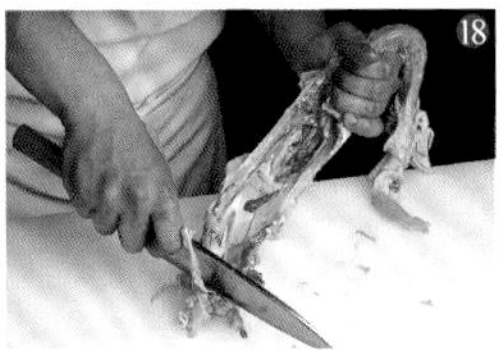

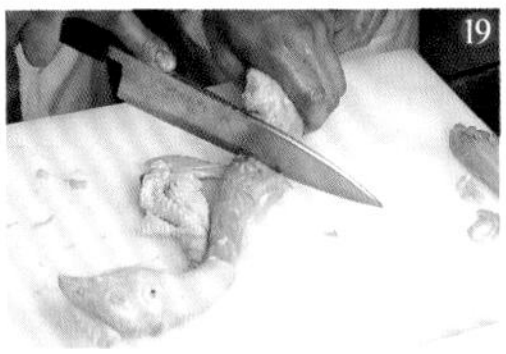

鸡腿去骨

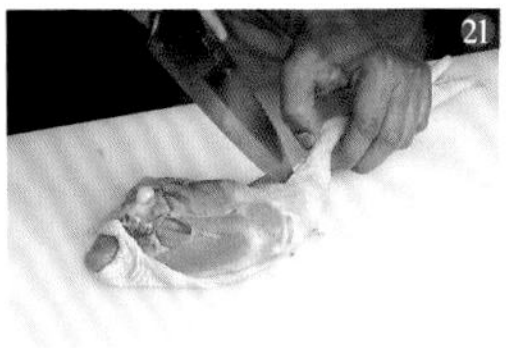

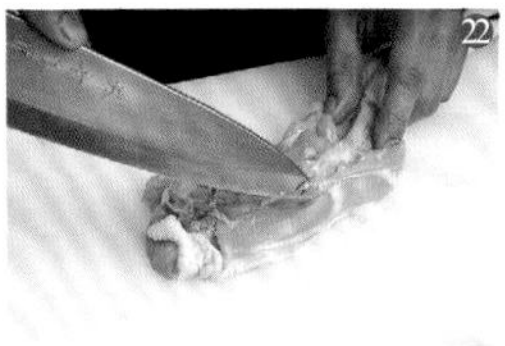

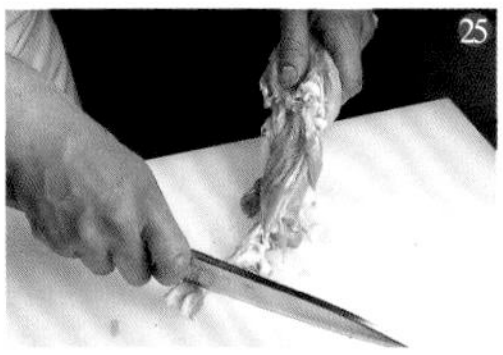

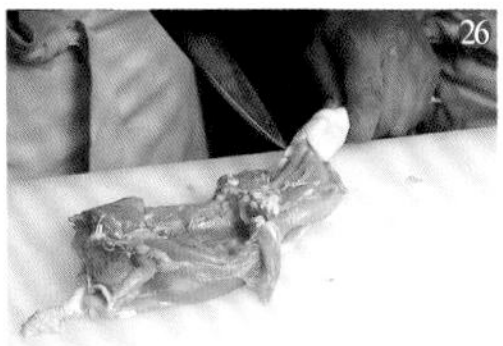

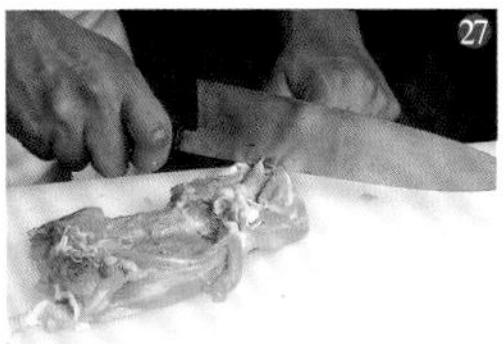

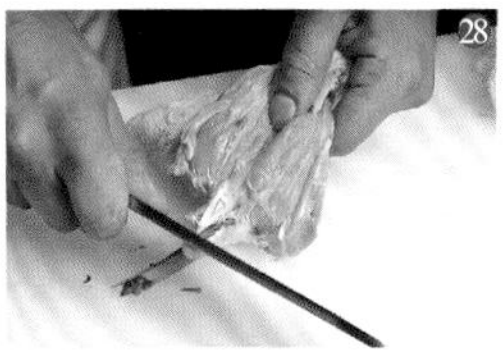

除去鸡脯肉的筋

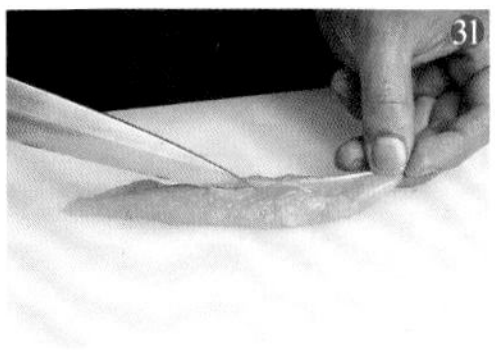

帮厨・二厨助手的工作⑥

以鲷鱼为例，展示工作流程

以一条鲷鱼为例，设定几种菜单，从整体流程中掌握帮厨、二厨处理的工作。鲷鱼除了鱼身，头部、内脏、鱼骨肉等所有部分都能使用，可用于蒸、煮、烤、刺身等。为了能够顺利推进整个工作流程，要求帮厨及二厨助手进行正确的前期处理，再交由下个工序继续加工。鱼的基本处理方法参照第53页开始的介绍内容，根据菜单的不同，仅仅是鱼头的切法也分为很多种。因为属于前期处理工作，弄错了会导致食材浪费。

有些料理店，帮厨和二厨助手的工作由同一个人负责。两者的职责区分并不明确，所以介绍时也未明确区分。

操作流程和帮厨及二厨助手的工作

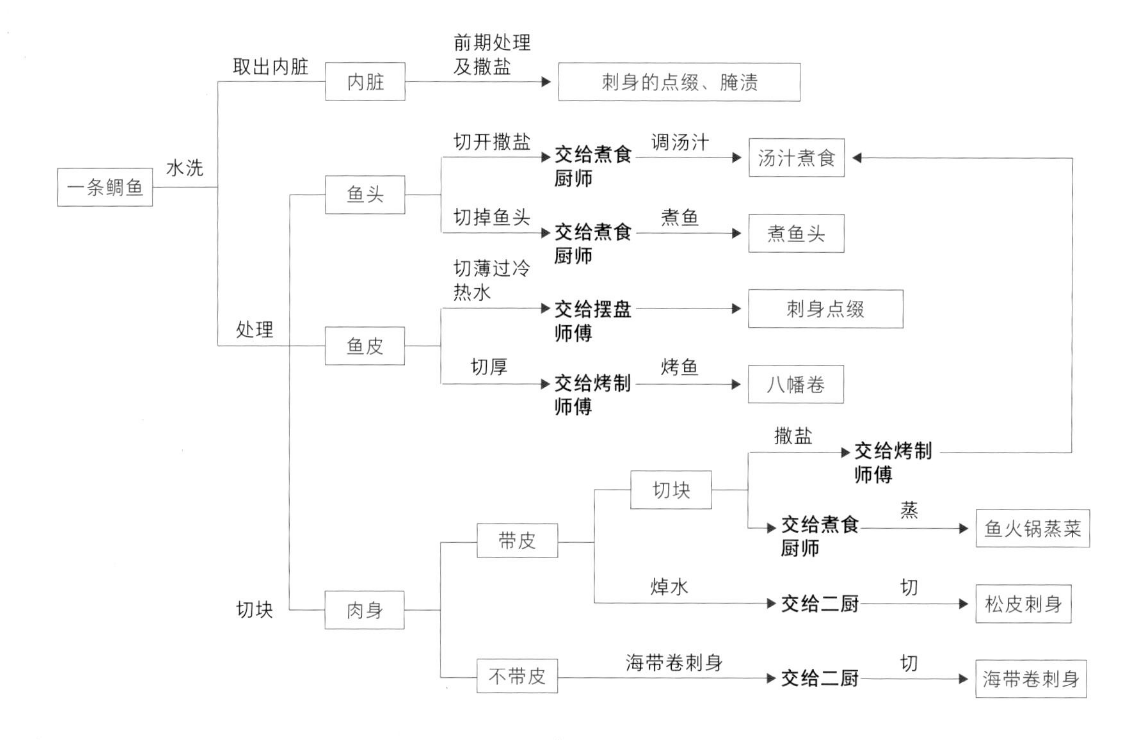

分解鲷鱼

①②根据当天的菜单，处理鱼身的使用方法有所不同。当然，分解方法也会不同。切掉鱼头时需要保留多少鱼身，需要依据菜单而定。

③煮鱼头等菜品需要切出较大鱼头时，月牙肉部分尽可能带着鱼身一起切。内脏在水洗后另行取出。

④鱼身切成三块（详细方法参照第55页“鱼的分解方法”）。从腹部开始沿着肋骨，将刀从鱼头→尾部插入。

⑤再从背部开始，沿着尾部→鱼头方向切开。切开鱼身和肋骨，先分成两块。

⑥在背部的尾巴根部划切口。

⑦⑧⑨从背部开始分解下侧鱼身，分成三块。肋骨部分用于粗煮或调汤汁。

⑩剔除腹部鱼骨。用于粗煮时，鱼身连着腹部鱼骨一起分解。

内脏的分解

鱼水洗时内脏会取出，根据菜单的不同，有各种使用方法。焯水后作为刺身点缀，或者敲碎

分解鲷鱼

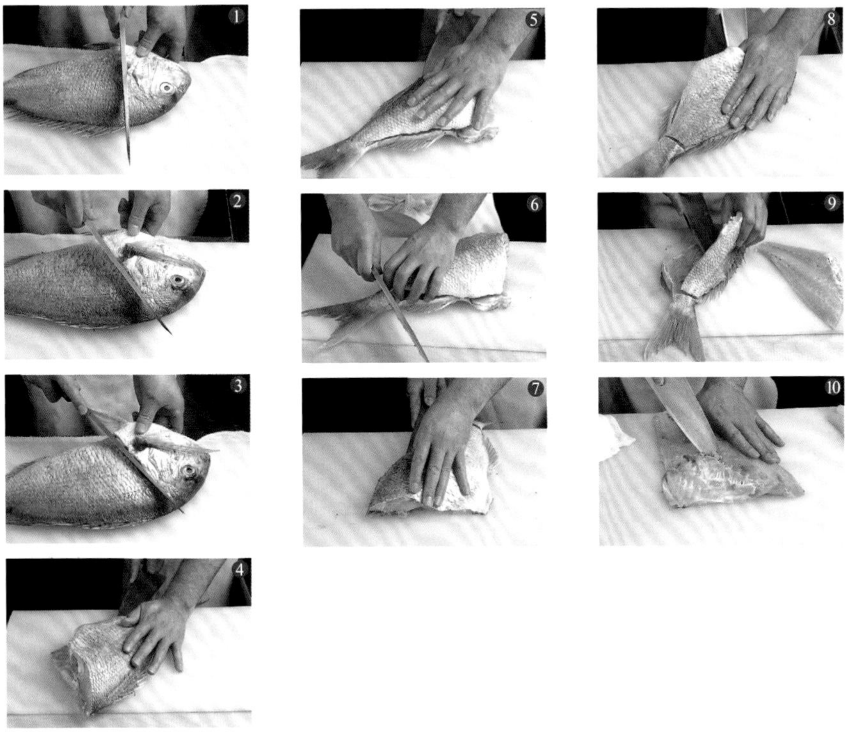

1 2 3 4 5 6 7 8 9 10

内脏的分解

❶ 2 3 4 5

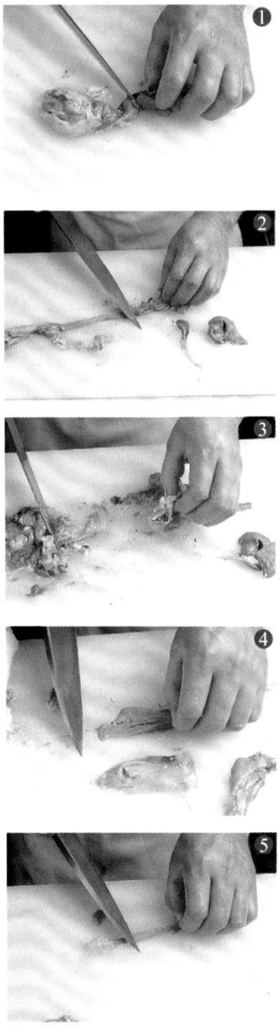

后腌渍。及时分解，并交由其他工序处理。

①水洗时取出的内脏分为肝脏、肠、胃。首先，将肝脏切掉。

②③分开胃、肠。用刀剔除四周的污垢，并水洗。

④右下侧为肝脏，中央为胃。

⑤肠切成合适的大小，交由煮食厨师处理（焯水后作为刺身点缀）。

⑥剩余的肝脏和胃敲碎。

⑦放在筛子上，撒盐后放置 3 ~ 4 小时控干水。将其放置 1 个月以上，腌渍风味形成。

分解鱼头

鲷鱼分解后，剩余的鱼头和肋骨大多用作煮汤。将鱼头切大分成两半直接煮鱼头汤，或者切开、撒上盐后交由煮食厨师处理（调汤汁后汤汁煮食）。

①鱼头分为两块（梨切）。先将刀尖抵住鱼嘴的正中央。

②用布巾压住下颌，用刀一次切开。

③撬开切掉颌骨。

④切掉鱼鳍的前端。

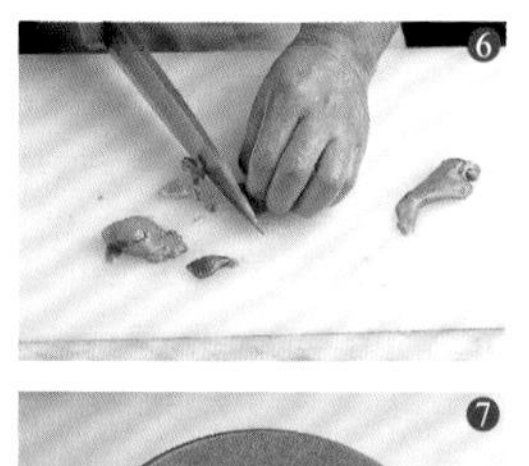

分解鱼头

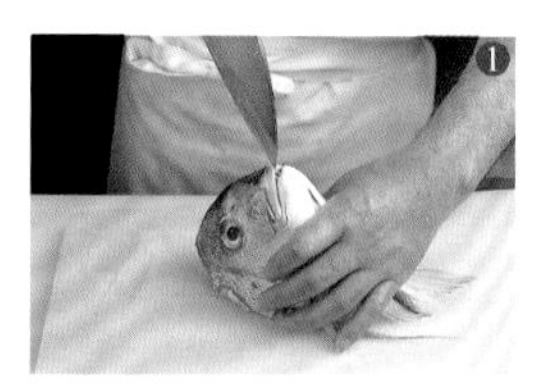

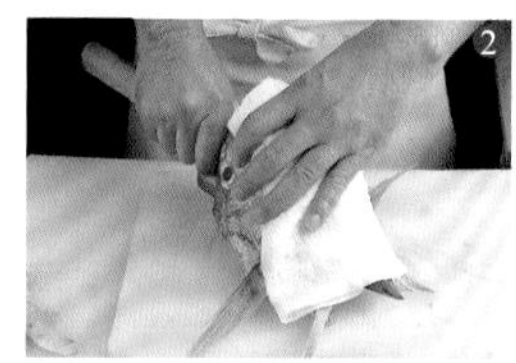

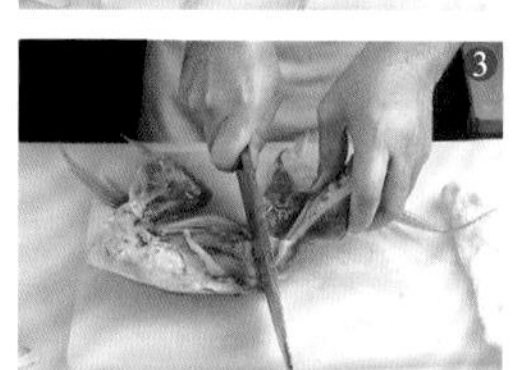

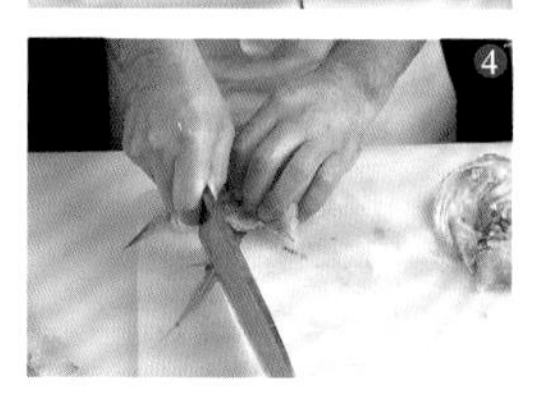

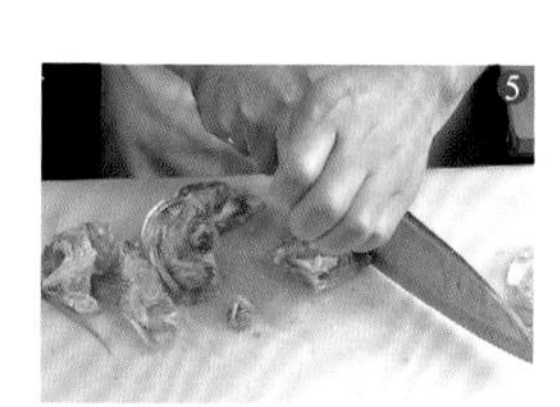

⑤切开鱼头和肋骨，调汤汁（事先在砧板上撒一些盐）。

⑥用底刃切开坚硬的背鳍。

⑦等分切开肋骨。

⑧切半的鱼头继续切成颈、眼、嘴，做六等分。

⑨鱼头和肋骨已切开的状态。对齐大小，摆放于已撒上盐的砧板上。

⑩从上方均匀撒盐。放置一会儿（30 分钟 ~ 1 小时）使盐渗透，去除腥味。接着，焯水（参照第 69 页）后交由煮食厨师。

煮鱼头

水、酒、砂糖、酱油倒入锅中一起煮，并添加香菇和牛蒡，最后加上焯过水的鱼头。经过事先处理后，鱼头不用撒盐。

煮鱼头

调汤汁（汤汁煮食）

①—④鱼头焯水，除去污垢及腥味。

⑤⑥按 400g 鱼头配 4L 水的比例，再放入 12 ~ 13cm 长的海带一起煮。调味制作成清鱼汤，放入葛粉拉面和烤好的鲷鱼切块（第 68 页，由烤制师傅处理好的状态），最后放上装饰。

切块

经过水洗后的鲷鱼的肉身，需要刺身、分块、切块等处理。通常，剔除分成三块后的肉身的腹部鱼骨，去掉血合肉等之后，沿着肉身的线条切成方便使用的大小。切块的方法根据用途而变化，以下介绍具有代表性的 3 种。

①②剔除分成三块后的鲷鱼肉身（照片中为上侧鱼身）的腹部鱼骨，切掉较薄的肉身（也可不用切掉）。沿着肋骨相连部分，将腹部和背部分开，并除去血合肉部分。

③④需要使用较大鱼块时。按之前的方法，尾部的肉身会切得过细。所以，应事先将尾部的肉身切成一大块，再分开腹部和背部。

⑤使用细长鱼块时，需要将背部切成相同宽度。同样不是从血合肉二等分，将尾部的肉身夹住血合肉越过腹部，切成相同宽度。

⑥下侧常规切块。相比而言，肉身应切成相同的宽度。

调汤汁（汤汁煮食）

削皮

切块工序中，分为保留鱼皮和削掉鱼皮。如果需要削掉鱼皮，通常是削薄皮。但是，也有特意削厚皮，用于八幡卷。鲷鱼的皮很美味，削薄皮后焯水，还可作为刺身的点缀。

①②切块后肉身的鱼头朝上，皮纹朝下放置，左手抓住鱼皮，将刀插入皮肉交界处。刀沿着尾部→鱼头划开，削掉鱼皮。步骤①为外削皮，步骤②为内削皮。

③根据菜单内容，也有八幡卷等皮和肉相连的削厚皮方法。

④从左开始依次为：削厚的鱼皮、削皮之前的肉身、削薄的鱼皮、削皮后的肉身。

八幡卷

用步骤④削厚的皮包住牛蒡，用牙签固定住几处，最后串上。用炭火或电烤盘烤制，浇汁后切开。

点缀

鱼皮稍稍焯水，呈现红色后捞起，最为刺身的点缀使用。

切块

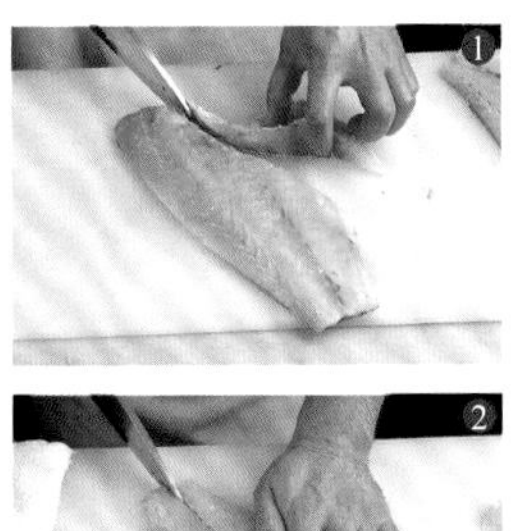

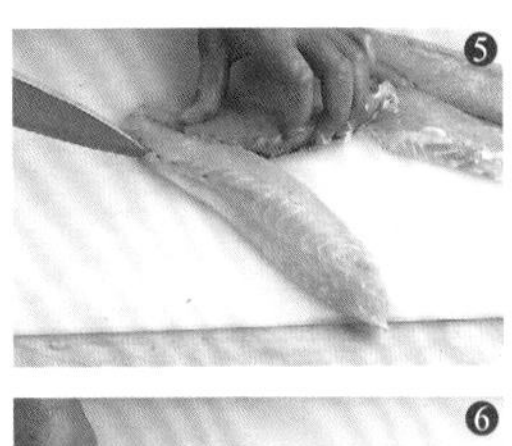

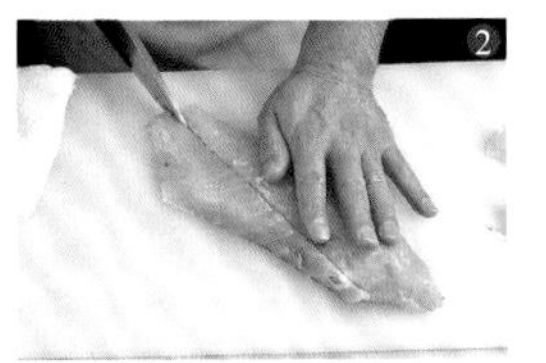

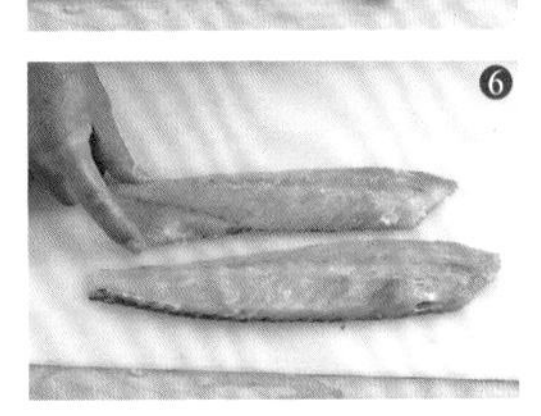

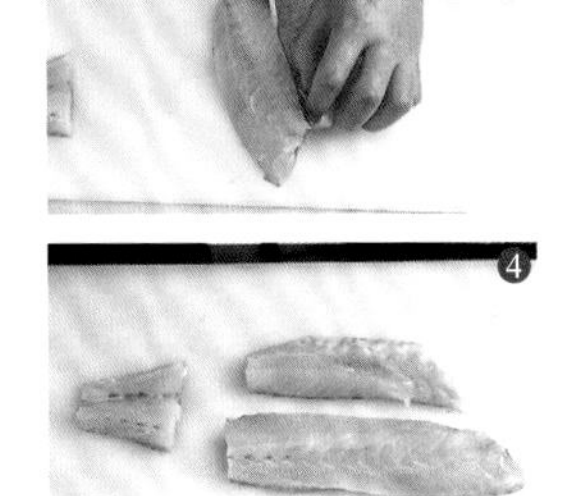

八幡卷

削皮

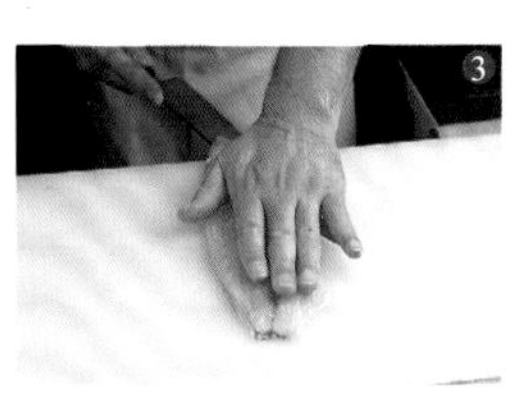

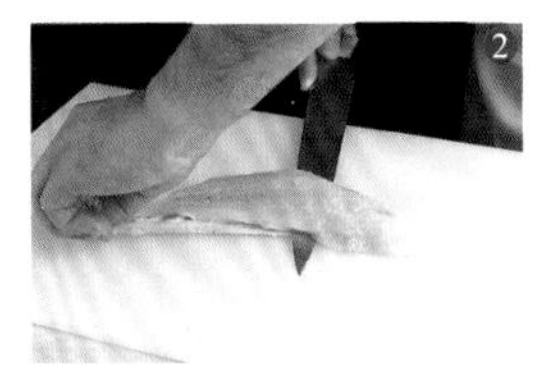

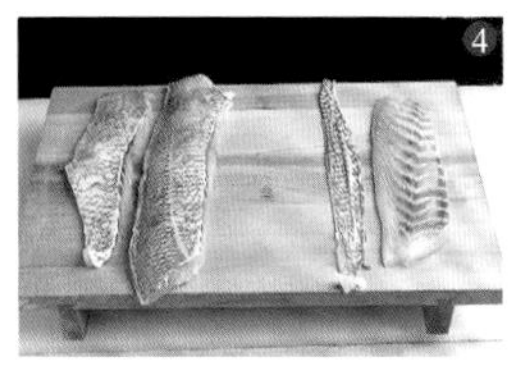

制作鱼块

根据菜单内容，将切块鱼身制作成合适大小的鱼块，撒上盐，并交给相应的工序处理，这也是帮厨（或二厨助手）的工作。制作汤汁煮食时，鱼头处理之后撒上盐，交由煮食厨师调汤汁。或者，制作鱼块，交由烤制师傅烤制。如果不能全方位考虑分配时间及食材，则无法承担帮厨的工作。

①将切块后的肉身倾斜切薄。皮纹朝下，左手的手指稍稍张开，从上方轻压。刀刃向右倾斜，用底刃至刀尖部分，向左移动朝内侧划开。

②摆放于已撒上盐（均匀撒盐）的砧板上，放置30分钟～1小时。最后，交由烤制师傅处理。

汤汁煮食食材

鱼块充分渗入盐分之后串上，用炭火或烧烤架烤制之后，交由煮食厨师（参照第66页）。

焯水 · 过热水

将带皮的鱼稍稍过热水的技法，分别为焯

制作鱼块

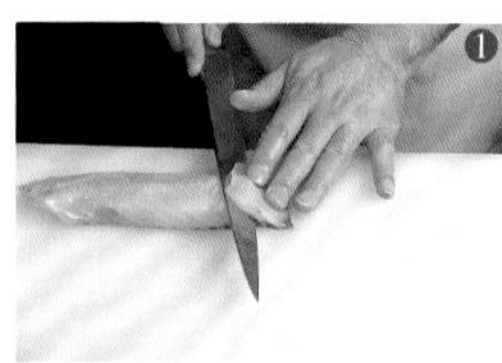

点缀

汤汁煮食食材

焯水 · 过热水

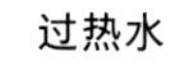

过热水

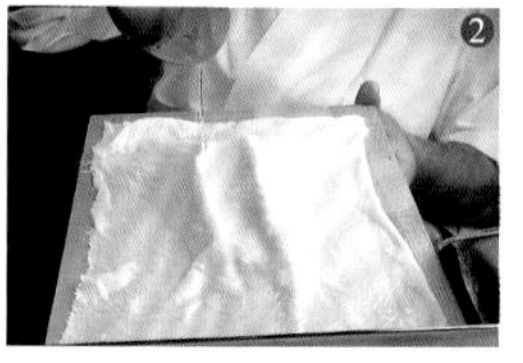

水和过热水。过热水的加热程度低，到表面变色的程度。通过这样处理，皮也会变得柔软方便食用，还可用于松皮刺身。焯水是将鱼直接放入热水中，容易清除鱼表面的污垢及腥味，也可用于煮鱼头。注意避免加热过度，从热水中捞出后要立即放入冰水中。

过热水

①将切块肉身（带皮）的鱼皮朝上放置于砧板上，盖上淋湿的白纱布。接着，用汤勺浇上热水。

②表面加热后浇几次，直至两端渐渐蜷缩。

③表面变色后，放入装满冰水的盆中，使其降温。接着，用布巾擦掉水汽。

焯水

①煮鱼头时。锅中热水烧到沸腾后关火，放入鲷鱼的鱼头。

②表面过火后，胸鳍渐渐竖起（以此为焯水完成的标准）。

③放入冰水，使其降温。

④水洗时，除掉鱼鳞及污垢。焯水后，更容易刮鱼鳞。最后，交由煮食厨师。

松皮刺身

①②过热水后的鲷鱼的皮纹朝上放置于砧板上，平切刺身。平切刺身是最基本的刺身方法，从小口垂直切口鱼。右下图中是将一个鱼块不切开，制作成八重刺身。

焯水

松皮刺身

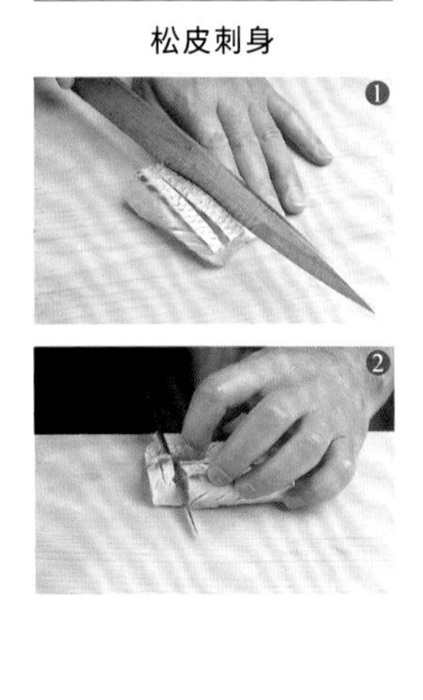

蒸菜

将切成菜单要求大小的肉身交由煮食厨师。此时，过热水之后（有的料理店也有在切块之后）由煮食厨师负责处理。最后，摆放在铺着海带的托盘上蒸。

包海带

二厨助手也负责很多工作。通过将海带的清香浸入肉身（已撒盐）的包海带方法，常用于白肉身鱼。

①鲷鱼切块后剥皮，撒上盐放置 30 分钟 ~ 1 小时。之后，用水洗掉盐分，再用棉布压出水汽。

②浸入托盘（已放入醋）中，用布巾压住。或者，用纸巾蘸醋，擦在肉身上。

③仔细擦拭海带的表面，除掉沙子及污垢。

④海带铺满已倒入少量醋的托盘上，摆上鲷鱼块，并用海带盖住。

⑤用另一个托盘从上方压住，再放上重物放置 3 ~ 4 小时。

⑥也可用几根橡皮筋缠住，代替重物。

蒸菜

包海带

盐处理方法

介绍将处理完成的素材交由各工序时的各种盐处理方法。

高盐

制作鲭鱼等时经常将盐撒满肉身，这种就是“高盐”。容易变质的鲭鱼等通常这样处理使其脱水，起到增强防腐性的效果。

这里介绍的是在撒盐之前用糖收紧的方法，糖也有脱水的效果。砂糖不如盐容易入味，先用砂糖使大部分肉身脱水后清洗干净，再用盐收紧，这样就能调配出咸酸口感适中的鲭鱼。

①通常用盐收紧，上侧肉身撒高盐，放置约3 ~ 4小时（鲜度较好的约1.5小时）使其脱水。照片中，是在用盐收紧之前先撒上糖的状态。由于颗粒较大，砂糖不如盐容易入味，表面呈糖水状态。将其放置40分钟，不影响味道的情况下就能达到脱水效果。

②③先将砂糖洗净，撒上盐，放置约1.5小时。通过砂糖和盐收紧，可充分脱水，防腐效果好，且不至于太过咸酸。

中盐

①这是借助水，对肉身薄的鱼均匀撒盐的方法。海带放入浓度3%的盐水中，再将上侧肉身浸入。

②夏季需要特别注意保鲜，水温应保持在10℃以下。照片中放入了冰块。

高盐

中盐

薄盐

这也是对肉身薄的鱼撒满盐的方法。用含盐分的纸，将盐分抹在食材（肉身）中。

①在砧板上撒盐。

②用喷壶将纸打湿，放在撒好盐的砧板上。

③将处理后的上侧肉身（照片中为斑鲦）放上。

④在上面盖上一层纸，用喷壶打湿。

⑤在步骤④盖的纸上撒盐，放置1小时左右。盐溶化后取下纸，使盐浸入肉身中。相比直接撒盐，这样盐分不会太重。

薄盐

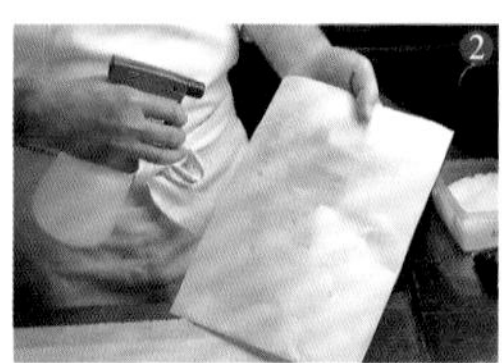

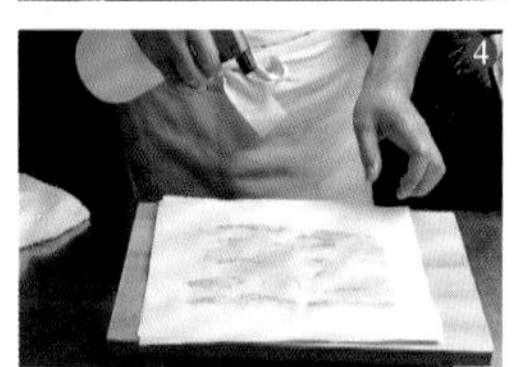

1 大叶紫苏 2 黄瓜花 3 丝葱 4 酸橘 5 蜂斗菜 6 油菜花 7 蕨菜 8 莲藕 9 黄瓜香 10 大野芋 11 芦笋 12 防风 13 西葫芦包海带 14 土当归 15 竹笋 16 水前寺海苔 17 鸡冠海苔 18 鲜海苔 19 胖大海 20 裙带菜 21 水蓼 22 紫苏芽 23 茗荷 24 牛尾菜 25 紫苏花

帮厨·二厨助手的工作⑧

刺身的点缀和基本摆盘

接下来，介绍不可或缺的刺身点缀的准备和制作方法，还相应地解说基本的摆盘方法。放松，耐心搭配，这也是刺身成败的关键。

配菜

介绍具有代表性的点缀和配菜的制作方法。

配菜的作用是消除鱼肉的腥味，使其更适口，同时具有表现时令感的作用。配菜最早是帮助消化的药膳，主要使用萝卜丝、干货、海草等。

这是帮厨（或二厨助手）非常重要的工作。根据食材及季节的组合搭配，分菜单详细记录，对将来的工作有所帮助。

⑴ 切丝

切丝是最具代表性的配菜处理方式，其中萝卜丝最为常见。将蔬菜切细，过冷水后拧干，打造脆爽口感。沿着纤维是竖切丝，垂直于纤维是横切丝。

竖切丝

①将萝卜桂皮削，几片重合一起，平行于纤维切丝。

②过水，用手聚齐握紧除掉水汽。松开时将表面修饰整齐，底面用大拇指压平。

③完成。

横切丝

①将萝卜桂皮削，按三根手指宽度切齐。

②将步骤①成品重合后横着放置，垂直于纤维切丝。过水，轻轻拧干水汽。

③完成。纤维被切断，口感自然柔软。

（1）切丝

竖切丝

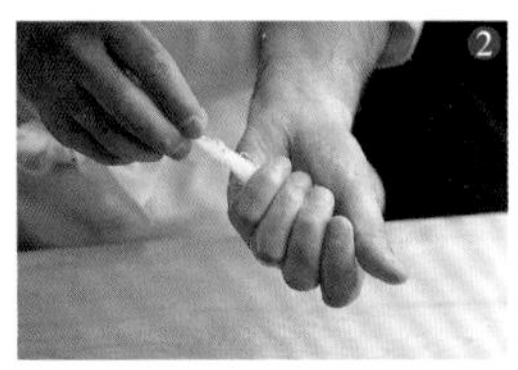

横切丝

1 西葫芦丝 2 茗荷丝 3 白发葱丝 4 芜菁丝 5 南瓜丝 6 胡萝卜丝 7 土豆丝 8 萝卜丝 9 黄瓜丝

(2) 蔬菜类的配菜

利用蔬菜给刺身增添色彩，同时具有表现时令感的作用。选择一些具有代表性的蔬菜，通过照片对着制作步骤进行解说。唐草萝卜、锚状土当归、网状萝卜的制作方法也一并介绍，但没有整体的摆盘照片。

黄瓜花

①在花轴的可食用部分撒上盐，并搓揉。

②过热水，使其发色。

③为了保持水分，在托盘中放满水，盖上锡箔纸。在锡箔纸上开一些孔，将黄瓜花逐个插入。

西葫芦包海带

①掏出西葫芦的籽。

②砧板上撒上盐，滚擦西葫芦。侧面及内侧也要撒盐（也可浸泡于盐水中）。

③将海带（先用棉布擦干净）铺在托盘中，放上西葫芦，再放上一层海带，用重物压住放置3小时到半天时间。

小甜瓜

用锅刷除去表面的薄皮，过热水，再放入冷水中生色。

锚状土当归

照片中直接使用土当归，也可使前端蜷缩，制作成锚状土当归。

①用针将土当归茎部前端竖直分开（四等分）。

②放入水中一会儿，待前端蜷缩成锚状。

（2）蔬菜类配菜

黄瓜花

西葫芦包海带

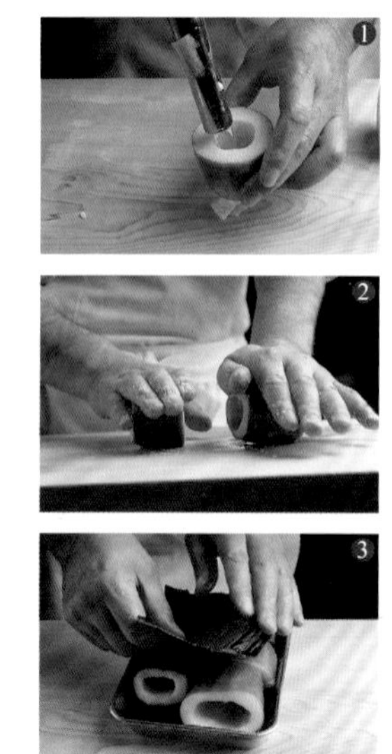

甜瓜

锚状土当归

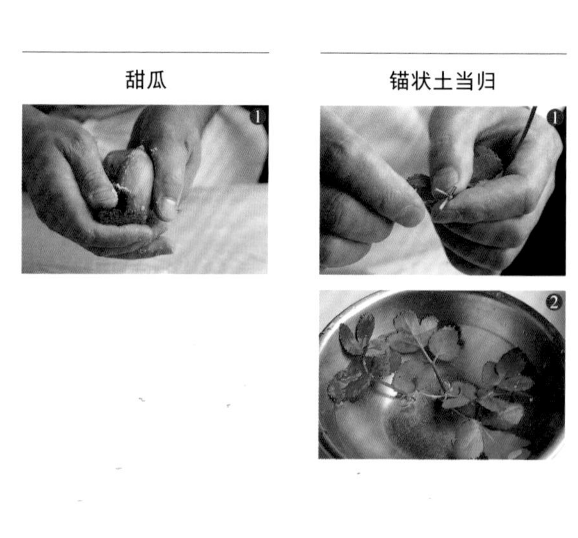

唐草萝卜

①萝卜茎部的叶子摘干净。

②③倾斜切掉叶子，在茎部划上切口。

④未切开的面朝下，竖直切细后放入水中。

⑤放置一会儿，直至如照片所示蜷缩。

网状萝卜

①萝卜经过桂皮削之后浸入盐水中，使其软化。

②如照片所示，从内侧开始整齐卷起。

③平行、等间隔加入切口，使边缘相连不被剪断。转动方向，从另一侧加入切口。最后，两侧的切口相互交错。

④展开之后，如照片所示呈现网状。

⑤⑥如果切口的间隔较大，则网眼也会相应变大，容易断裂。

⑦另一种制作方法。切掉萝卜的边缘，按15cm宽度切开，切成四方调整形状。注意，不需要完全是正方形。接着，将竹签穿入中心。如照片所示，刀切入至碰到竹签为止，使各边相互错开。

⑧⑨切好之后桂皮削，再放入盐水中使其软化，最后水洗。

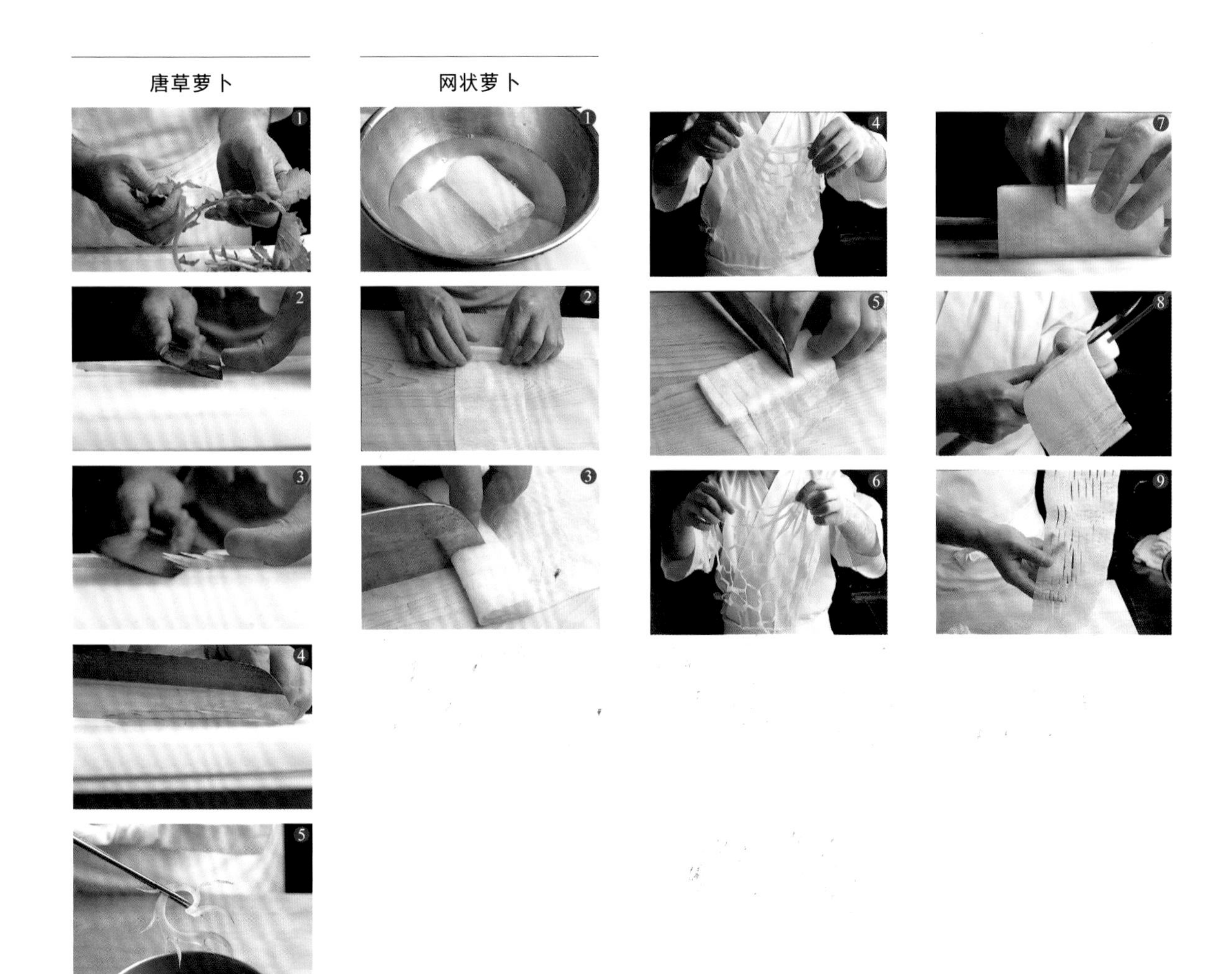

（3）干货·海藻类的配菜

使用干货、海藻等作为配菜时，大多需要事先用水泡开，并洗掉多余的盐分。菜单确定后，应及时提前准备。

胖大海

①胖大海是产自中国的胖大海树果实干燥后的产物（图①中右边），适合搭配油腻食材。照片中约 20 颗，在水中浸泡约 1 小时之后膨胀 8 倍左右（图①中左边）。

②膨胀后，去掉表皮。

③内侧的核（种子），也要去掉。最后，放在筛子上控干水分。

水前寺海苔

①深绿色的海苔片，用水浸泡后使用。

②建议在装满水的铜锅中文火加热 1 小时，使其绿色更加鲜艳。

③如照片所示发色。

④左侧为铜锅浸泡后的状态，右侧为普通浸泡后的状态。

黄山石耳

①黄山石耳是一种地衣植物，背面的白色粗糙质感是其特征。

②放入醋水（1L 水中倒入 1.5% 的醋）中，除去涩味之后，加入萝卜泥（建议使用搅拌汁）

（3）干货·海藻类的配菜

胖大海

水前寺海苔

黄山石耳

一起煮。

③放置 3 ～ 5 分钟后，如照片所示变软。

④泡入水中，用手用力搓揉清除污垢。

⑤⑥黄山石耳中带有碎石，需要用刀剔除。

山葵根 · 山葵根台 · 研磨

不仅刺身，山葵根、萝卜泥的准备也很重要。萝卜泥的种类如第 102 页所示，本篇仅对其实际的制作方法进行说明。此外，还将介绍用于刺身中点缀的山葵酱台的简单制作方法。

山葵根的研磨方法

①将山葵根水洗，清理干净。仅用刀背，沿着叶根附近刮擦。接着，用刀刃削掉表面突出的褐色部分。

②将前端（连着茎的部分）稍稍削尖。

③按画圆的姿势研磨。使用网眼细的研磨器，研磨出的碎末更细腻。

山葵根台

①胡萝卜削成圆柱状，如照片所示雕刻。如果是黄瓜，则不用雕刻。

②将步骤①削尖成铅笔状，转动削 2 圈左右。

③完成。

红叶泥

①将萝卜削皮，用筷子等开几个孔。

山葵根 · 山葵根台 · 研磨

山葵根的研磨方法

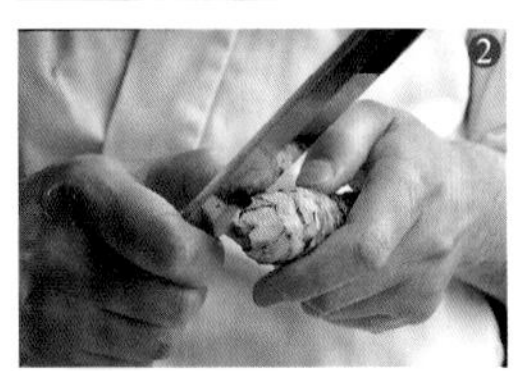

山葵根台

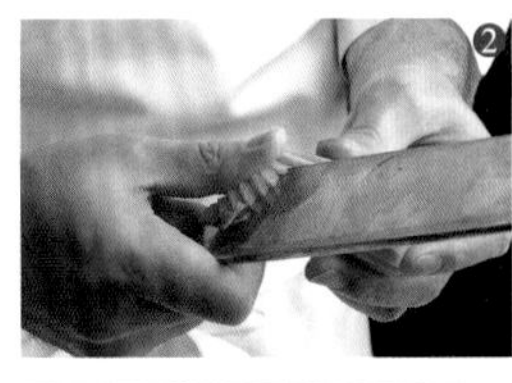

各种研磨器

②红辣椒套装筷子上，筷子连同辣椒一起戳入萝卜中。

③快速研磨。被萝卜的水汽湿润后，红辣椒的韧性增强，可同萝卜一起顺利研磨。萝卜压住研磨器，可研磨均匀。

④⑤如以上方法较难操作，可将萝卜切成半月状，再将掏出种子的 3 根红辣椒夹入两片半月状萝卜中一起研磨。

调味酱油

与煎炸食材使用的天妇罗蘸汁相同，刺身也要配合菜单，准备合适的酱油。调味酱油中添加其他调味料及香辛料，可缓和纯酱油的浓重口感，减少鱼肉的腥味。本篇主要介绍具有代表性的调味酱油“土佐酱油”的制作方法，也是煮食厨师的工作。调味料、酱油、蘸汁的配方应根据食材适当调配，根据菜单制作出合适的口味。

土佐酱油

①土佐酱油是将溜酱油和浓口酱油混合一起蒸煮，再加入柴鱼酱料调味，最后过滤而成的酱油。日本料理中添加汤汁，可激发出鲜味及柔润口感。添加酱油、味淋、酒、汤汁（比例为10:1:1:5），加入海带后开火加热。

②煮热一次之后加入一把柴鱼干，再煮开一次并过滤。

其他调味酱油

土佐酱油 <淡口型>（用于白鱼身）

将淡口酱油、酒和汤汁以 10:2:7 的比例放入锅中，加入柴鱼干和海带先煮开，过滤后放冷。

梅肉蘸汁（用于白鱼身）

将煮酒和汤汁以 1:1 的比例混合，加入梅肉和浓口酱油。

香味蘸汁（用于章鱼、乌贼、柴鱼等）

将 50g 米饭放入搅拌机中打成糊状，加入 50ml 水、30ml 浓口酱油、15ml 醋、15ml 芝麻油、3 个茗荷、10 片大叶紫苏，再次搅拌成糊状。

红叶泥

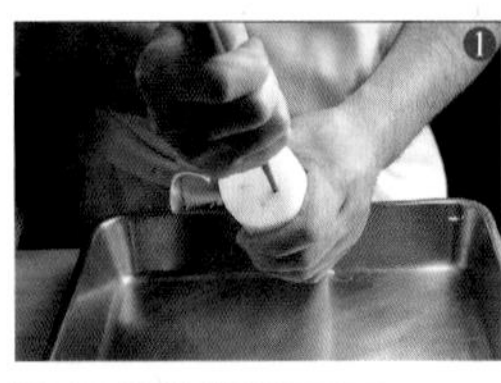

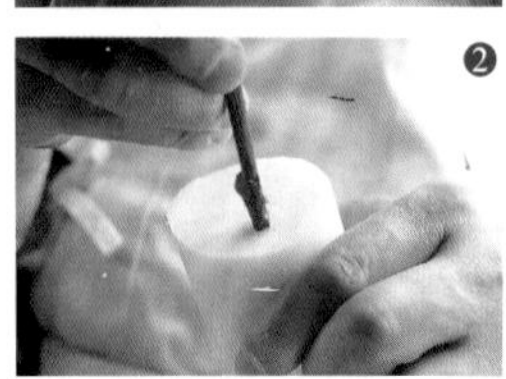

调味酱油

土佐酱油

黄金酱油（用于红鱼身）

将 50g 米饭和 50g 蚕豆放入搅拌机中搅拌，放入 2 个蛋黄、1 大匙豆酱、2 大匙浓口酱油后再次搅拌，最后加入山药泥。

烘焙酒（用于包海带刺身等已入味的食材）

将 250ml 水、250ml 酒、3 个梅干放入锅中煮成一半分量，再放入海带和柴鱼干，最后过滤。使用时，根据料理口味，用淡口酱油调味。

绿蘸汁（用于青花鱼等光亮的鱼）

将 80g 米饭、70g 小油菜（煮过）放入搅拌机中，再逐渐放入 100ml 水一起搅拌，最后加入 3 ~ 5g 盐、1 大匙生姜末。

海胆酱油（用于所有海鲜）

将鲜海胆、蛋黄和浓口酱油以 2:2:1 的比例混合。

海胆醋（用于贝类）

将海胆粒、醋、西京豆酱、水和味淋以 3:3:1:4:1 的比例混合。将水、醋、味淋放入锅中先煮开一次后放冷，再放入海胆粒、西京豆酱混合。

摆盘方法

配菜及调味酱油准备好之后，这里介绍帮厨及二厨助手对刺身的简单摆盘方法。刺身的摆盘方法变化多端，但是应该记住一些原则。即方便食用，外形美观，不能过于复杂。下面以两种食材的摆盘为例，介绍最基本的摆盘方法。

①在方盘的外侧放上萝卜丝，再盖上一片大叶紫苏。

②将 3 块平切的金枪鱼摆放于大叶紫苏上方。基于阴阳五行的思路，原则上按奇数（阳数）摆盘。

③内侧摆放 1 块青花鱼，改变方向摆放（与金枪鱼相反）。刺身摆盘的原则之一，外侧高，内侧低。

④紫苏花穗呈立体感摆放于青花鱼旁边。

⑤最内侧紧凑摆放胖大海、山葵酱、红蓼。记住，药膳类的配菜摆放于内侧。

摆盘方法

烤制工作

烤制工作是指根据菜单，使用烤制台制作烧烤，从准备至完成的一系列工作。涉及的具体工作非常繁杂，包括烤制台的清洁剂准备，切开处理好的鱼，制作各种蘸汁并浸入食材中，对应菜单将食材穿签，制作点缀配菜等。

“烤制”这种料理方法非常简单，新人（年轻人）的记忆力好，但烤制极其需要经验及感官，练就用身体记忆非常困难。应理解用心准备和掌握时机的重要，牢记各项工作的关键。

制作切块

制作烧烤食材时，如鱼不需要保持完整，先要将鱼切成合适的大小。日本料理中，摆盘的方法也有原则。应掌握摆盘的原则，并相应切块。总而言之，方便食用、外形美观是关键。

制作鲅鱼和鲷鱼的切块

①刀切经过水洗的鲅鱼。切块的腹部必须朝向内侧摆放，所以应注意切口朝向。鱼皮朝下切开时，切到最后竖起刀。这样切出的效果整齐美观，且造型立体。

②切块的朝向。图中，左侧切块为正确示例，右侧切块为错误示例。依据日本料理的摆盘原则，鱼身的白色腹部应朝向右侧或内侧。而图中，右侧切块的鱼背朝向内侧，正好颠倒。

③切块时并不一样，应考虑肉身低（薄）的一侧朝向右侧或内侧摆放。

④照片中的切块为背部肉身，靠近右侧或内侧切鱼背。

制作切块

制作鲅鱼和鲷鱼的切块

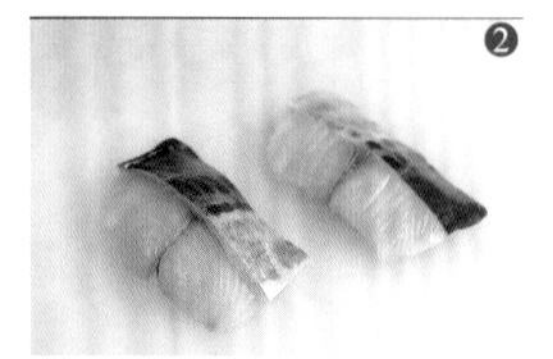

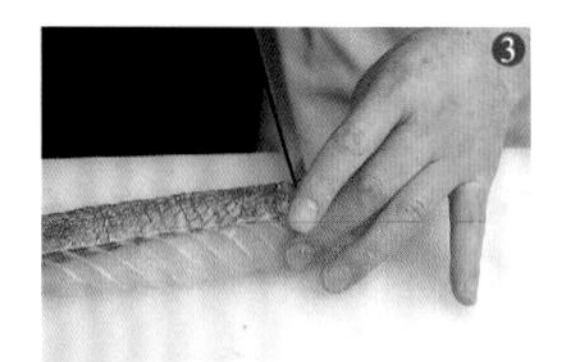

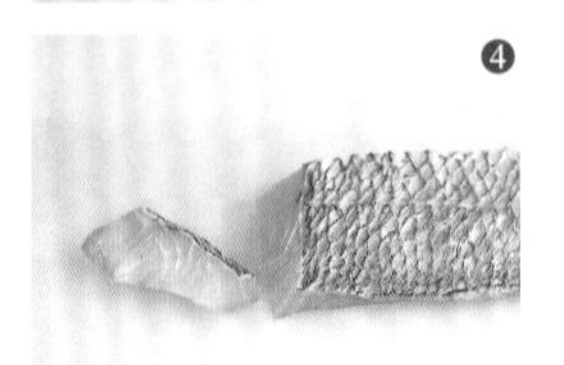

穿签

穿签的最大目的是为了确保烤制之后的美观，无论切块或整条均相同。穿签之后，手不用碰到肉身就能进行烤制。而且，方便翻身，烤制均匀。

穿签

平穿签

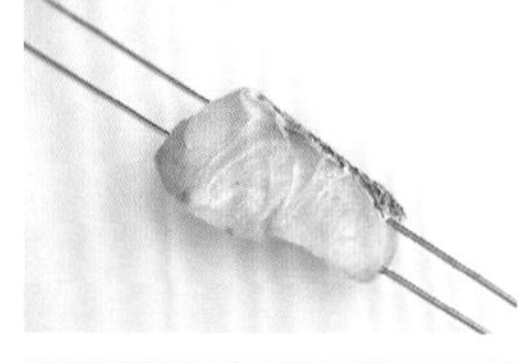

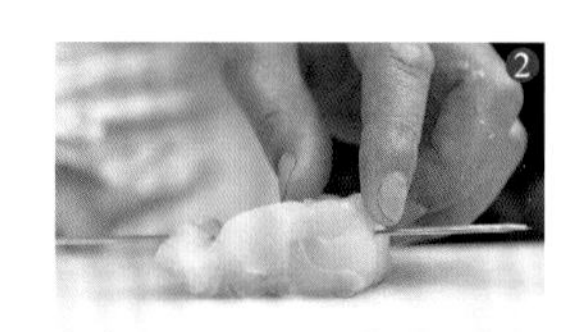

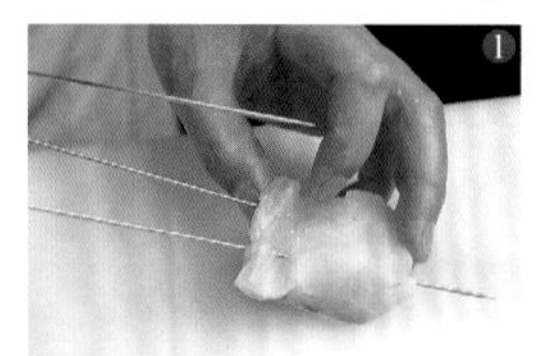

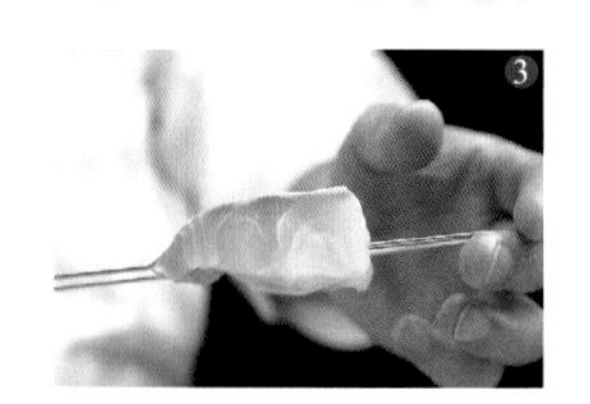

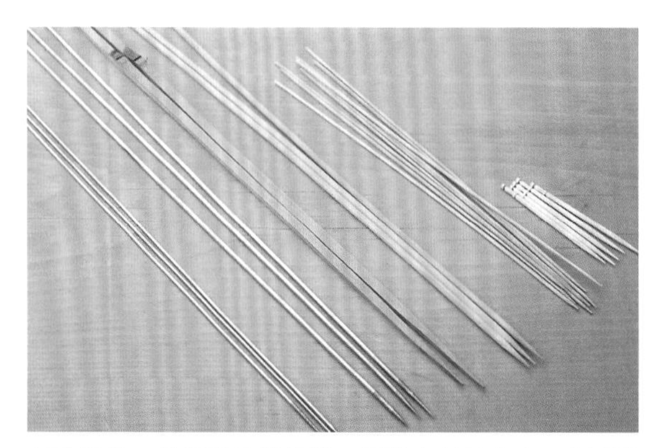

各种穿签，长度及种类各异。根据食材的大小，也可折断后使用。

穿签时，必须考虑食材（鱼）的肉身的性质及形状。应注意穿签的位置及角度，并记住其中缘由。

平穿签

最基本的穿签方法之一。关键是垂直于纤维穿签，这是为了防止翻身时肉身变形。

①切块后穿签。皮纹朝下，左手轻轻按住肉身，垂直于纤维穿签。柔软的鱼如照片所示，先将肉身薄的皮纹卷起后穿签（详细内容参照“折叠穿签”）。

②③穿签的位置。在距离皮纹2/3位置穿签，避免翻身时肉身变形。

④两块以上的切块穿签时，如果大小不同，较小一块朝向内侧，签的前端稍稍分开。

⑤签的手拿处集中于一点，烤制时拿持方便。平穿签时，两根签之间留出一定间隔。

侧穿签（鳗鱼）

从侧面垂直于鱼的肉身穿签。除了切块，还可用于鳗鱼、星鳗等细长鱼类。

①为了防止肉身裂开，先将签的前端稍稍烤热。

②尾部的肉身会收缩，应将尾部稍稍留长，并切成两块。接着，如照片所示间隔穿签。

③④穿签时，穿过肉身中心。

⑤错误示例1。穿签位置太靠近鱼皮，烤制过程中肉身容易松脱。

⑥错误示例2。签穿透正面，签会被烧焦。

⑦完成。计算收缩量，撑开尾部穿签。

竖穿签（海鳗）

平行于鱼的肉身，竖直穿签。用于海鳗、六线鱼等切骨的鱼。

侧穿签（鳗鱼）

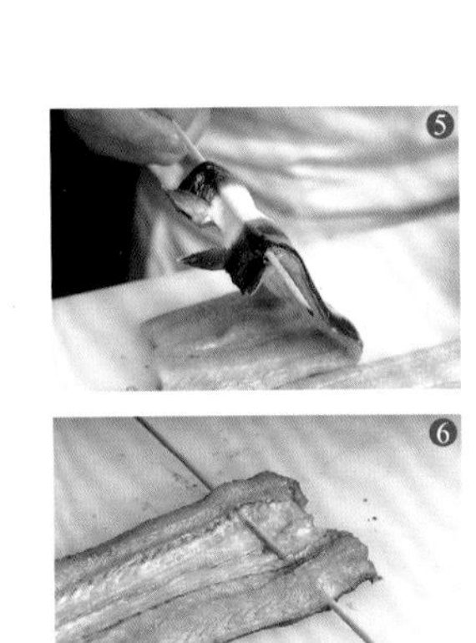

竖穿签（海鳗）

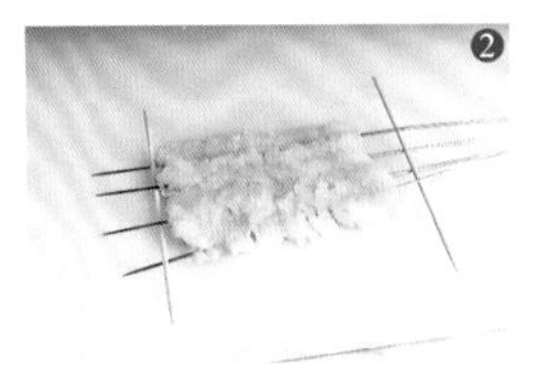

①将切开的海鳗的肉身较窄侧朝向内侧放置，右端穿入 1 根签，接着依次穿入剩余的 3 根签。而且，穿签时应垂直于切骨的刀痕。

②穿入辅助签，防止肉身卷起。

尾端撑开

平穿签的一种，食材和签构成扇形的穿法。

①尾端撑开穿签。先对中心穿签，方法与平穿签方法相同。

②左右穿签，签的手拿处集中于一点。

③完成。与平穿签不同，签的手拿处集中于一点。

④为细长的鱼（照片中为沙鲮）穿签时。先将签穿入中心，穿签位置与平穿签相同。必须穿入肋骨上方，翻身时通过肋骨支撑肉身。

⑤第 2 根签从鳃下方朝向鱼头上方穿入，尾部穿入肛门附近。

⑥完成。照片中，上方为正面。

折叠穿签

这也是平穿签的一种，能够使较薄的食材呈现立体感。可防止肉身走样，使整体烤制均匀。特点是沿着鱼的纤维穿签。

◎两侧折叠穿签

①鱼（图中为鲳鱼）为长侧肉身，皮纹朝下，肉身较厚侧朝内侧，内侧的肉身折向内侧，从皮纹穿签至皮纹。

②从外侧肉身折向内侧，同样从皮纹穿签至皮纹。

③完成。照片中的肉身上方在摆盘时为正面，此面应先烤制。

◎单侧折叠穿签

仅一侧折叠穿签。鱼为上侧肉身，肉身边缘折叠侧（较薄侧）朝向外侧，皮纹朝下。外侧的肉身折向内侧，从内侧的皮纹穿签至皮纹。

尾端撑开

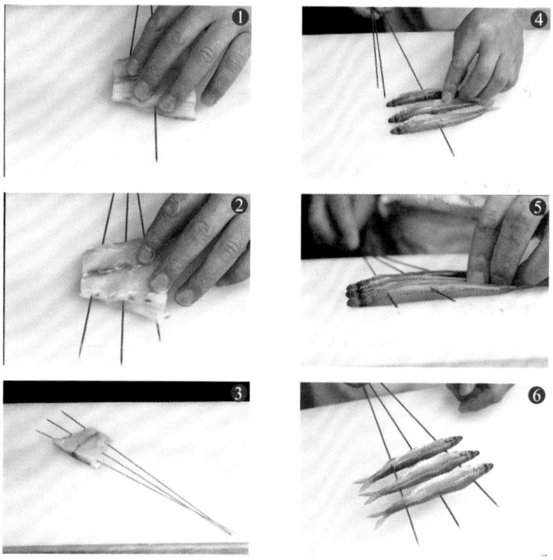

❶ ❷ ❸ ❹ ❺ ❻

折叠穿签

◎两侧折叠穿签

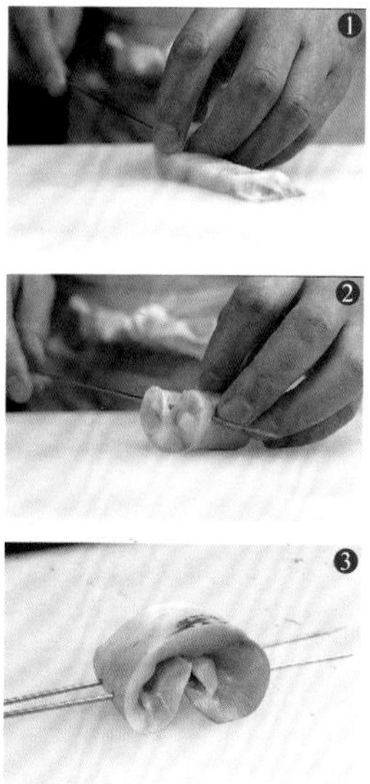

❶ ❷ ❸

◎单侧折叠穿签

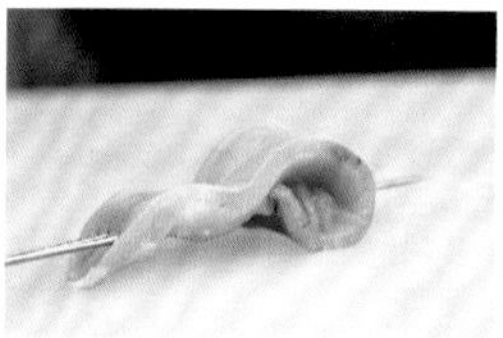

波纹穿签

用于肉身柔软的薄切鱼。

①鱼（照片中为鲳鱼）水洗后分三块，再切成合适的大小。

②皮纹朝下，肉身薄侧朝向内侧，左手卷起内侧肉身，从皮纹穿签，签头穿过肉身上方。

③左手弯曲肉身，从肉身至肉身，从皮纹至皮纹，使肉身呈波纹状穿签。最后，签头穿过皮纹。

④完成。

跳跃穿签、舞蹈穿签（竹夹鱼）

用于整条鱼烤制时，烤制完成后鱼呈跳跃姿势，就像鱼在洄游。这种方法多用于河鱼。

①鱼（图中为竹夹鱼）经过水洗后，鱼头朝左放置，从眼角穿签（为了看清签的位置，照片中将鱼的半身分开）。

②③签头从肋骨上方穿过，按肋骨的下侧至上侧交错穿签。由此，鱼的肉身扭转，呈现动态的立体感。

④最后，签头穿过肋骨的下侧（完成时为背面）。

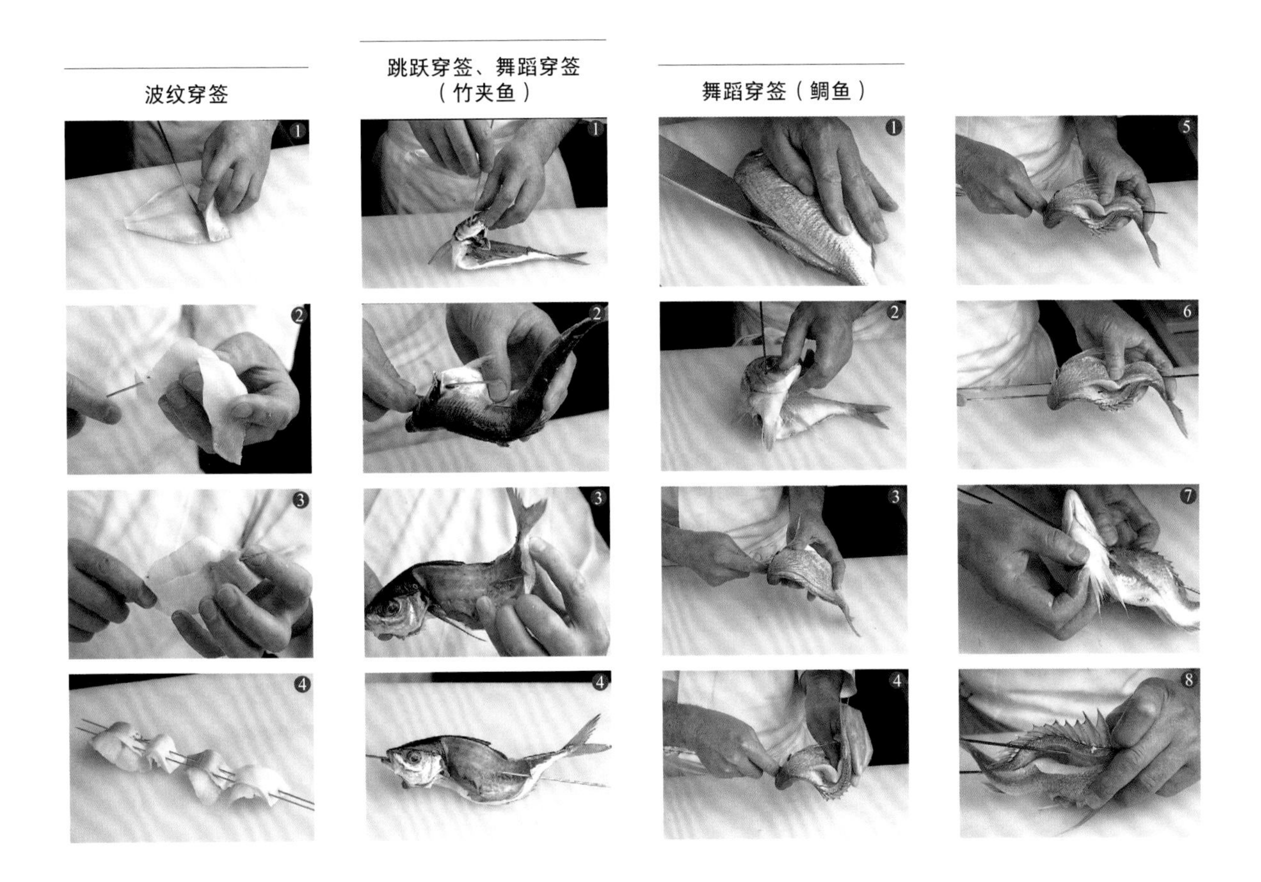

舞蹈穿签（鲷鱼）

①沿着背面的背鳍边缘划切口。这样处理之后，烤制过程快，且摆盘方便。

②从摆盘时背面的眼角穿签。将鲷鱼放在砧板上按压折弯。

③④⑤折弯肉身，签先从背面穿出（避免签从正面穿出），在其前方附近继续穿签，再次从背面的尾根部穿过。

⑥腹部穿入一根辅助签。从背面的鱼头穿签，按步骤③—⑤相同方式继续穿签，最后穿过背鳍的根部附近。

⑦拔掉胸鳍根部的小骨。

⑧穿签于背鳍根部，烤制时鱼鳍保持完整。

◎从尾部穿签的方法

签的手持侧收拢，烤制时不易走形。

①从摆盘时背面侧的尾根开始穿签。将鲷鱼放在砧板上按压折弯。

②③折弯肉身，签先从背面穿出（避免签从正面穿出），在其前方附近继续穿签，再次从背面的尾根部穿过。接着，腹部穿入一根辅助签。

④内侧从鱼头开始穿签，外侧从尾部开始穿签。

缝线穿签

此为柔软容易蜷缩的食材的穿签方法。如缝线般横竖穿起食材，将肉身固定平整。

①乌贼处理好取上侧肉身，内侧的面朝上，较宽大一侧朝外侧，从内侧如缝线般穿入 4 根签。

②签头穿入肉身内，使签的缝线纹路仅呈现于正面。

③穿入辅助签（竹签）。与其他签垂直，从右侧交错穿入。

④完成。摆盘时照片中的面朝下。

◎从尾部穿签的方法

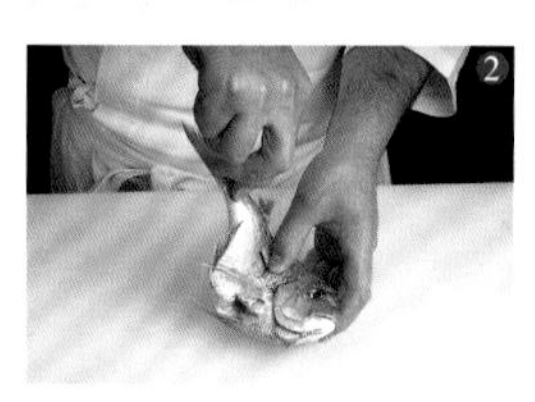

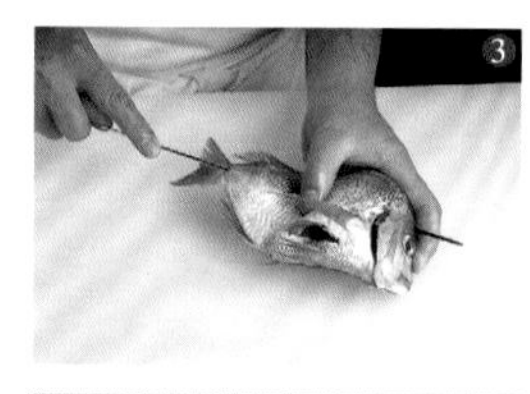

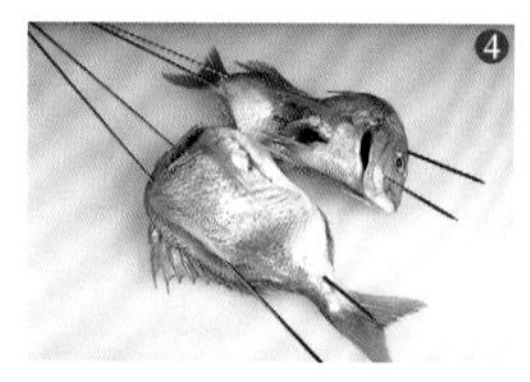

缝线穿签

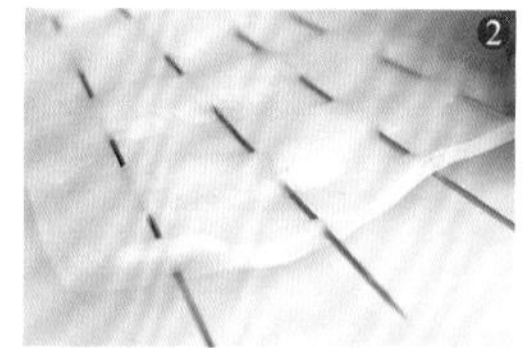

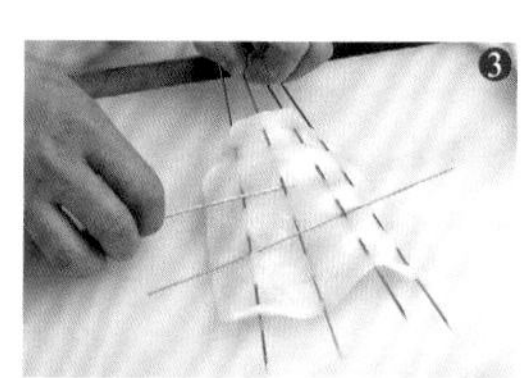

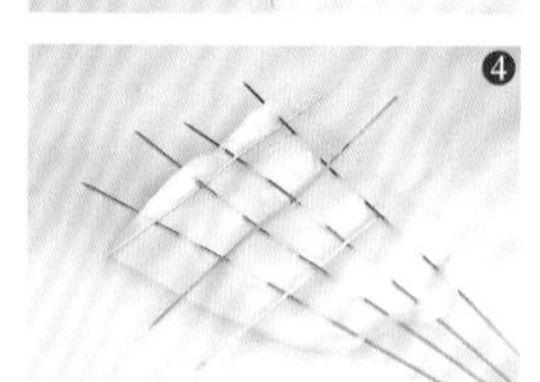

伸开穿签

虾等加热后蜷缩的食材，从头至尾穿签，以保持其笔直。

①虾的肉身对折，用竹签从腰部挑出黑线。

②沿着尾根至下颌方向，经过肉身中心穿签。

③两只一起烤制时。经过金属签的下方，从头的根部侧面穿辅助签（竹签）。

④完成。

◎辅助签

烤制时，为了使食材稳定，可以穿辅助签。

①②以竹夹鱼为例。划道切口以方便烤熟，跳跃穿签。

③从眼睛上方夹住肋骨穿入另一根签，可使肉身稳定。

④需要均匀烤制时，如照片所示穿签，方便翻身。

⑤两条一起烤制时，从侧面穿入一根辅助签。

撒盐

这是最基本的、能够激发出食材本身口感的烤制方法。撒盐的方法和量的微小差异，烤制出口味也会大为不同。不必拘泥于盐的品牌，关键

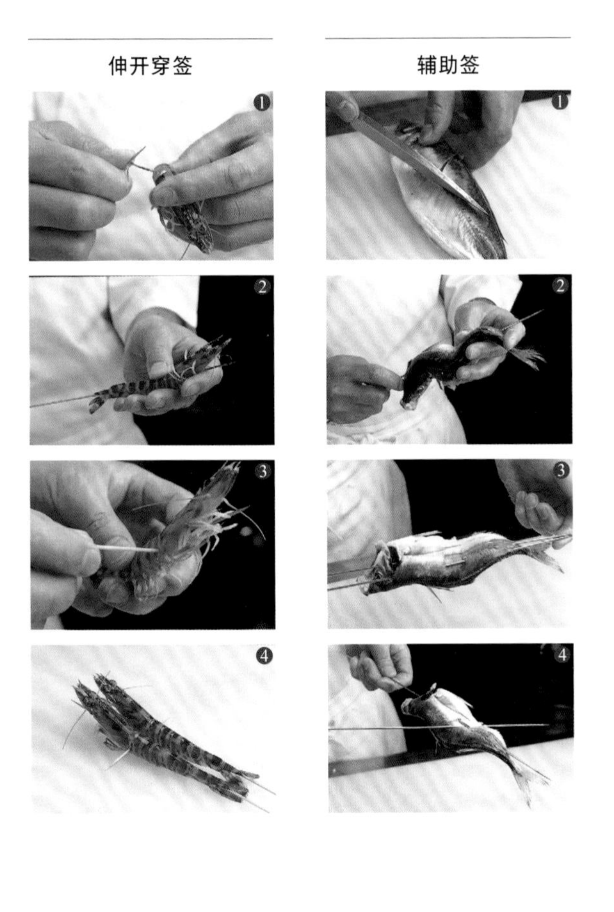

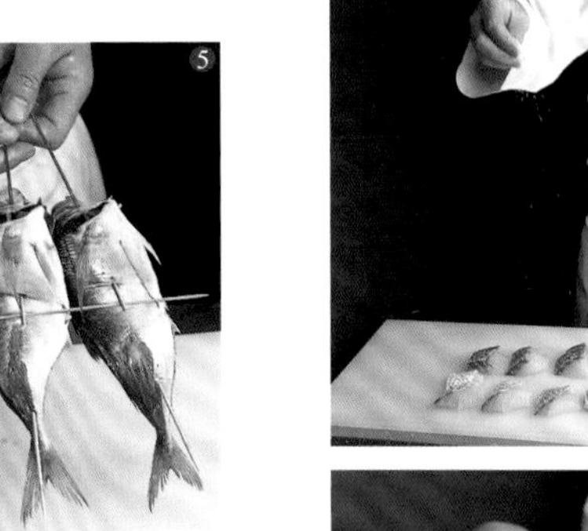

撒盐

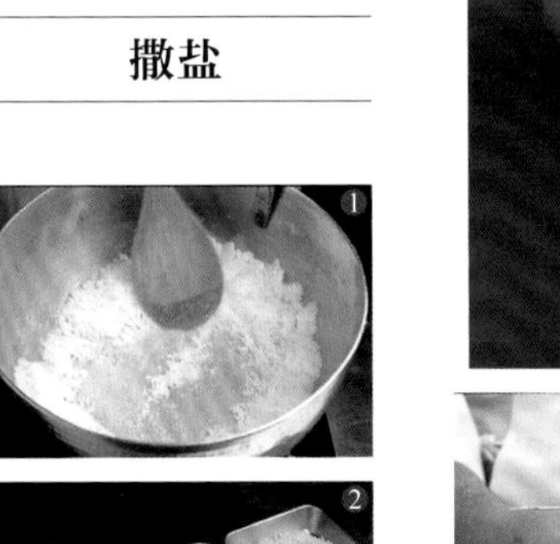

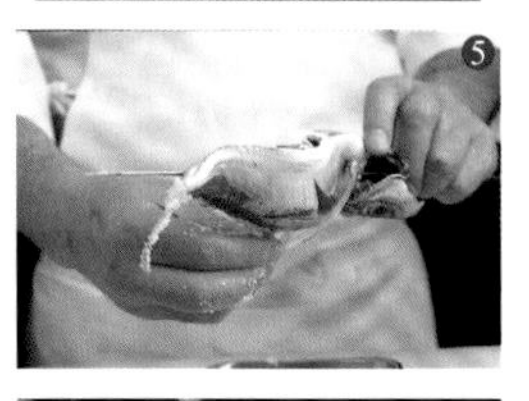

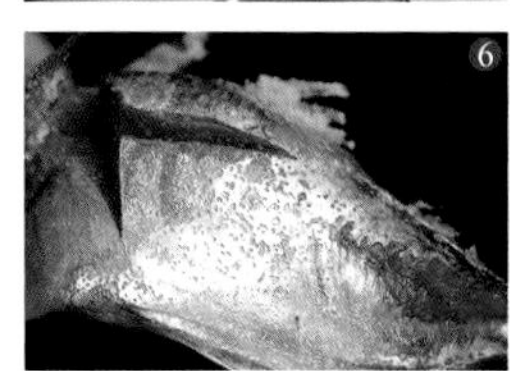

是掌握撒盐的正确方法。

盐的颗粒大小会给带给舌头不同的味感。盐根据用途分为很多种（粗盐、精制盐等），应注意种类及用量。

①先将盐稍稍煎一下，干燥之后容易撒均匀。

②经过干燥的盐定量放入托盘中，方便随时取用。日本料理中，根据用途区分为 3 ~ 4 种。图中右端是一种名为“Biolo Sel”法国产食盐。

③对鲷鱼的切块撒盐。从切块上方 30mm 撒盐，使盐均匀遍布全身。整条鱼时，先在鳍、尾部撒装饰盐，接着整体撒盐，使盐量恰到好处。

④撒盐时如照片所示，从手指之间撒开，撒的范围大。

⑤装饰盐是指鱼的背面朝上，从下方撒盐，多余的盐分自然落下，使烤制翻面时不会掉落多余的盐分。

⑥盐均匀遍布全身的状态。

处理过的鱼撒盐后静置

“若狭烧”时，从背部切开鱼（方头鱼）之后撒盐，并静置 1 小时左右，一方面使盐渗入，另一方面通过脱水作用提出鲜味。

烤制

这里介绍的烤制方法是在烤制台使用炭火的工作。与电烤盘不同，需要使用明火操作。如果没有掌控好火候就无法烤好。所以，烤制火候很大程度决定了最终品相及口感，应不断尝试并最终掌握。使用电烤盘时应掌握的关键点大致相同，也可参考此处说明。

此外，根据菜单调制各种蘸汁、蘸料、酱料等也要通过烤制工作进行学习。首先，只要牢记介绍的基本配方，就能根据菜单变幻出花样。

最后，介绍几种最具代表性的、作为烤制食材的装饰点缀。应在平常的工作及学艺中观察及牢记这些装饰点缀以及与烤制食材的最佳搭配方法。

点火

①首先，点燃引火炭（麻栎或三棱栎），并转移至烤制台。

②将长炭放在烤制台上敲碎铺开。

③引火炭和长炭的区别：长炭（左侧）密度高，易于保持火力。引火炭（右侧）比长炭的气泡多，易于点火。

④火力太强时，将炭拨开扩大间隙，打开烤制台下方的通风口，排出空气。

⑤此时，可以用开孔的锡箔纸盖住，使空气向下排出，温度容易降低。

⑥相反地，火力太弱时，将炭聚拢，用折起的锡箔纸围住。这种状态下，即便炭很少，也能增强火力。

烤制

点火

1

2

3

4

5

6

7

⑦需要使用上火（炭火位于食材上方）时，用锡箔纸包住砖块等架起烧烤网，网上放置点燃的木炭进行加热。

制作基本的烤制食材

盐烧

①将完全点着的炭放入烤制台，放上烧烤网，先烤制鱼（照片中为竹夹鱼）的正面。容易烤焦的鱼鳍和尾部提前用锡箔纸包住，保护好。

②全身过火加热之后，如果是跳跃穿签等，集中接触火的面也要包上锡箔纸。

③翻到背面，烤制背面。正面烤至四分熟，背面烤至六分熟。

④眼珠变白也是判断烤好的标准之一。

⑤西太公鱼等肉身细小的食材无须翻面烤制，但需要避免尾部被烤焦。此外，应注意烤制时间不能太长。

⑥⑦完成。

*使用电烤盘，用上火烤制时也按相同顺序。但是，应将正面朝上烤制。

白烧

①白烧鳗鱼等细长食材时，基本上将签穿入

盐烧

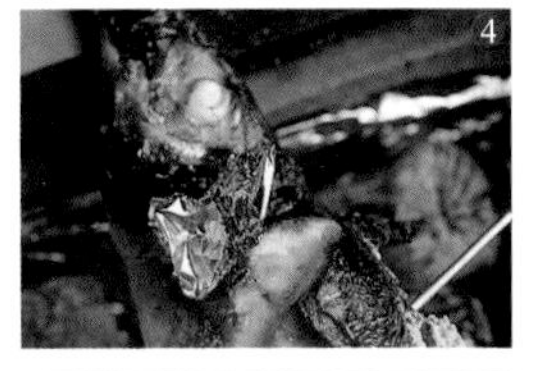

肉身的中心。此外，靠近尾部的肉身容易收缩，穿签时与尾部保持一定间隔。

②白烧的关键是从皮开始烤，完全烤好后翻面。如果未完全烤好，肉身会很硬，且腥味重。这种细长食材的肉身柔软，需要小心处理。特别是在全身过火之后容易变形，肉身必须放平拿。

腌渍烧（柚腌烧）

将等量的酱油、味淋、酒混合，作为腌渍烧的基本配方。这种配方由各家料理店自己调制，可能有所不同。通常，分为加入切片柚子的“柚腌”和不加切片柚子的“暗腌”。“柚腌烧”是将青花鱼、鲳鱼等切块放入柚腌汁中腌渍 15 ~ 30 分钟，接着从皮纹开始烤制。此外，腌渍时间应根据肉身厚度进行调整。

浇汁烧

①改变配方，制作浇汁烧。按汤汁、酒和酱油 3∶2∶1 的比例混合，再加上切碎的花椒芽制作而成的浇汁。先将撒过盐的鱼从皮纹开始烤制，八成肉身过火之后淋上浇汁继续烤制。

白烧

腌渍烧

浇汁烧

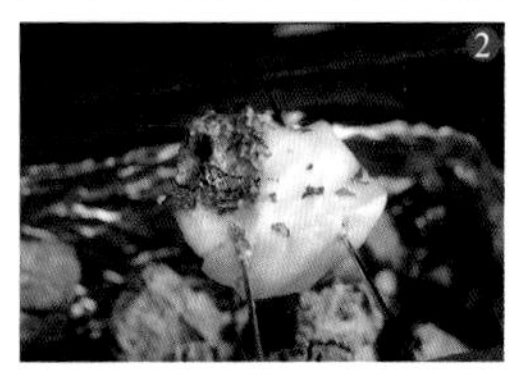

②重复几次，烤熟。

③完成。

海胆烧（墨鱼）

①过滤海胆中的盐分，要选择优质的海胆。

②海胆中添加两倍数量的蛋黄，充分混合。

③对墨鱼切暗刀（如果不加暗刀，肉质会变硬，且无法挂上蛋黄），穿签及辅助签。

④将步骤②成品涂在步骤③成品上，烤制。重复涂两次，远火烤干。

⑤完成。

利久烧（红金眼鲷）

利久是指使用芝麻作为佐料的料理。

①按浓口酱油、味淋、酒和芝麻1:1:1:1的比例混合制作利久蘸汁，放入红金眼鲷的切块。然后穿签烤制。

②完成。

海胆烧

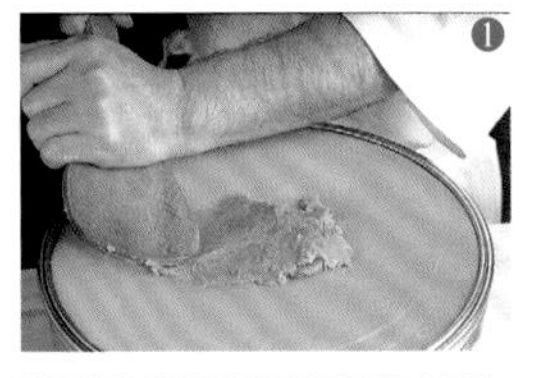

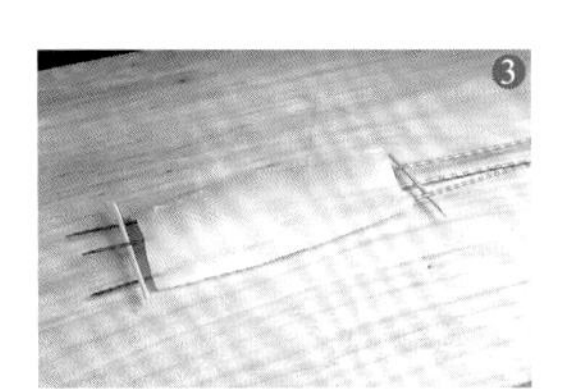

利久烧

照烧

①制作蘸汁。首先烤制鱼处理后剩下的肋骨。

②用酱油和味淋（各 2L）配上 1kg 粗粒砂糖一起煮，这是照烧的基本配方。如需增量，按每 2L 配 800g 粗粒砂糖的比例。尽可能控制甜味，否则蘸汁的口味太浓。接着，将步骤①的鱼骨浸入蘸汁中。

③再次烤鱼骨，香味出来之后，再次浸入蘸汁中。按此方法重复操作几次。

④用餐巾纸盖住用完的蘸汁，吸掉表面多余的油。

⑤鱼（照片中为鳟鱼）切块，浸入由酱油、味淋、酒混合调制的腌渍汁（与腌渍烧相同）中入味。事先腌渍 10 ~ 15 分钟，味道更浓郁。

⑥穿签，与盐烤同样烤制。但是，食材八成肉身过火之后，烤制时多浸入几次蘸汁（也可用刷子），使颜色均匀诱人。穿着签一起浸入蘸汁时，要将签头的焦糊部分擦干净，否则苦味会进入蘸汁中。烤制完成后涂上味淋，色泽鲜艳均匀。

⑦完成。

照烧

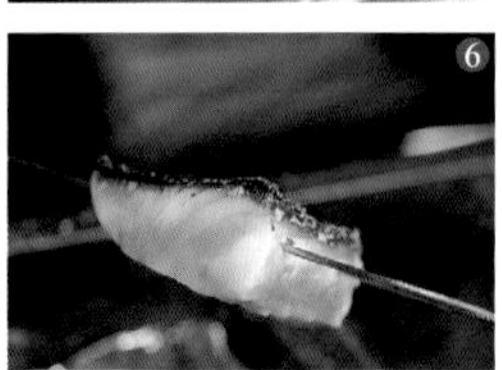

田乐烧

①制作田乐烧酱料（分为两种，红色和白色）。白色：每200g筛选过的粒状白酱料（西京味噌）配上1个蛋黄、30ml酒、30ml味淋、1大匙砂糖、少量浓口酱油，以大火加热，用木勺搅拌制作而成（见照片）。红色：每250g樱酱料（樱味噌）配上2个蛋黄、60g砂糖、50ml味淋、50ml酒、1大匙芝麻油，以大火加热，用木勺搅拌制作而成。而且，这种田乐烧酱料还可用于其他用途。食材事先烤制之后，涂上田乐烧酱料继续烤制。

②完成。

西京烧

①用捣蒜罐将西京味噌研磨之后过滤，再加入味淋、酒继续研磨。需要考虑浸渍时间（浸渍之后至使用之前的时间），通过酒调节酱料的柔软度。将调制完成的酱料倒入托盘中，上方用纱布盖住，放上切块的鱼（照片中为鲅鱼），盖上另一层纱布，再倒入酱料。接着，再盖上一层纱布，用手压实。酱料浸入时不接触肉身表面，烤制时不易烤焦。浸渍适当时间（照片中为2天）后平穿签，开始烤制。

②完成。

酱烧

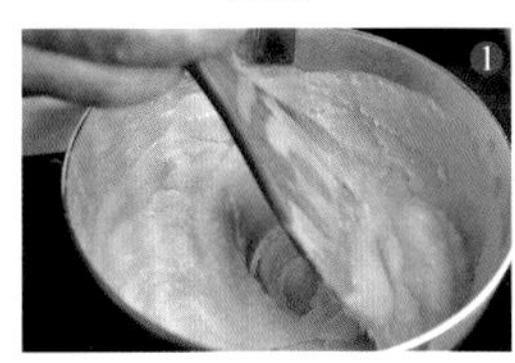

西京烧

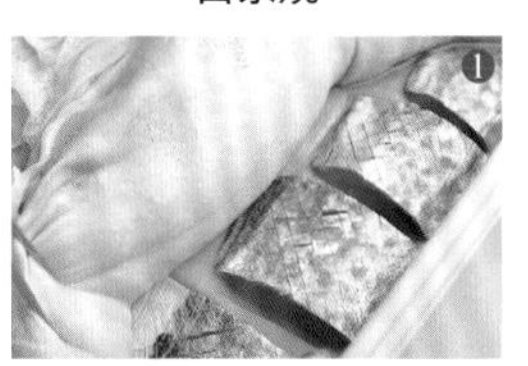

基本的烤制食材和烤制蘸汁（按蘸汁、配方、制作方法、使用方法的顺序说明）

照烧（鱼蘸汁）
浓口酱油 1L、味淋 1L、粗粒砂糖 400g
◎先煮开，烤制鱼骨及鱼皮时重复加入蘸汁，增加鲜味。
◎浇汁烧（切好的鱼块放入等量的酱油、酒、味淋混合而成的浇汁中浸泡 10 分钟左右，制作浇汁烧）。

照烧（鸡蘸汁）
浓口酱油 1L、味淋 1L、粗粒砂糖 600g
◎先煮开，烤制鸡架时重复加入蘸汁，增加鲜味。
◎浇汁烧。

鳗鱼烧（蒲烧）蘸汁
浓口酱油 1L、味淋 1L、粗粒砂糖 500g
◎先煮开，烤制鳗鱼、鲷鱼时重复加入蘸汁，增加鲜味。
◎浇汁烧。

酱料蘸汁
浓口酱油 1L、味淋 1L、酒 1L
◎配料按比例混合后开火加热，沸腾之后加入洋葱、胡萝卜、芹菜、长葱，再用文火熬煮滤干。烤制鸡架或鱼骨时加入蘸汁，增加鲜味。
◎浇汁烧。

柚腌烧（柚腌汁）
浓口酱油 1：味淋 1：酒 1、切片柚子
◎将配料混合在一起。
◎切块需要腌渍 15 ~ 30 分钟之后烤制。
* 放入花椒芽就是花椒芽烧，放入蜂斗菜就是蜂斗菜烧。

利久烧（利久蘸汁）
浓口酱油 1：味淋 1：酒 1：碎芝麻 1
◎将配料混合在一起。
◎浸入蘸汁之后，浇汁烧。

若狭烧（若狭蘸汁）
汤汁 3：酒 2：淡口酱油 1、花椒芽、水蓼、柚子等时令香料
◎将配料混合在一起。
◎鱼肉抹盐，浇汁烧。

锹烧（锅照烧）
酒 100ml、砂糖 1.5 大匙、酱油 1 小匙、溜酱油 1 小匙、味淋 1 小匙（或味淋 6：酒 6：浓口酱油 1）
◎将配料混合在一起。
◎将小麦粉或淀粉撒在食材上，平底锅中放入色拉油，双面煎烤。油倒掉之后，倒入蘸汁熬煮。

田乐烧（白味噌）
白味噌 200g、蛋黄 1 个、酒 1 大匙、味淋 1 大匙、砂糖 1 大匙
◎将配料混合在一起开火煮。
◎食材先用火烤一下，最后涂上酱料继续烤制。

田乐烧（田舍味噌）
田舍味噌 200g、蛋黄 2 个、酒 2 大匙、味淋 2 大匙、砂糖 6 大匙
◎将配料混合在一起开火煮。
◎食材先用火烤一下，最后涂上酱料继续烤制。

田乐烧（红味噌）
红味噌 250g、蛋黄 2 个、味淋 50ml、酒 30ml、砂糖 60g、芝麻油 15ml
◎将配料混合在一起开火煮。
◎食材先用火烤一下，最后涂上酱料继续烤制。

海胆烧
海胆酱、蛋黄
◎海胆酱过滤之后，加入两倍的蛋黄混合在一起。
◎食材烤至九成熟后涂上配料，重复涂 2 至 3 次烤干。

蛋黄烧
蛋黄、盐或淡口酱油
◎将配料混合在一起。
◎食材烤至九成熟后涂上配料，重复涂 2 至 3 次烤干。

盐锅烧
盐 1.5kg、蛋白 50g
◎将配料混合在一起。
◎用竹帘或荷叶包住食材，裹上盐，用烤炉蒸烤。

点缀

将烤制食材摆盘时，点缀必不可少。点缀能够提升烤制食材的口感及风味，在食用主食之后清新口气，还能表现出季节感。首先，应该观察并牢记各种应季的食材。

醋泡茗荷

将茗荷竖直切半，浸入沸腾的热水中 30 秒到 1 分钟，用筛网过滤之后撒上盐，再用扇子扇风冷却。最后，浸入甜醋（将醋 500ml、水 500ml、砂糖 120g、盐 5g 混合煮化）中（1 小时以上）。

醋泡藕

藕削皮后浸入醋水中，再用含 5% 醋的热水煮，接着用筛网过滤。冷却之后，放入甜椒的甜醋中浸泡（1 小时以上）。

菊花芜菁

芜菁削皮后雕花成菊花形状，再放入海带的 1.5% 盐水中浸泡。快速过热水，接着放入冷水中降温后擦干水。最后，在放入甜椒的甜醋中浸泡（1 小时以上）。

柚子萝卜

萝卜切成梆子形状，放入海带的 1.5% 盐水中浸泡后，接着放入调制醋（汤汁 3：醋 2：味淋 1：盐 0.2 ～ 0.3）中浸泡。最后，重新放入柚子皮的调制醋中再次浸泡。

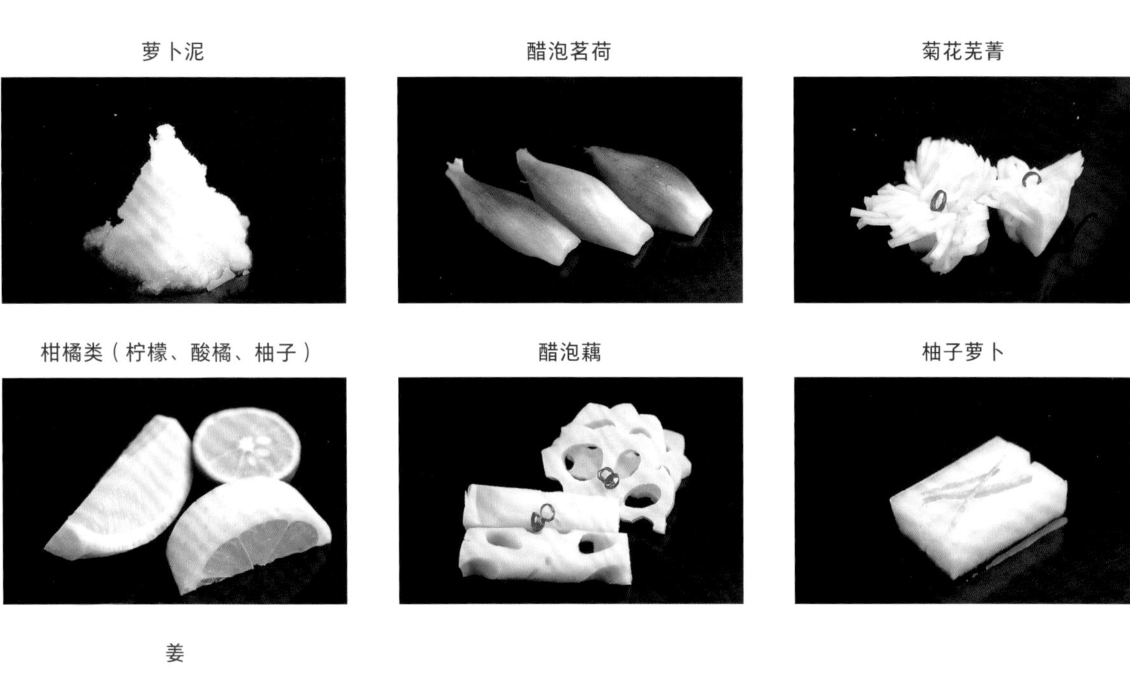

萝卜泥　醋泡茗荷　菊花芜菁

柑橘类（柠檬、酸橘、柚子）　醋泡藕　柚子萝卜

姜

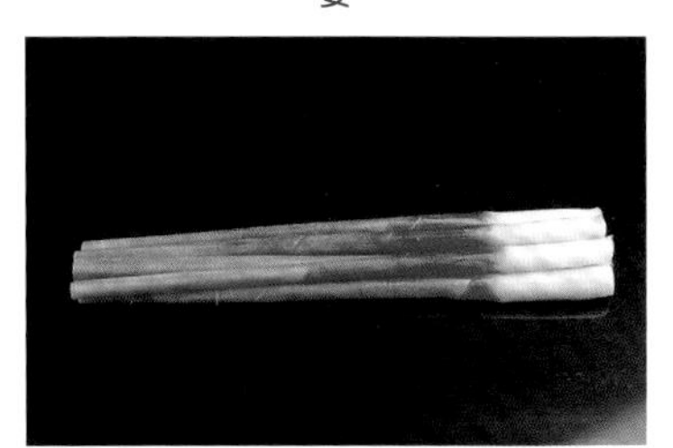

醋泡牛蒡

用刀将牛蒡削皮取出食用部分，将其捣碎蒸熟，再用筛网过滤。按汤汁 3：醋 3：酱油 2.5：砂糖 1.5 的比例混合一起煮，冷却后添加捣碎的白芝麻。

蜂斗菜辣煮

300g 蜂斗菜煮后过冷水，剥皮后切成 5cm 长，并沥干水。锅中放入 1 大匙色拉油加热后炒蜂斗菜，接着添加 2 个甜椒、2 大匙浓口酱油、1/2 大匙味淋一起煮。煮好之后放入 1 小匙芝麻油、1 大匙炒熟的白芝麻。

蚕豆甜煮

从豆荚中取出蚕豆，快速过热水，并放入按 1.2L 水加入 100g 砂糖的比例煮化的蜜汁中加热，即将熟透之前捞起，等待蜜汁冷却。冷却之后重新放入蚕豆，使其入味。

杏肉甜煮

杏肉煮过之后，放入按 1L 水加入 350g 砂糖的比例煮化的蜜汁中继续煮入味。

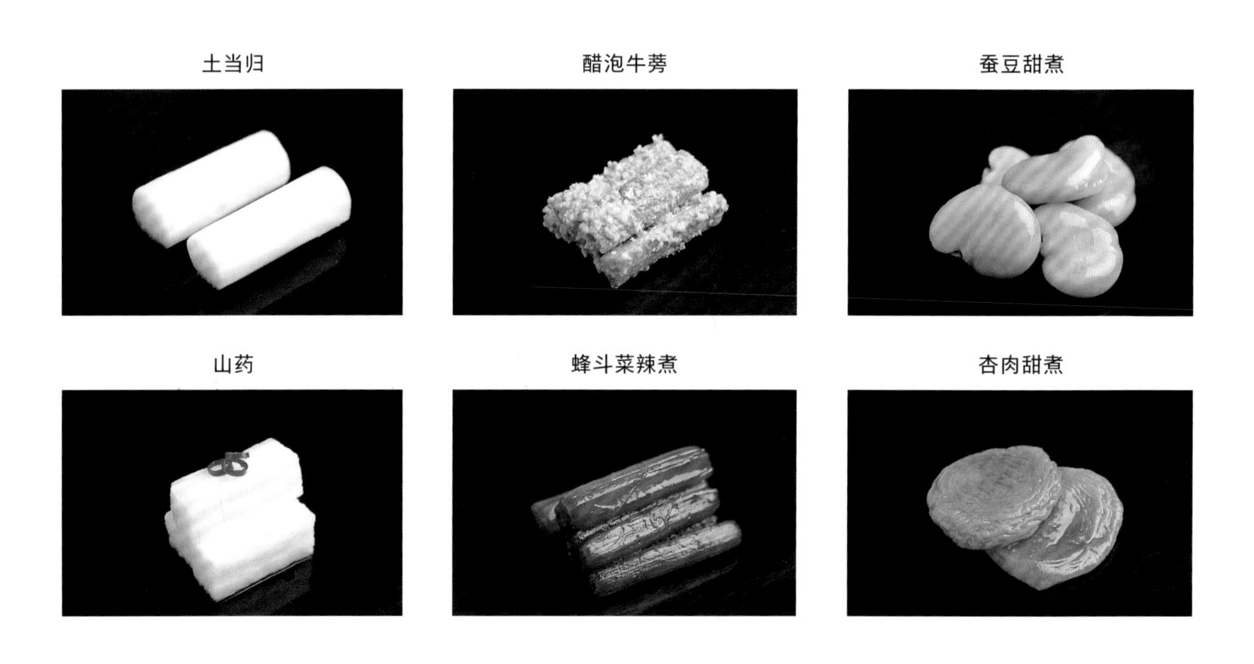

炸制工作

本篇以天妇罗为例，解说炸制工作中需要掌握的基本技术。炸制工作负责所有炸制食材，与烤制工作同等重要。同样，炸制工作也要掌握食材的性质，并根据菜单进行合适的处理。炸制工作需要使用油，是最容易产生危险的工作环节。学徒过程中，可能出现油锅着火而慌乱的情况。总之，关键是“不慌不忙”。出于安全考虑，工作过程中应专注、遵循流程，并保持周围环境的整洁。此外，身边应随时放着厚布巾备用。

边调节温度边熟练炸制食材，这并不是一朝一夕能够掌握的工作。其实，很多厨师在学徒时代都想以后再也不炸天妇罗了。放松心态，记住其要领，必然能够学成。

有一点需要让大家了解，专门炸天妇罗的快餐店内的天妇罗和料理店的天妇罗并不相同。日本料理店的天妇罗的特点：与快餐店的炸制油温不同，且品味方式有所差异。面衣、调味汁、佐料、药材等不受拘泥，尽可能给食客带来丰富体验。

小洋葱

剥皮后切成两半，并穿签。

青椒

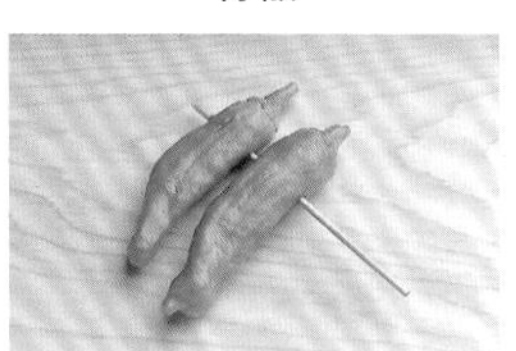

切掉蒂，中心稍稍靠近蒂的位置穿签。

蔬菜

炸制工作所需的工具

蜂斗菜

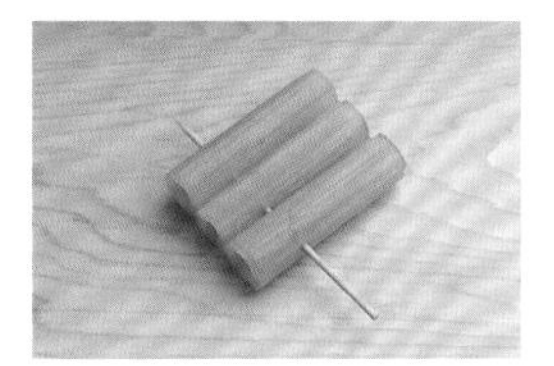

煮后过冷水，剥皮后切成3块穿签。

楤木芽

切口加入十字暗刀，更容易加热熟透。

寒葱

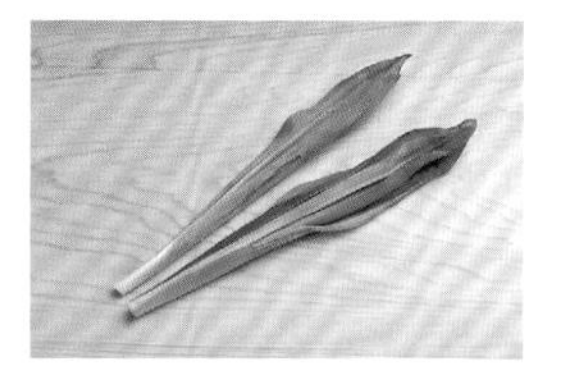

切掉茎部，切整齐。

藕

斜切成方便食用的厚度。

白果

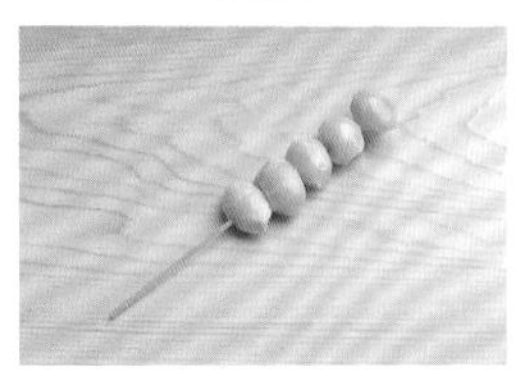

剥掉壳及皮，并穿签。

茗荷

切掉根部，竖直切成两半。

香菇

切掉轴，菌伞部分划上装饰切口，或者切半。

南瓜

切薄，容易加热熟透。

黄瓜香

切掉根部坚硬部分，切齐并切成合适的大小。

芦笋

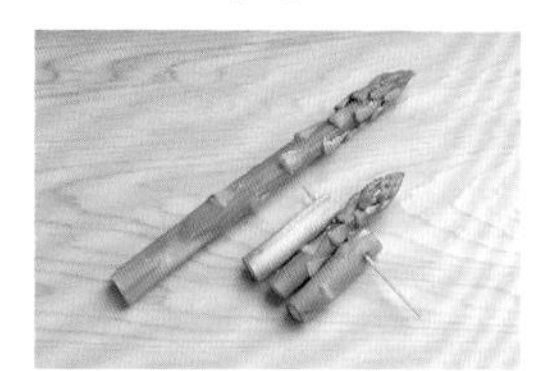

削掉根部坚硬的皮，切成方便食用的大小。

茄子

切切口，容易加热熟透。

竹笋

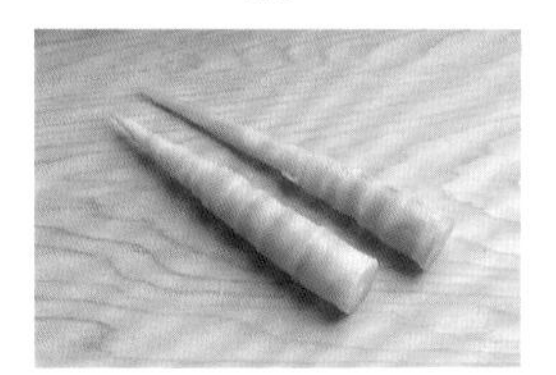

煮后剥皮，切掉根部。

玉米笋

照片中为生的玉米笋。切掉根部，分成两半。

茗荷杆

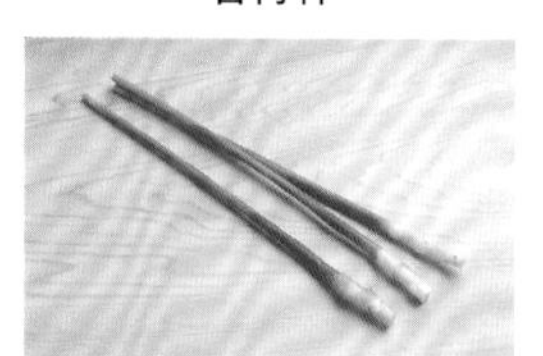

两端切掉，切齐，并切成方便食用的长度。

带头的虾

折弯头的根部，从裂口剔除黑线。直接拿起头部，腿和壳一起剥掉。如果留下腿，既影响口感，又影响美观。在腹部划上入几道切口，使肉身保持平直。需要炸制头部时，将嘴部除掉。

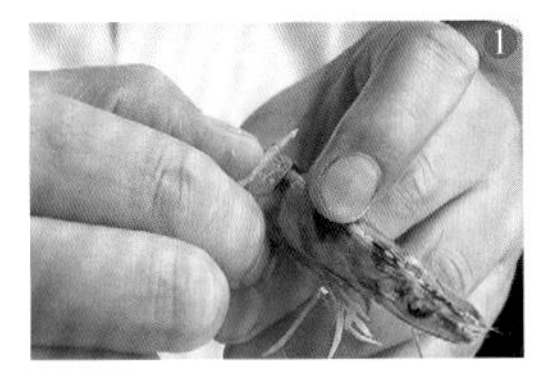

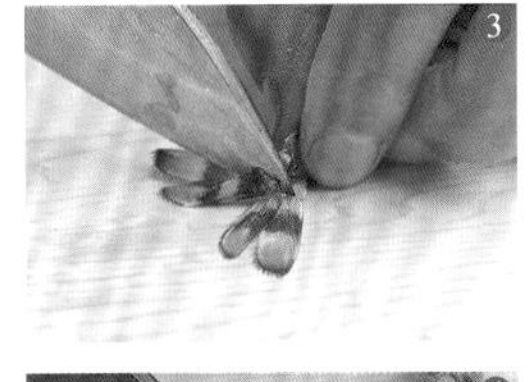

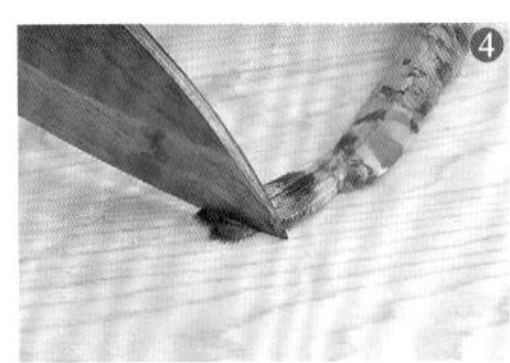

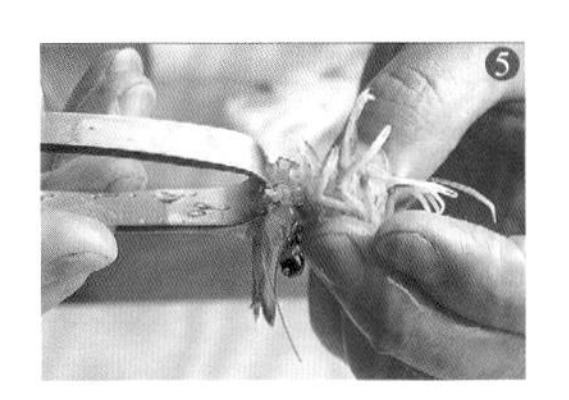

牛尾鱼

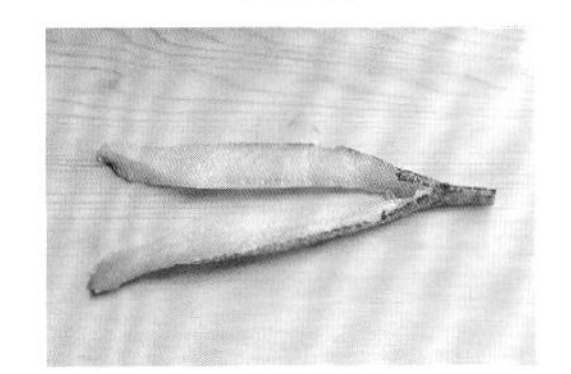

水洗，从鱼头朝向尾巴方向切两次，沿着尾部的根部切掉肋骨。划开腹部，切掉容易包含水汽的尾部前端。

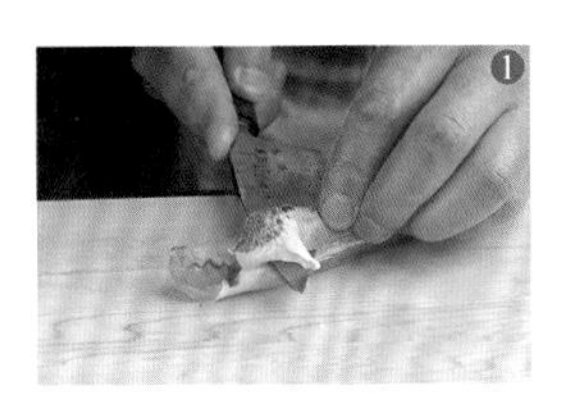

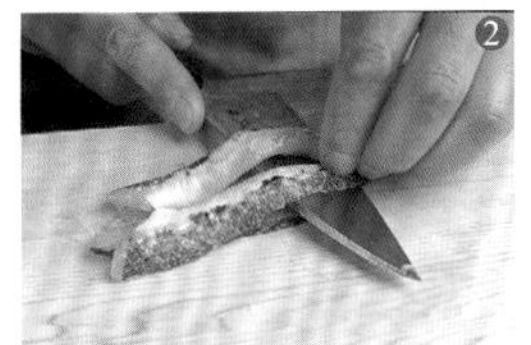

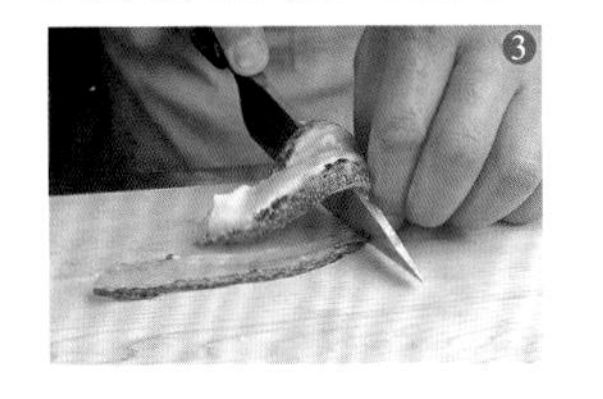

海鲜类（存放）

托盘内铺上餐巾纸，将海鲜整齐摆放，再盖上保鲜膜保存。炸制食材是要求速度的工作，为了方便取用，应注意食材的朝向及摆放方式。

墨鱼

取上侧肉身水洗，斜切肉身（已剥掉薄皮），在肉身的正反面交错划上切口。

沙鲮

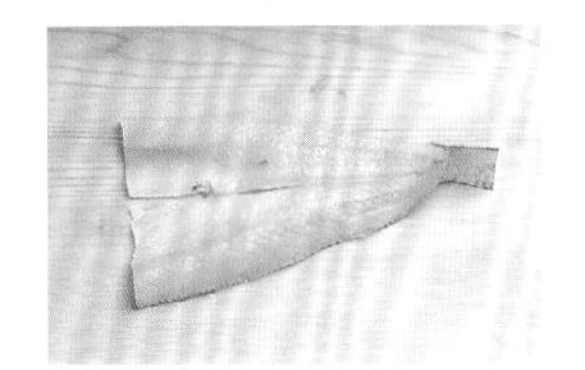

水洗后从腹部切开。切掉容易含水的尾部前端。

康吉鳗

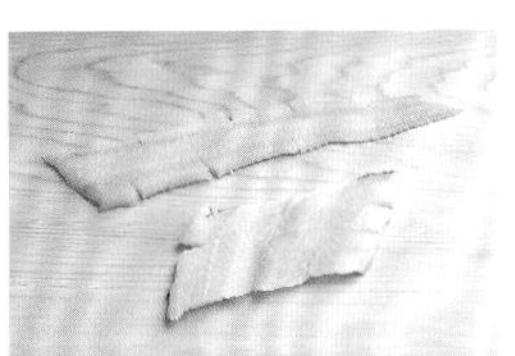

处理后，为了防止肉身收缩，在两侧划几处切口。

小香鱼

直接食用。带苦味的内脏部分也是美味，所以尽可能挑选新鲜的。

面衣的制作方法

制作天妇罗的面衣时，如果面粉搅拌筋道过度，炸后的面衣可能太硬。搅拌出谷胶的黏度即可，这点需要养成习惯。此外，面衣不能太厚，否则内部食材不易熟。

①撒上 100g 低筋面粉，不要结团。

②制作鸡蛋水。用 1 个蛋黄逐量添加 200mL 冰水，同时用粗筷子搅拌溶解面粉。为了抑制谷胶的活动，需要使用冷水。因为温度达到 10℃以上后，更容易黏稠。

③充分混合。

④添加筛过的低筋面粉。

⑤用大筷子从上方敲碎搅拌。

⑥如果大筷子使用不熟练，也可使用打蛋器。

⑦完成。

⑧黏稠度太大的失败例子。建议对照⑦。

面衣的制作方法

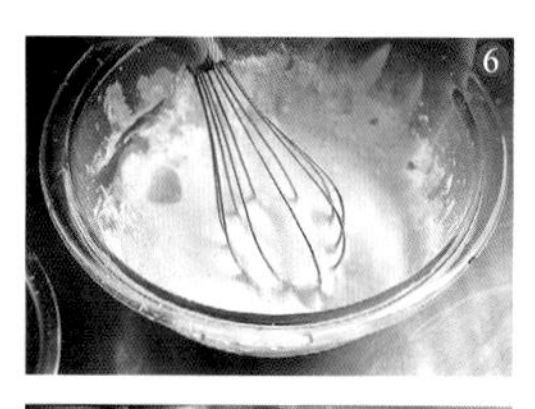

面衣黏度的对比

入油锅时

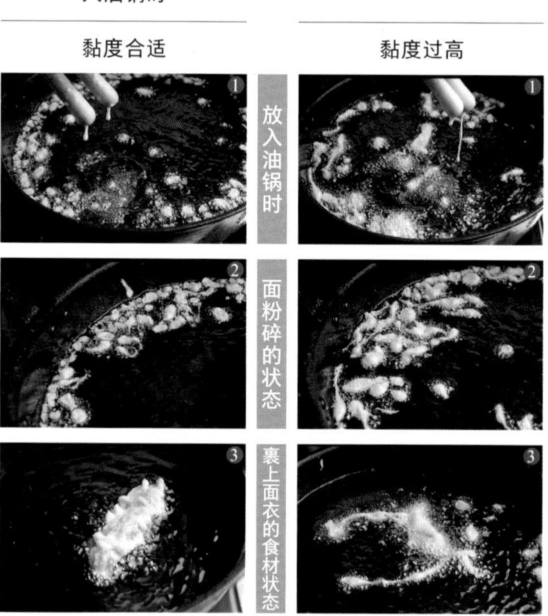

炸好的状态

近处为正确示例。如果黏度过高，则面衣太厚，放入油锅时面粉碎成细长絮状。

炸制方法

为了炸好食材，必须正确调节油温。刚开始可以使用温度计等，逐步掌握油温调节的程度及时间。与普通快餐店不同，日本料理店在炸制完成至上桌之前需要刻意停放一会儿（便于发现以下问题），如果食材没有熟透（含较多水分），水分会慢慢渗入面衣。因此，料理店的油温（约170℃）通常比快餐店（约180℃）低，更容易散发食材中的水分，成品更酥脆。

基本的炸制方法

①油倒入锅中加热，注意油量不可超过锅容量的七成。这是因为放入食材时容积增加，油容易时而沸腾时而平静。达到合适的油温后（约170℃），轻轻放入裹着面衣的食材（照片中为虾）。

②食材先沉入油中之后立即浮上来，表示油温合适。同时，仔细捞起周围的面粉碎，油可保持较长新鲜度。

③用大筷子拨开面衣，使其如鲜花般盛开。面衣造型美观，口感适合。

④快炸好时声音变小，气泡也逐渐变小。需要使用感官，记住颜色、气味、声音。

⑤炸好，右侧如鲜花般盛开。

炸制方法

基本的炸制方法

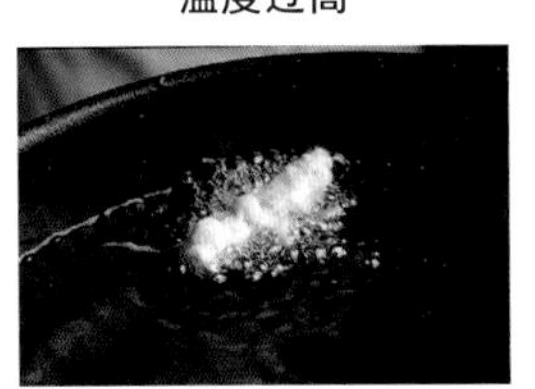

温度过高

①以天妇罗为例，面衣没有整齐散开，而是凝固在食材四周。当然，颜色也不均匀。

②以蔬菜为例，食材的颜色会变得暗淡，如茄子呈褐色等。

炸制方法的分类

低温炸制的食材

从食材的性质考虑，不适合高温或内部需要充分熟透的食材应用低温炸制。而且，在日本料理中，也有作为预处理的炸制工作（先预炸一次后交给煮食厨师），在极低温条件下排出食材的水分，增加口感。以下举几个例子，最好牢记。

・蛋黄炸

①②③使用蛋黄作为面衣，容易焦。所以，应将油温调至150℃以下炸制。

④完成。左侧为温度过高的失败例子，面衣呈暗黄色。

・炸豆腐

①含水分较多的豆腐应撒上淀粉，在150℃以下的油温条件下放入。

②充分排出水分，逐渐升高油温。豆腐逐渐浮出油面，表示炸好了。炸好之后，交给煮食厨师。

・坚果类

含油较多的坚果类，高温炸制容易出现苦味。所以，应在120℃～130℃慢慢炸出香味。

・油煮

①油煮是从食材中排出水分，增加口感的技法。油、食材放入后仍然低温加热（120℃～130℃），轻轻放入切片的蔬菜（照片中为萝卜）混合煮。

排出一定程度水分之后，浇上热水沥干油。根据餐单，交给煮食厨师或其他人。

蛋黄炸

炸豆腐

坚果类

油煮

茄子生色

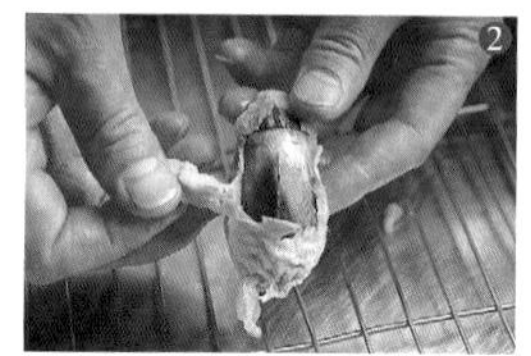

炸制圆形食材

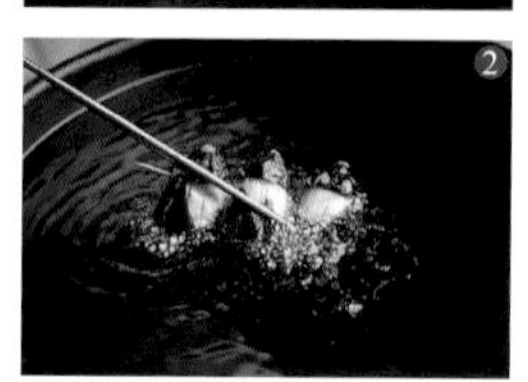

茄子生色

①茄子表皮不太嫩滑时，用厚面衣裹住，在170℃左右油温条件下加热熟透。

②沥干油，剥开面衣之后色泽更鲜艳。

炸制圆形食材

①炸制小茄子或青椒等圆形食材时，经常会遇到翻面后立即滚回的情况，导致只对一个面加热。这时，先将食材几个一组穿签，再放入油中。

②接着，翻面后用金属筷子压住，使其无法滚回。

天妇罗蘸汁的制作方法

日本料理店中的天妇罗蘸汁并不拘泥于形式，根据菜单、食材及搭配的药膳等，天妇罗蘸汁的配方可灵活变化。而且，炸制食材的佐料并不只有天妇罗蘸汁，还包括柑橘汁、佐餐酱油、芥末酱油（山葵酱油）等。根据当天的菜单，确定食材和蘸汁（或其他调味料）如何搭配，并用笔记下来。此外，制作蘸汁是煮食厨师的工作。

基本的天妇罗蘸汁

①按汤汁、酱油（照片中为淡口酱油，但通

天妇罗蘸汁的制作方法

基本的天妇罗蘸汁

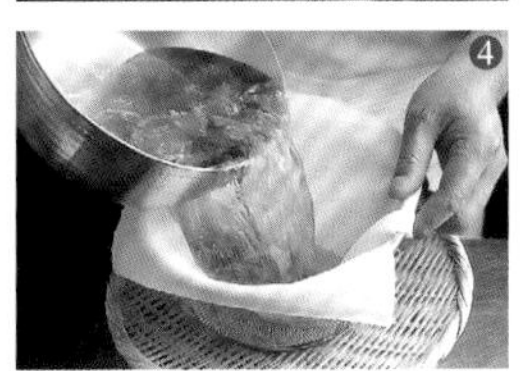

盐和萝卜泥的分类

芝麻盐

胡椒盐

咖喱盐

抹茶盐

花椒盐

常使用浓口酱油）和味淋 4:1:1 的比例混合于锅中，开火加热。

②煮开后，添加鲣鱼片。

③继续煮，即将沸腾前关火。不必煮开，否则有损口感。

④用棉布沥干，散热。有的料理店也会一直保温，但有损口感，建议每次使用前加热。

盐和萝卜泥的分类

除了天妇罗蘸汁，盐和萝卜泥也是炸制食材不可或缺的佐料。介绍 5 种盐中添加香辛料（按盐和香辛料 1:1/5 ~ 1 的比例）和 12 种萝卜泥中添加药膳的佐料。根据菜单或季节，通过日本料理店特有的丰富种类，向顾客提供美味炸制食材。

二厨的工作①

制作刺身

刺身的分类

二厨（立板）的工作重点是制作刺身。二厨的重要程度与煮食厨师相当，仅次于板长（花板・主厨），有的店甚至由板长兼任二厨，更是要求具备娴熟的刀功。这部分工作是最为华丽的，所以二厨工作也会作为一种鼓励，交由勤奋学习的年轻人负责。

但是，耐心不可或缺。年轻人刚拿起刀时都想制作刺身，如果没有充分掌握基本技术，之后的工作过程中可能出现大失误。应努力做好眼前的实事，切实掌握基础，才能有助于将来的工作。

本书的目的是让志在成为一名合格日本料理厨师的人明白自己目前的工作与今后工作的关联，了解料理的大趋势。二厨首先应该掌握的并不是具体技巧，而是在日常工作中难以一次记住的刺身的造型种类。接下来将会介绍金枪鱼的切块等多种生鱼片的刺身方法和合适的食材（鱼）。

金枪鱼的切块

①准备金枪鱼块。

②先确定切几条及宽度。以刺身刀的刀刃宽度的 1.5 倍高度为分界，切开金枪鱼块。

③从步骤②切出的鱼块侧面水平插入刀。水平切入，断开筋。

④碰到脂肪较多肉层的筋之后，沿着筋插入刀将其断开。

⑤确定刺身的宽度，垂直插入刀。

⑥切开肉身与皮。

⑦切好的鱼条。

⑧内侧为弄错筋的方向的示例。

⑨从分界的筋插入刀，切开背部的肉身（中肥）和腹部的肉身（大肥）。

⑩切开肉身与皮。

⑪沿着筋，再切成两块。

⑫切断筋，制作切块。

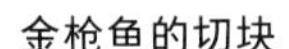

金枪鱼的切块

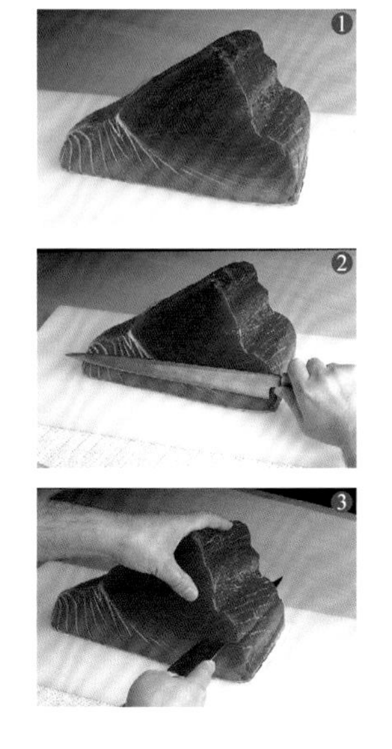

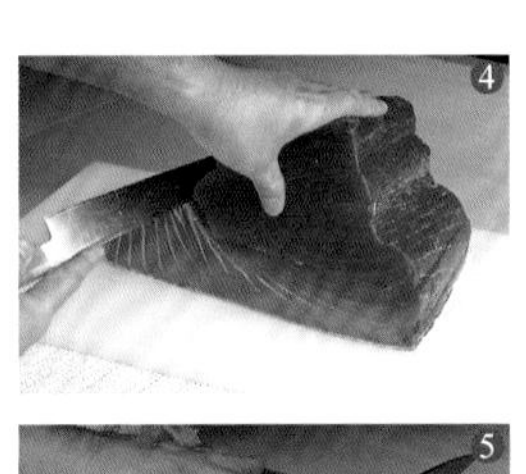

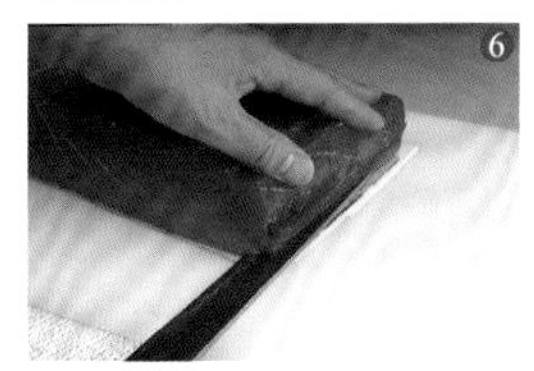

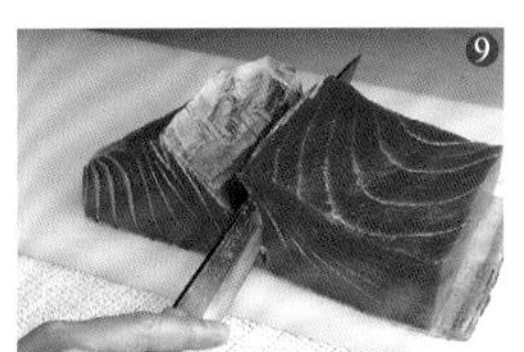

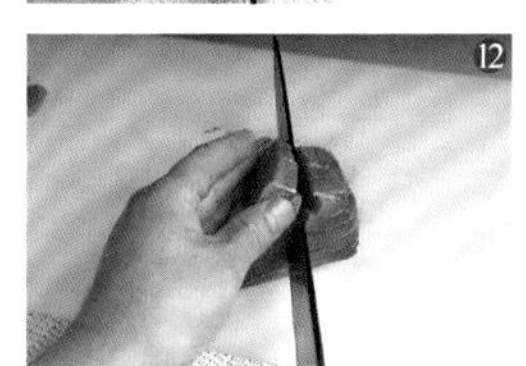

生鱼片的分类①

介绍基本的生鱼片种类、制作方法及适合的鱼。

生鱼片的分类①

平生鱼片

将切块的肉身从小口垂直切开。这种切法主要用于切块的大型鱼。照片中为金枪鱼。

方生鱼片

将切块后修整细长的肉身切成立方体。用于肉身厚且软的鱼。照片中为金枪鱼的红肉身。

削薄生鱼片

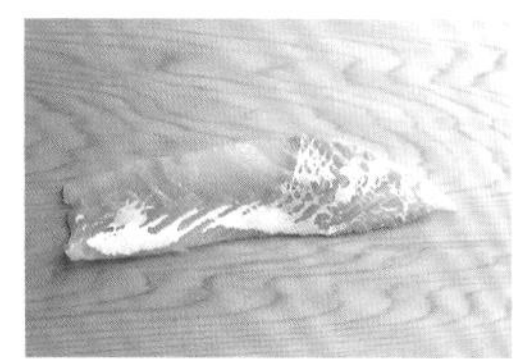

鱼切块后的上侧肉身倾斜插入刀削薄。将肉身坚硬的鱼处理得容易食用。照片中为鲈鱼。

薄生鱼片

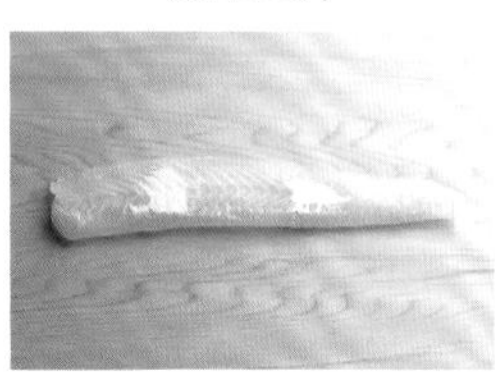

将削薄生鱼片再次削薄。质感通透，主要用于白肉身的鱼。照片中为鲽鱼。

斜叠

将切块的肉身的边角斜切立起。照片中为鲣鱼。

八重生鱼片

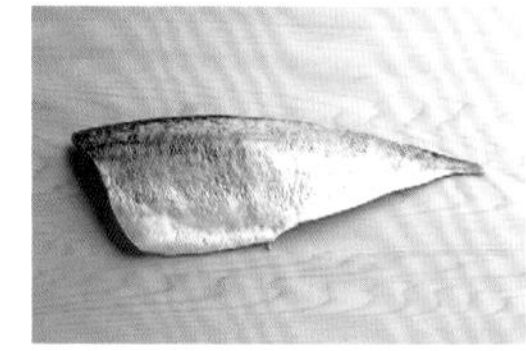

鱼的上侧肉身，从小口竖直加入浅切口（间隔约2mm），第2刀切开。切口之间再加入切口，上桌时加入醋等佐料容易入味，还能控制多余的脂肪。照片中为青花鱼。

细生鱼片

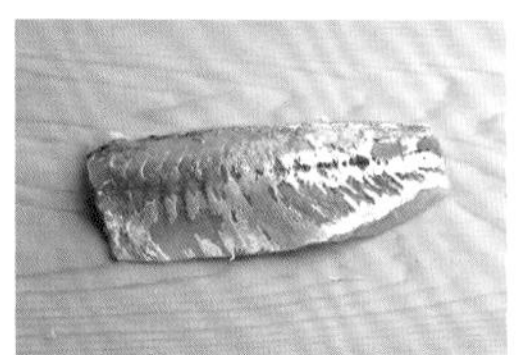

将生鱼片的肉身切成约4～5mm宽的细梆子形状。用于具有弹性的食材或肉身细长，无法整体造型的食材。

鸣门生鱼片

对薄生鱼片平行划几处细切口，卷入海苔，从小口开始切开。主要用于墨鱼。

丝生鱼片

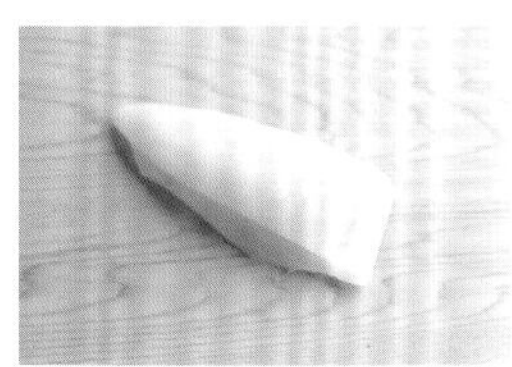

细生鱼片之一，宽度比细生鱼片更细。

鹿纹生鱼片

对食材交替斜切的方法，主要用于坚硬且具有弹性的食材，使其方便食用，且更具视觉美感。照片中为鲷鱼。

花生鱼片①（墨鱼）

墨鱼切成丝生鱼片，按弧线逐根摆放成花瓣形状。

花生鱼片②（白肉身）

将白肉身的薄生鱼片加工成花瓣，从中心呈旋涡状摆盘。照片中为鲽鱼。

矶边生鱼片

实际是将海苔撒在生鱼片上，照片中是将一大张海带盖在食材上，再横竖切块。照片中为枪乌贼。

博多生鱼片

因近似博多带（和服带）的重合织纹，由此得名。主要用于墨鱼，上侧肉身的薄生鱼片中夹入海苔，再多片重合一起切开。

唐草生鱼片

主要用于赤贝，将食材切成细长的唐草状。按蔬菜配菜的唐草造型（参照第75页）的要领，在食材中划几条细切口，再旋转90度细切，放在砧板拍打之后收缩成唐草状。

波纹生鱼片

切食材时立起或倾斜刀刃，慢慢移动，从切口制作波浪的切法。主要用于肉身坚硬且具有弹性的食材。照片中为蒸鲍鱼。

蝴蝶生鱼片

将食材（主要为赤贝）一侧展开，放在砧板上拍打，打开之后呈蝴蝶造型。

生鱼片的分类②

刺身的工作中，除了用刀制作刺身，还有其他必要工作。此处未介绍的包海带、焯水等技艺请参照第 70 及第 69 页。

生鱼片的分类②

清洗

是将食材切薄，放入冰水中至肉身蜷缩的技法。可除去腥味和油脂，使肉身坚硬的白肉身鱼也能清爽食用。照片中为鲈鱼。

泡热水

是浇热水的一种，主要用于海鳗的技法。取上侧肉身，皮纹朝下，按 2cm 左右的宽度切开。放入热水中，5 ~ 6 秒之后捞起，然后放入冰水中。

浇热水（皮霜）

是对鱼的上侧肉身浇热水，再放入冰水的技法。对带皮的鲷鱼肉身浇热水，制作出松皮生鱼片。照片中为鲷鱼。

去头带肋骨

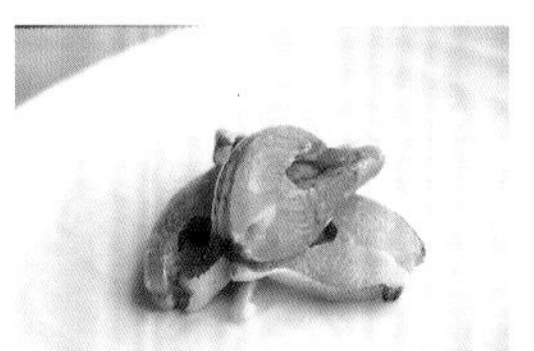

将肉身小的河鱼等切成圆片，并清洗。通常按 1 ~ 2mm 的宽度，从小口切开。照片中为鲶鱼。

烧霜

是将切块按大小排列穿签，用喷枪将皮纹烤焦，并立即放入冰水中收缩的技法。可除去腥味较重的鱼类（鲣鱼等）。

二厨的工作②

河豚的分解方法

以河豚为例，详细解说鱼的分解方法及刺身的制作方法。河豚通常被认为是一种特殊的鱼类，但只要掌握要领，并不难分解。

准备一条河豚，肉身制作刺身，皮浇热水，鱼头放入锅中煮，鱼鳍晾干后制作鱼鳍酒，几乎每个部位都能派上用场。

此处需要注意的是，切块时考虑“如何保留大刺身”并不是最重要的。为了尽可能多地获取价格高的刺身，有些店也会教学徒切鱼头时尽可能保留鱼身的方法。但是，为了使鱼头也能充分发挥价值，切鱼头时多留些肉身，炖汤更美味。所以，推荐采用多保留肉身的切鱼头方法。

关键是如何合理使用一条鱼，避免浪费。这种思路也适用于鲷鱼等各种鱼类。根据用途，临机应变处理，这也是利益最大化、减少损耗的关键。

此外，处理河豚必须通过河豚料理师考试，具备相关资质。此处介绍的方法并未过多考虑河豚考试的思路，而是通过我认为最能减少浪费的方法分解鱼，其中也有考试中没有的思路及顺序，请参考。

1 活杀 / 清洗 / 切掉鱼鳍

选择眼睛清亮的河豚。通常，需要除去有毒部分，但活鱼需要活杀。

活杀

①这里使用的河豚是活的虎河豚（弓斑东方鲀）。

②鱼头的上部有延髓，用刀将其切断，活杀分解。

清洗

③河豚的鱼皮表面黏滑，难以分解，可用锅刷连同污垢一起清洗掉。

1 活杀 / 清洗 / 切掉鱼鳍

活杀

清洗

切掉鱼鳍

④沿着鱼鳍接合的相反方向，从内侧插入刀，切掉背鳍。

⑤按照相同要领，切掉腹鳍。

⑥胸鳍也同样切掉。

⑦将切掉的鱼鳍铺在砧板上调整形状，放置阴干约一天一夜左右，烤制后用于调制鱼鳍酒。

2 切掉鱼嘴

切开鱼嘴，用于火锅底料。切开时，注意插入刀的位置。

①刀切入左右鱼脸。

②从上方插入刀，快速切开，一直切至球状突起（肋骨的前端）的上方。

③用刀的底刃按住不需要切离的部分，将鱼嘴折入内侧。

④刀插入突起的下方，切掉鱼嘴。

⑤刀的底刃对准切掉的鱼嘴（上侧鱼嘴）的两颗牙之间，将上侧鱼嘴切半。

⑥皮纹朝下，抓住中央的黏膜，从左右两边插入刀切开。

3 剥鱼皮

将河豚的鱼皮分为背部（黑色）鱼皮和腹部

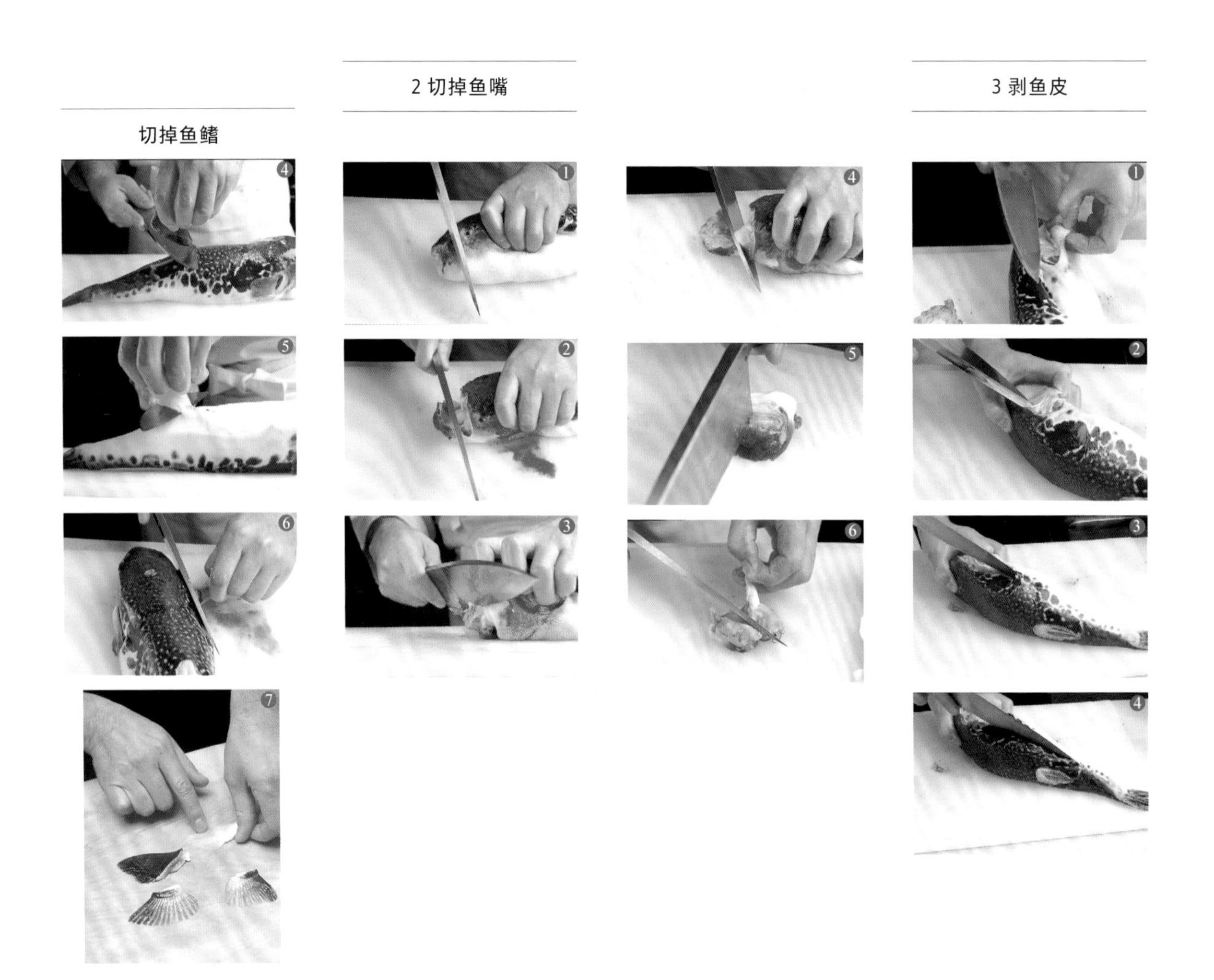

（白色）鱼皮，剥开。鱼皮浇热水，用于煮汤或刺身。分解时应小心，避免损伤鱼皮。

①抓住背部鱼皮（从胸鳍切掉的痕迹至鱼头）和腹部鱼皮的交界（颜色的交界），插入刀。

②③按画弧线的状态，撕开未沿着胸鳍痕迹的鱼皮，同时刀刃向外切开鱼皮。

④朝着鱼头的方向拉扯撑开鱼皮，直接切至尾部。

⑤改变朝向，同样切开皮。

⑥⑦沿着鱼的弧线，朝着尾部方向，将刀放平切开鱼皮。

⑧最后抓住背部鱼皮，沿着尾鳍的根部切开。

⑨提起切开的背部鱼皮，刀插入鱼皮和肉身之间，剥开鱼皮。

⑩整齐剥开至头部。

⑪最后，刀插入鱼头的骨和鱼皮之间，切离。

⑫白色腹部鱼皮同样剥开。首先，抓住腹部鱼皮，沿着尾鳍的根部切掉。

⑬提起腹部鱼皮，切掉肛门的接合位置。

⑭接着，切掉肠子。

⑮最后，扯掉鱼皮。

4 除去眼睛及黏膜

①②用刀尖插入两侧眼角，挖出眼睛。

③刀插入颌骨。

④除去下颌至腹部的黏膜。

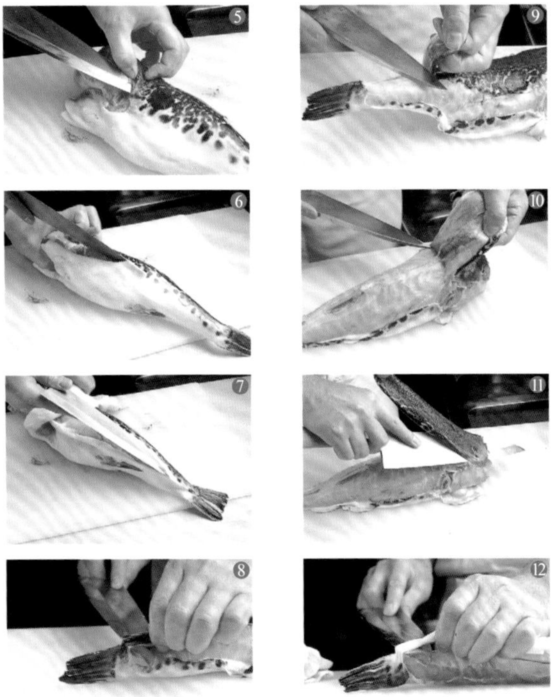

4 除去眼睛及黏膜

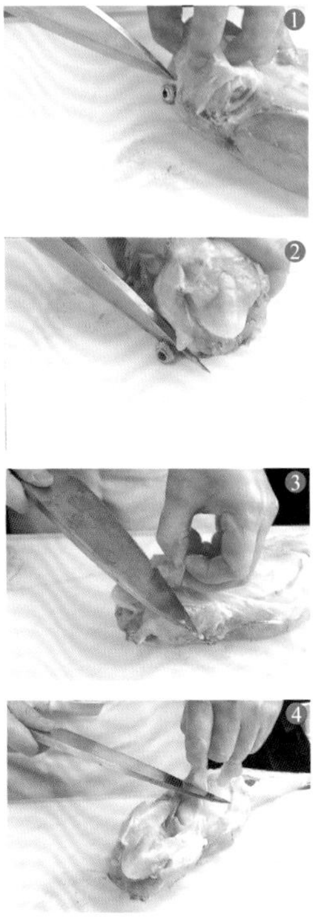

5 分解内脏

除了虎河豚（弓斑东方鲀）的白子（精巢），其他内脏部分均不可食用。黏膜、血管及血液含有毒素，刀切不应过深，要自然撕开。

①虎河豚（弓斑东方鲀）的白子（精巢）价值高，应先取下，避免划伤。

②刀尖插入里侧的颌骨。

③④刀插入内侧较大的颌骨。另一侧同样分两次插入刀。

⑤从颌骨和月牙肉之间，将刀插入肋骨。

⑥再次插入刀，取下颌骨的里侧。

⑦手紧紧抓住月牙肉，一边拉扯，一边插入刀至鳃的根部。竖起刀，切开侧面的颌骨。

⑧用底刃稍稍切开背部附近尖锐的鱼骨。另一侧同样分解。

⑨用刀压住颌骨，抓住鳃。

⑩打开鱼头，用刀尖切开鳃的根部。

⑪用刀紧紧压住颌骨，掏出内脏。

⑫将内脏先放回原位，沿着肉身，在肛门根部切掉内脏根部的黏膜。

⑬抓住鳃的根部。

⑭用刀压住，鳃连同心脏一起取出。

5 分解内脏

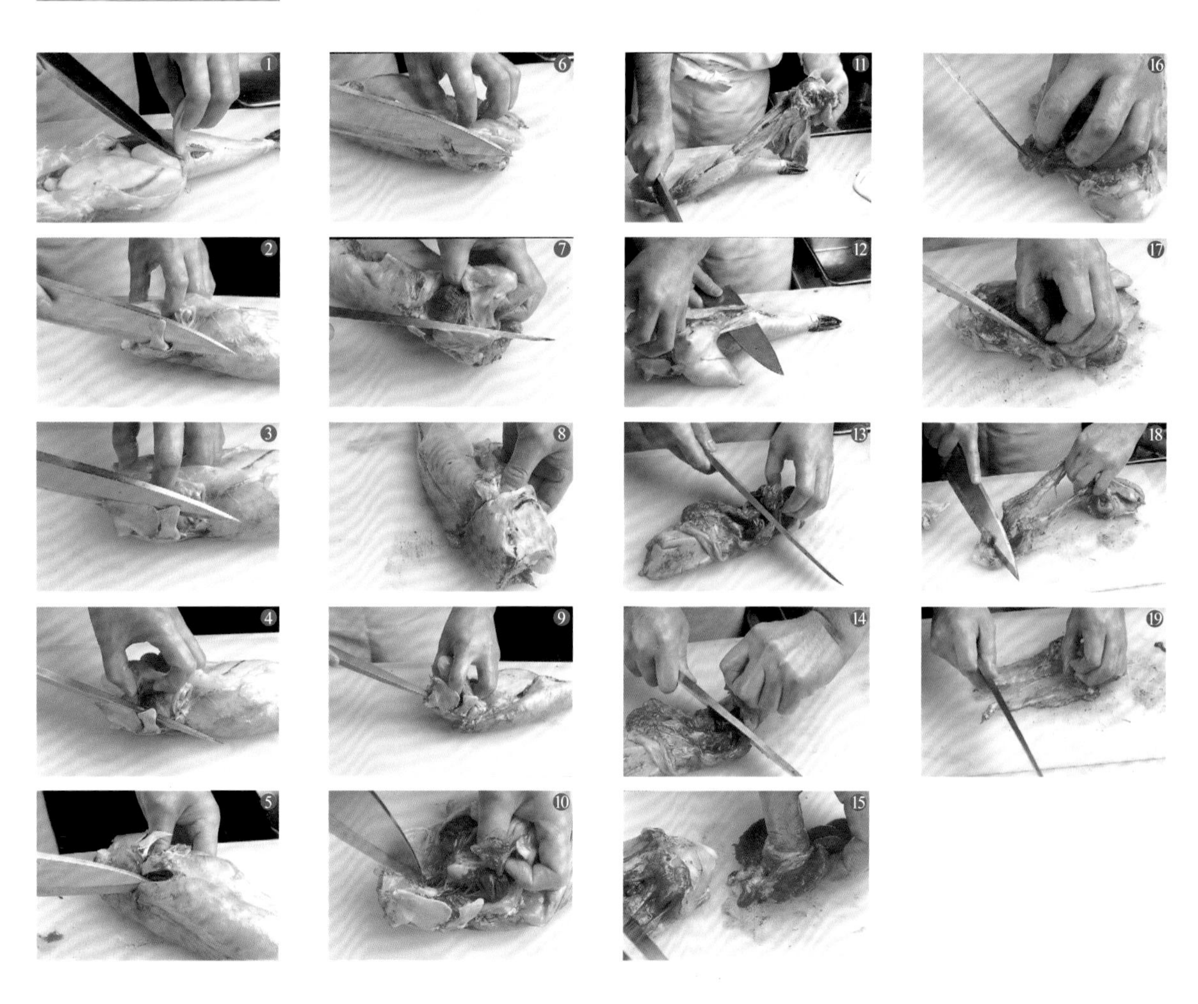

⑮切掉的鳃前端附着的是心脏。

⑯从月牙肉切掉右侧的肾脏。

⑰左侧的肾脏同样从月牙肉切掉。

⑱用刀压住月牙肉，拉扯取下剩余的内脏。

⑲剩余的月牙肉用于煮汤。用底刃刮掉污垢和血合肉。

6 分解鱼头

鱼头用于煮汤。肾脏为不可食用部分，切掉头部后应彻底清除肾脏。

①切开鱼头和脊椎。

②脊椎四周轻轻划上切口。

③鱼头的骨头切半，用刀刮掉剩余的血合肉状的肾脏。

7 水洗

仔细清洗可食用的部分，彻底清除血液及黏膜。

①用流水清洗切好的肉身。特别是肋骨部分应使用锅刷仔细洗掉血合肉。

②用手除去肉身上的黏膜。

③月牙肉等内折部分等如照片所示，用锅刷使劲清洗。

④用布巾仔细擦掉肉身的水分。

⑤月牙肉部分同样擦掉水分。

⑥可食用部分。

⑦不可食用部分。

8 分解肉身

按用途分开切可食用部分。根据用途改变切

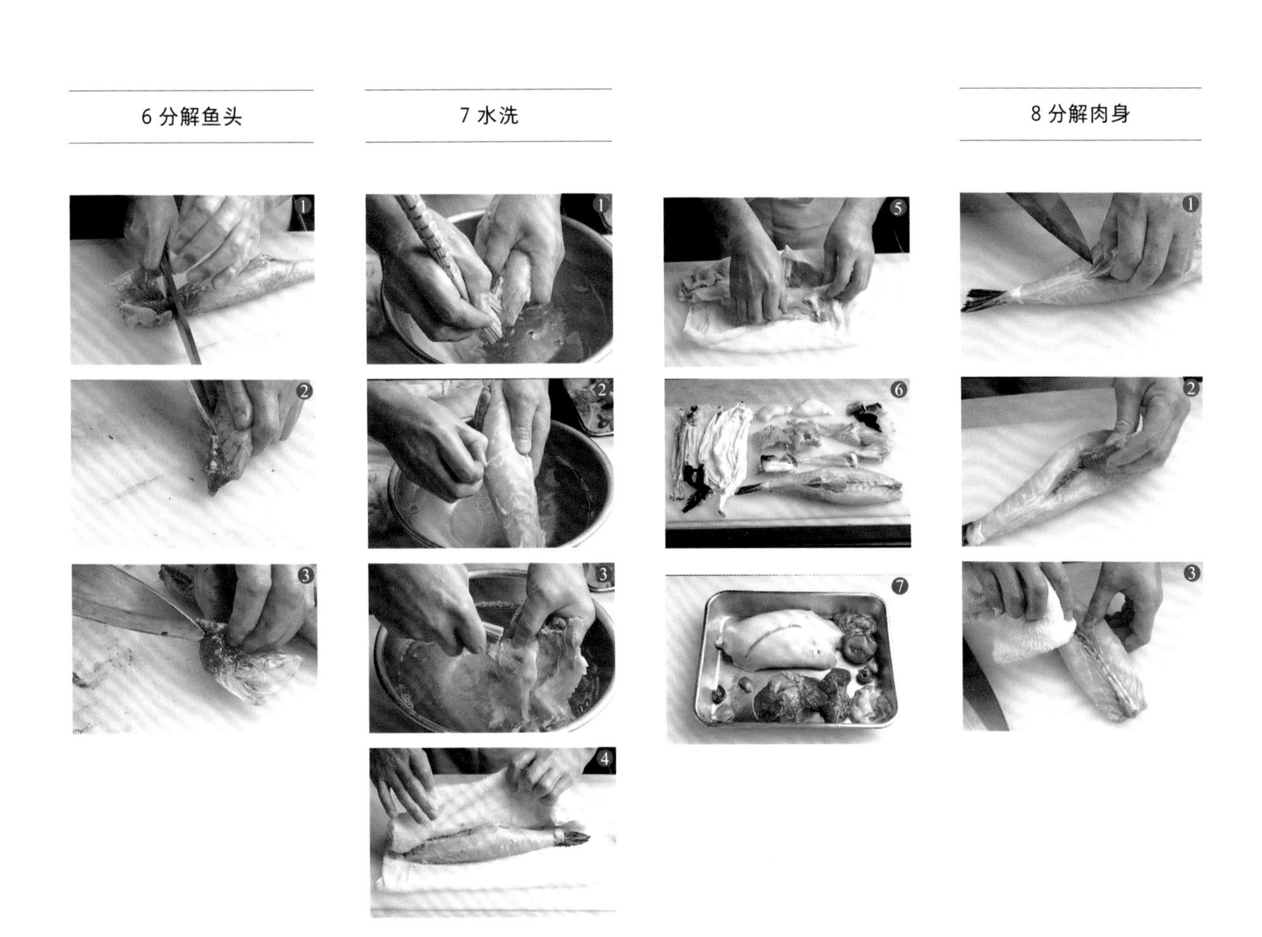

法等，尽可能体现每部分的价值。

①将水洗后的肉身的腹部朝上放置，刀插入肛门部分的两侧。

②除去肛门部分。

③用布巾擦拭剩余的血合肉。

④分解肉身。从鱼头插入刀，直接切至尾部。

⑤肋骨同样用于煮汤，为了保留其价值，分解时应多留些肉身。

⑥切掉肋骨部分的尾鳍，将其二等分。根据用途，适当切开。

⑦除去肉身皮（肉身表面附着的硬膜）。首先，除去鱼鳍附着的裙边部分。

⑧斜切打开肉身的尾部，将刀撤回放平。

⑨切至鱼头，削下肉身皮。

⑩削下一侧的肉身皮之后不用切离，另一侧的肉身皮同样剥开。

⑪为了发挥肉身皮的价值，削开时可多留一些肉身。

⑫重合削下的肉身皮。

⑬根据用途，切成合适的大小。日本料理店中，肉身皮用于煮汤。

⑭分解月牙肉部分。先将经过水洗的月牙肉部分切成两半。

⑮刀切大骨的根部，切开。如果河豚较大，可切成 4 块。

⑯切开的较小肉身留下近似青蛙大腿肉部

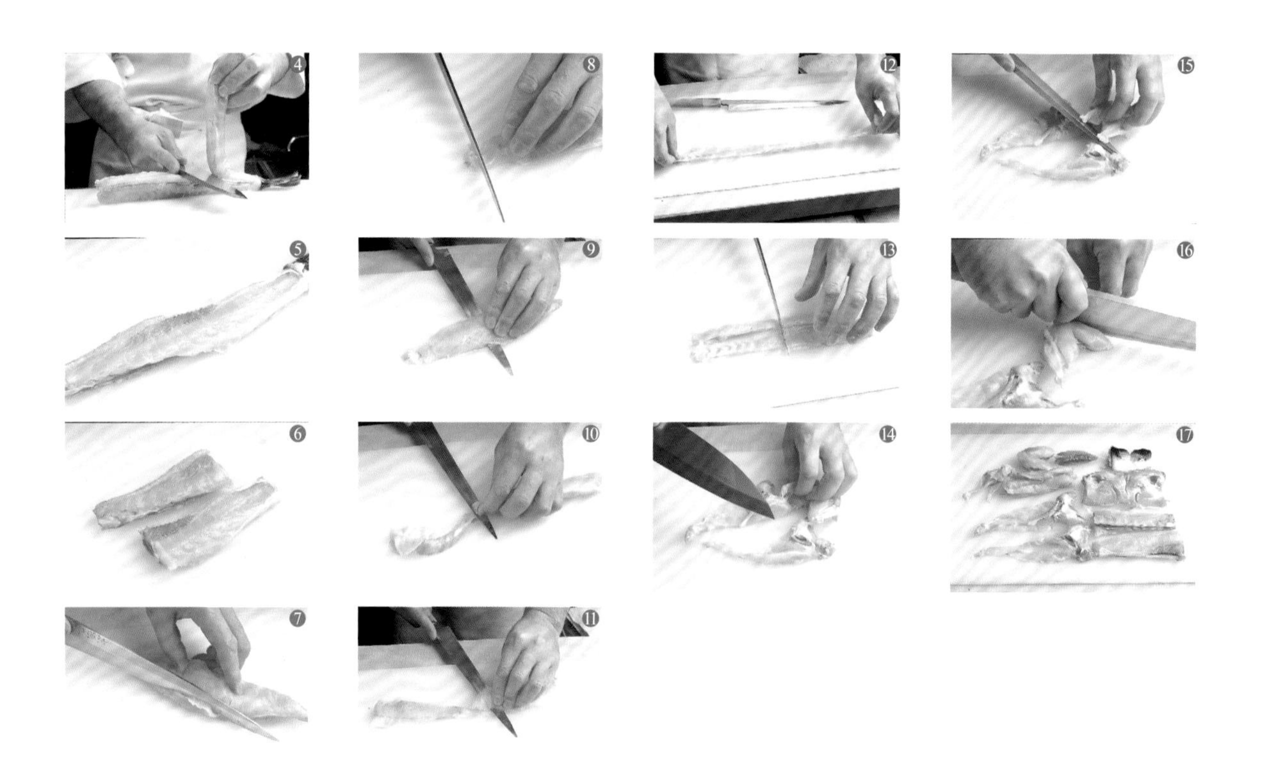

分，再次切开。

⑰除刺身以外的可食用部分。

肉身的存放

⑱刺身用肉身摆放于铺着纱布的托盘内。

⑲铺两层纱布，中间夹入保鲜膜（具有吸水性的膜），吸水收紧肉身。

⑳上方再盖上一层纱布，活杀的鱼放置 1 天后使用。

9 处理鱼皮

剥下的鱼皮需要除去黏膜和刺，分为真皮和皮下组织，并浇热水。解说步骤至处理成用于刺身的状态。

去掉黏膜、内皮

①除去相连的腹部黏膜。首先，用刀背敲打腹部整体。

②黏膜贴在砧板上，刀插入肉身和黏膜之间，压住慢慢滑动除去黏膜。

③表皮朝下放置，边缘划上切口，用刀划开剥掉内皮。

除去皮刺

④用刀压平背部鱼皮，朝砧板边角拉扯鱼鳍根部。

9 处理鱼皮

肉身的存放　　去掉黏膜、内皮　　除去皮刺

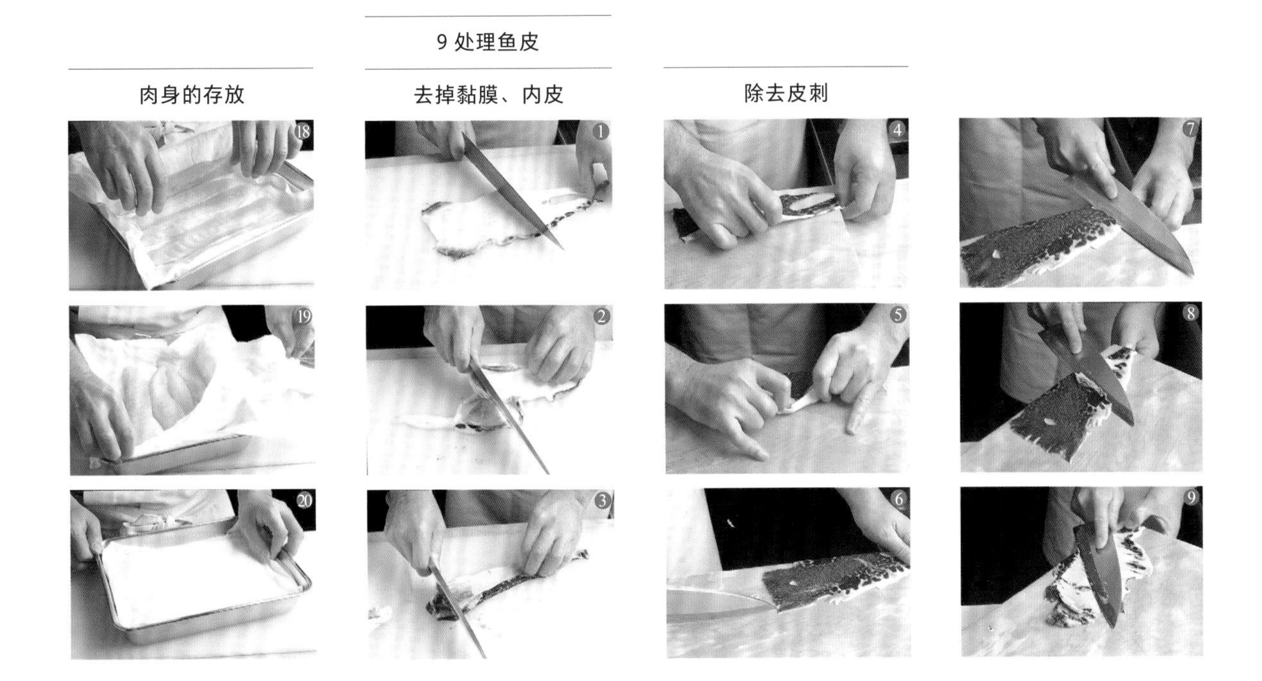

⑤鱼皮拉扯掉之后，使其紧密贴合于砧板。

⑥边缘划上切口。

⑦刀刃朝向外侧，刀抵住内侧。

⑧放平刀，稍稍转动，除去皮刺。

⑨皮刺如有剩余，转动鱼皮，刮掉剩余的皮刺。刮完之后的鱼皮被称作“真皮”。

鱼皮过热水

⑩水中加入少量盐，水煮至沸腾后放入真皮（肉厚一侧先放入），煮至质感通透后捞出。背部鱼皮、内皮多煮一会儿（约 2 分钟）。

⑪需要收紧胶质，应立即放入冰水中，同时，除去剩余的黏膜。

⑫用纱布充分擦掉水分，切掉背部鱼皮的黑色部分。

⑬自然卷曲部分保留其自然造型，适当卷起鱼皮切开。

⑭内皮按约 2mm 的宽度切开。

⑮用于煮汤时，应再切大一点。

10 划刺身

根据摆盘的方法，河豚刺身的切法有所变化。应时刻想象着成品效果，临机应变，防止浪费食材。

鱼皮过热水

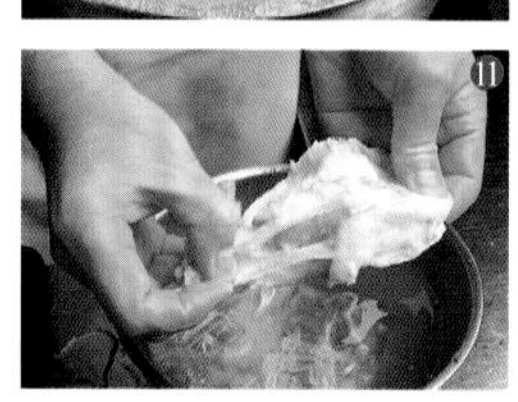

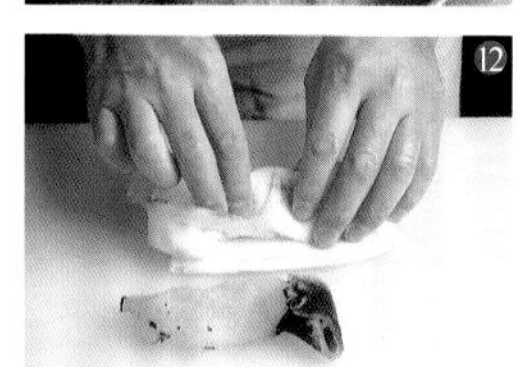

10 划刺身

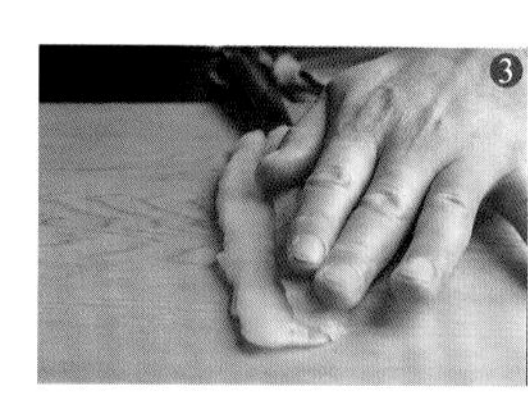

①切块后的肉身。

②刀稍稍倾斜。有的料理店也会将刀身与砧板平行完全放平，但如图中所示稍带倾角，操作起来更方便。

③从鱼头至尾巴方向划开，将鱼块一分为二。重叠摆盘时，应注意计算鱼块的大小，分为大小两个鱼块，收窄朝向内侧摆放的部分。

④划刺身。重叠摆盘时，从外侧开始摆盘，先从较大的鱼块开始划刺身。从尾部开始，底刃倾插入刀。

⑤用食指压住肉身，保持角度不变，用刀尖划开。

⑥将已插入刀的造型肉身前端折叠抓起。

⑦拿起直接摆盘。从外侧开始摆盘，使肉身和盘边保持垂直。用大拇指立起折入前端部分，立体摆放。

⑧逐块摆放肉身。将盘子向右侧转动，沿着左侧摆盘，使摆放肉身的位置和身体始终保持平齐。中心空开，摆放点缀。刀尖压住肉身，翻转手腕使肉身边缘立起。以此方式，摆满整周。但是，重叠摆盘时，内侧切小块，稍稍重叠于外侧的肉身。空余部分摆放真皮、内皮、切齐的丝葱。再配上柑橘汁和红叶泥，一并上餐。

二厨的工作③

老虎鱼的分解方法
鳗鱼・泥鳅・海鳗的分解方法

老虎鱼的分解方法

老虎鱼的头部非常奇特，品尝时节为春夏，主要用于刺身、煮汤等。分解方法与河豚相似，背部有剧毒，还有黏膜，分解时应注意。活杀之后大名切块，但分解后可使用的部分不多。与河豚相同，应根据用途，采用最具经济价值的分解方法。

1 活杀 / 清洗 / 除去背鳍

活杀

①此处使用的是活的老虎鱼。

②用手打开腮盖，插入刀将腮盖切断。

③刀刺入背鳍根部的延髓上方，活缔分解。

清洗

④肉身带黏膜，应充分水洗清除黏膜。用锅刷沿着皮刺生长的相反方向，从鱼头至尾部清洗。

除去背鳍

⑤沿着背鳍根部两侧加入切口（碰到肋骨为止）。

⑥用刀压住背鳍的前端，从尾部朝向鱼头方向用力扯下。分解时，注意皮刺。

⑦除去背鳍之后的肉身。

2 除去鳃、内脏

①手指插入鳃中将其打开，刀插入下颌的根部。

老虎鱼的分解方法

1 活杀 / 清洗 / 除去背鳍

②切开腹部，至肛门。

③抓住鳃，刀插入鳃的根部。

④拉住鳃，用刀尖慢慢除去内脏。

⑤掏出内脏和血合肉部分，用刀切断腮盖的根部。再次水洗，擦拭污垢。

⑥解剖内脏，先切掉不可食用的胆囊部分。

⑦胃肠和肝脏分开。

⑧胃肠用刀压住，除去污垢及膜，过热水。

3 切掉分解鱼头

切掉鱼头

①将已掏出内脏的老虎鱼的腹部朝上放置，切掉其鱼头。

分解

②三块切。拿起一侧肉身，刀抵住肋骨上方。

③切至尾部，分开半块肉身。

④肉身翻面，下侧肉身同样分开。刀插入肋骨上方，左手拿起肉身，从鱼头朝向尾部分解。

⑤切掉腹部鱼骨，刀抵住月牙肉部分。

⑥腹部鱼骨带着较大肉身的状态下，切掉月牙肉。月牙肉用于煮汤，充分发挥其同价值。

⑦分解完的状态。上方为肋骨，左侧开始依次为鱼头、月牙肉、鱼唇。

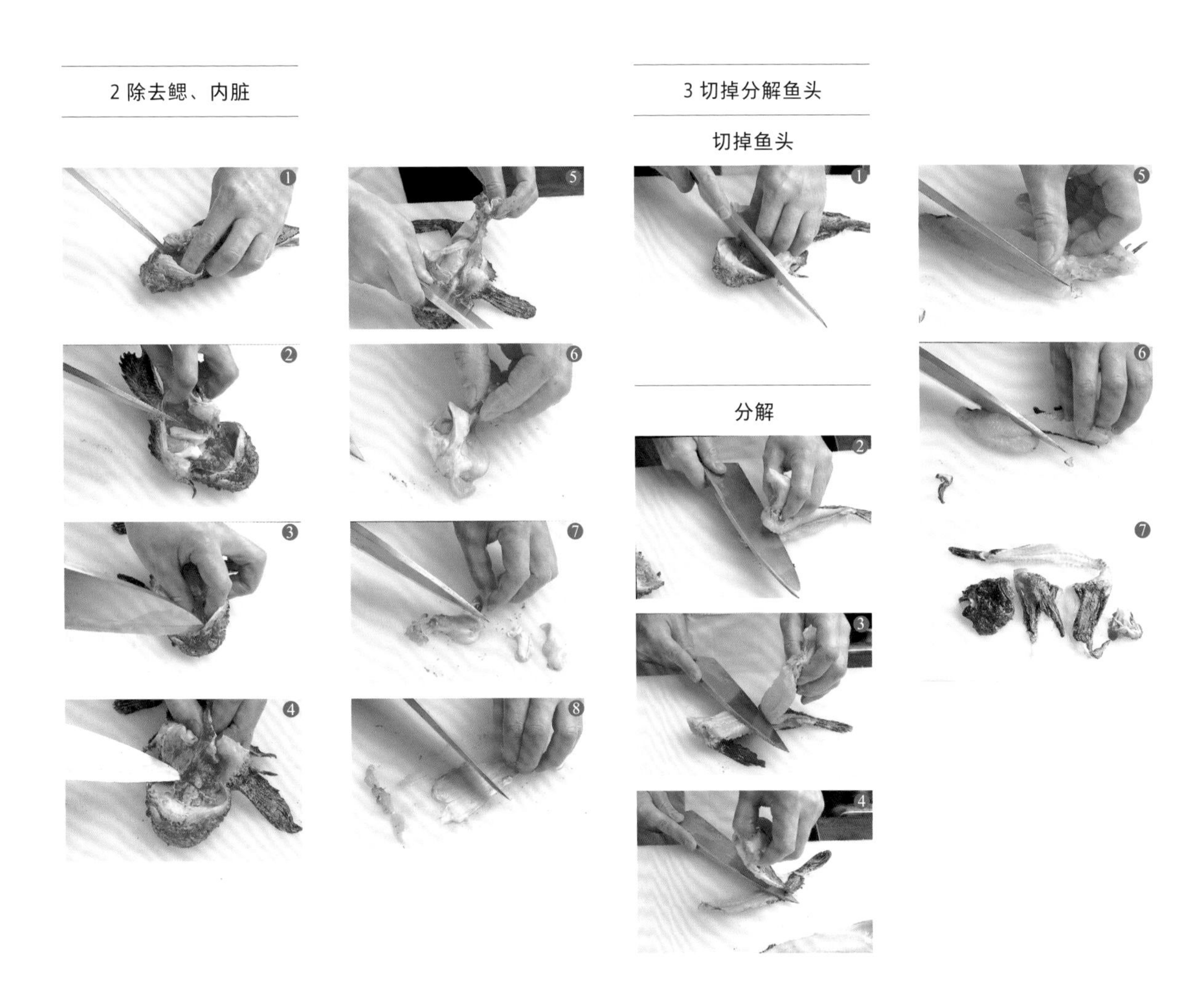

4 处理鱼皮

①肉身分解后皮纹朝上放置，刀插入鱼皮和肉身的交界处压住，从尾部朝向鱼头拉扯肉身，扯下鱼皮。

②刮掉鱼皮内侧的皮下组织。可用于煮汤，尽可能刮厚一点。

③下方为刮掉的皮下组织，相当于河豚的内皮。

肉身的存放

④为了避免剥掉鱼皮的肉身变得干燥，应用纱布包住存放。放置6小时左右，待其肉汁渗出鲜味。

5 鱼皮及内脏的处理

①②肉身分解后的鱼皮及内脏均稍稍过热水，除去黏膜、污垢等。连着鱼鳍的月牙肉可用于盖浇饭、蒸菜等，此时也需要过热水处理。

③特别是鱼皮，煮过后放入冰水中，使其胶质稳定。在黏膜浮现出白色之后，用刀压住更容易清除。

④⑤胃肠过热水清除污垢，切成2 ~ 3mm的宽度。

⑥鱼皮切成4 ~ 5mm宽。

⑦皮下组织切成稍大块。

⑧切好的鱼皮、内脏可用于刺身的点缀等。

4 处理鱼皮

5 鱼皮及内脏的处理

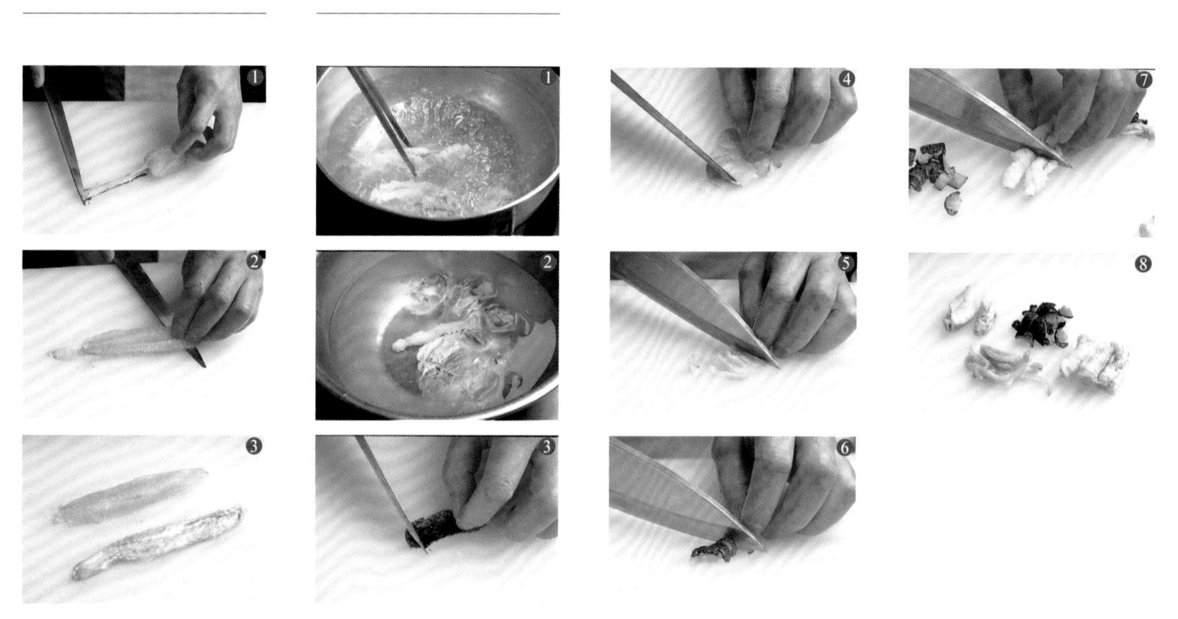

肉身的存放

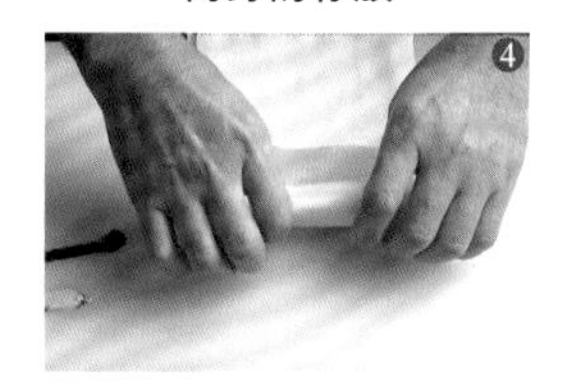

6 划刺身

①老虎鱼的刺身划法与河豚相似。刀身倾斜，底刃从尾部开始插入。手指压住肉身，用刀尖保持固定角度划刺身。

②划开完成的同时，抓住肉身的边缘直接摆盘。从盘的中心向外开始逆时针依次摆放，盘子向右侧转动，立体摆盘。中心空开，摆放点缀。点缀包括过热水后切开的鱼皮、皮下组织、内脏、切齐的丝葱，且整齐摆放。再配上柑橘汁和红叶泥，一并上餐。

鳗鱼·泥鳅·海鳗的分解方法

鳗鱼、泥鳅和海鳗等食材均是需要熟练掌握分解方法的鱼类。左右其味感的最关键要素是新鲜度。

分解之后放置一段时间会降低其新鲜度，肉身也容易收缩。特别是泥鳅，分解后很快便会散发出腥臭味。所以，应在需要料理之前分解处理。而且，不仅需要娴熟的分解技术，为了提供新鲜味美的料理，还应掌握鱼的性质。

准备工具

刀具（鳗鱼·泥鳅）

为了分解鳗鱼和泥鳅，需要照片中所示的特殊刀具。上方为鳗鱼刀，下方为泥鳅刀。分解时，主要使用前端倾斜的刀刃部分。

研磨方法

①刀刃前端为重合的两片刀刃，这是鳗鱼刀的特点。特别是在剔除肋骨时，这种两片刀刃不会直接触及鱼骨，方便处理。同样，处理鳗鱼时也能保持形状整齐。

②研磨方法与普通的刀并无区别，但刀刃带角度，需要分两次研磨。步骤①的面朝下，研磨刀尖部分。首先，将刀身倾斜放平，研磨大面积

6 划刺身

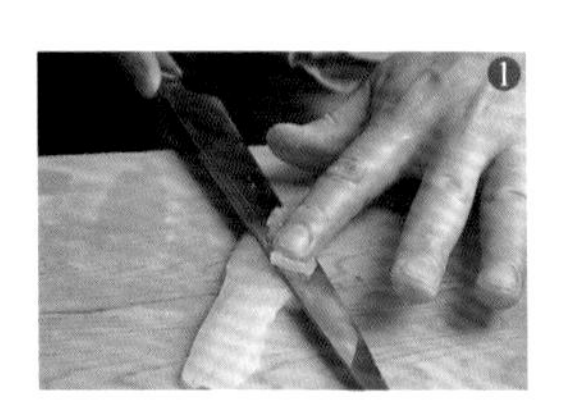

鳗鱼·泥鳅·海鳗的分解方法

刀具（鳗鱼·泥鳅）

签

研磨方法

的刀刃部分。

③接着，将刀立起一定角度，研磨两片重合的刀刃。

签

鳗鱼等长食材的肉身容易收缩、损伤，分解后需要立即穿签。分解前，应提前准备好签。签的前端事先烤一下，可防止前端开裂，方便穿签。

鳗鱼的分解方法

鳗鱼的肉身细长，外皮黏滑，是不容易处理的鱼类。灵活调节左手，从头至尾熟练处理需要长久的练习。为了方便看清手边处理的状态，解说照片特意从内侧和外侧的两个方向拍摄。

其次，应保持四周的整洁，准备好纱布，处理过程中随时擦拭溢出的血、黏膜、脏污等。

鳗鱼的血液容易凝固。处理过程中如不慎入眼，应立即就医，切勿疏忽。

1 拿持方法

①鳗鱼尽可能选用新鲜度良好的，最好是活的。鳗鱼不容易直接拿起，如图所示用中指勾住，其余的手指从下方夹住，避免其滑脱。

2 剖开

②刀插入延髓的上方，活杀处理。此时将肋骨一起切断。

鳝鱼的分解方法

1 拿持方法

2 剖开

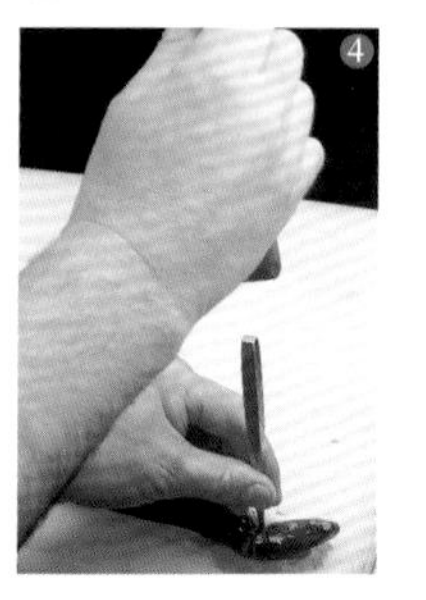

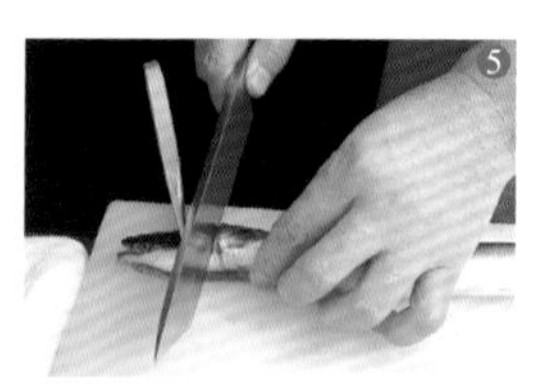

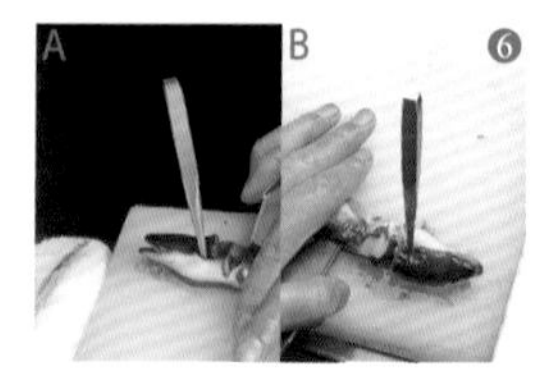

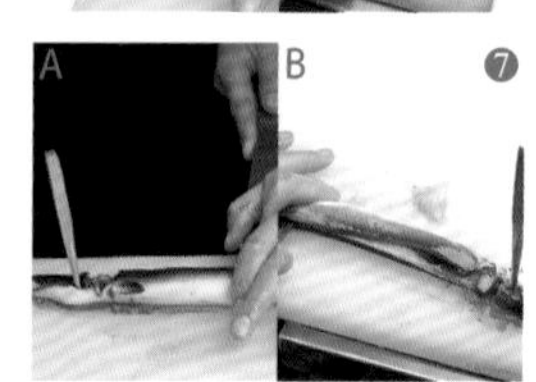

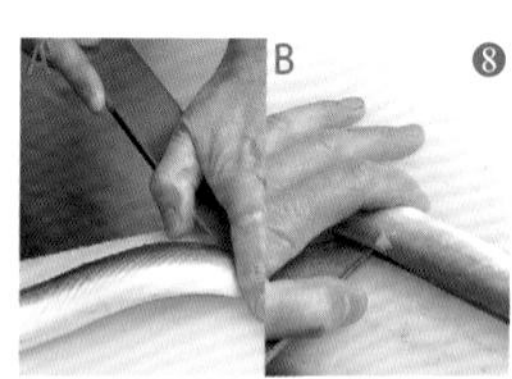

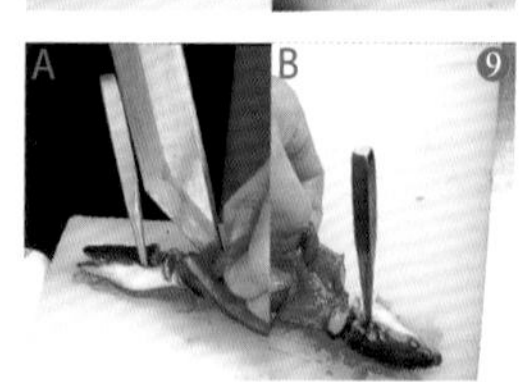

③用锥子将鳗鱼钉在砧板上，锥孔靠近右手。鳗鱼头部向右，背部向内侧，在背部和腹部的颜色交界位置钉入锥子。

④用刀敲打，使锥子固定。为了避免刀受损，建议用刀柄底部敲打。如鳗鱼还在扭动，可抓住肉身拍打几次，使其安稳。

⑤从活杀的位置将刀插入稍稍靠近尾部的肋骨上方。

⑥-A 从步骤⑤的处理状态，插入倾斜的刀尖。

⑥-B 从内侧看的状态。

⑦-A 切入至尾部，留下一片腹部肉皮。此时，避免切到皮，用辅助手的食指抵住腹部，大拇指抵住刀背进行调节。

⑦-B 从内侧看的状态。

⑧-A 此时，关键注意左手。大拇指抵住刀背，调节刀刃的朝向。中指、无名指修正刀的走向，以保持肉身在正确的位置。

⑧-B 从内侧看的状态。

⑨-A 剖开之后，用刀尖压住，抓住内脏。

⑨-B 从内侧看的状态。

⑩将内脏扯出至尾部，切断根部。

⑪-A 刀插入步骤⑤的切口的肋骨下方。

⑪-B 从内侧看的状态。

⑫切至带内脏的部分。

⑬-A 除步骤⑫的部分以外，肋骨呈平整状态，将刀稍稍放平切至尾部。立起辅助手侧的手指，防止刀刃打滑切伤手。

⑬-B 从内侧看的状态。

⑭-肋骨剔出之后不切断，直接沿着尾鳍内侧切掉，并将刀插入内侧的背鳍。也有直接切掉肋骨的方法，但不利于切掉背鳍。

⑮-A 刀连续切至头部，切掉背鳍。

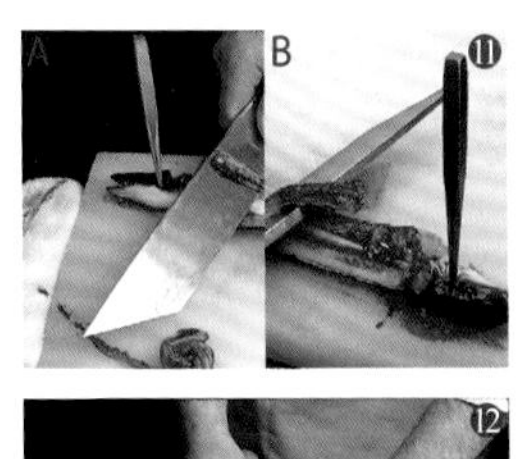

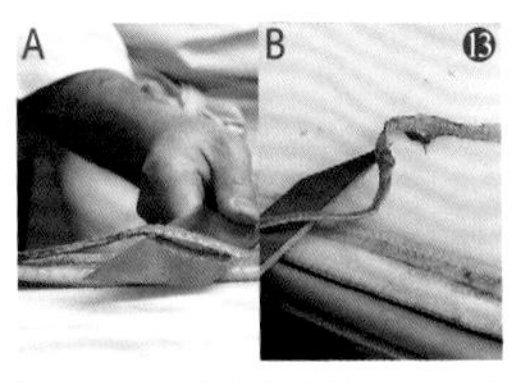

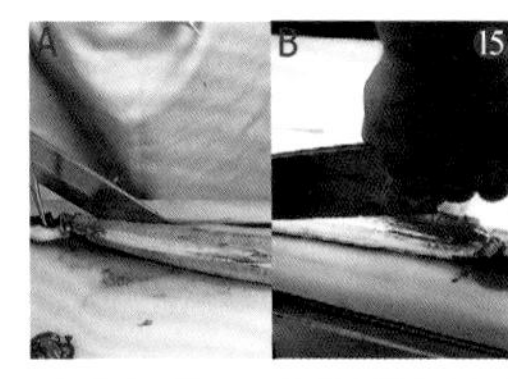

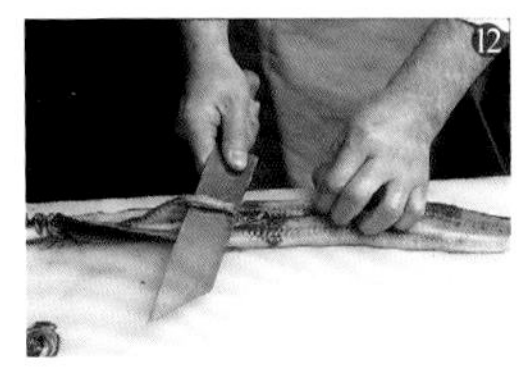

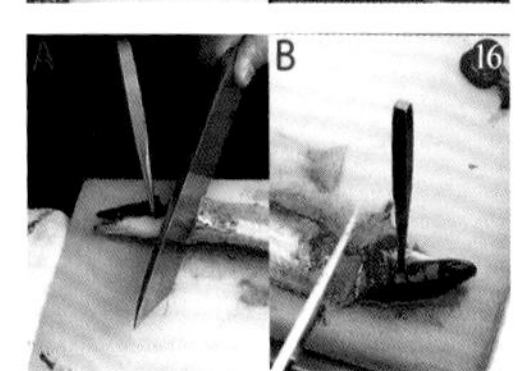

⑮-B 从内侧看的状态。

⑯-A 从步骤⑤的切口，切掉头部。

⑯-B 从内侧看的状态。

⑰用刀尖在背部剩余的鱼骨边缘加入切口。

⑱切掉剩余的鱼骨。

⑲-A 为了防止烤制时肉身收缩，事先用刀尖在内侧带肋骨部分划上切口。

⑲-B 从内侧看的状态。

⑳-A 肉身翻面，从尾部至头部划掉腹鳍。

⑳-B 从内侧看的状态。

㉑㉒肉身剖开一侧朝上放置，在带肋骨部分（尾部至肉身中间附近）的两处轻轻插入刀。这样处理也是为了防止肉身收缩。

㉓皮纹朝上放置，用刀剔除皮的黏膜。

㉔将肉身切成两段。将烤制时的收缩也计算在内，切时稍稍留长尾部的肉身。

㉕切掉尾部的根部，修正形状。

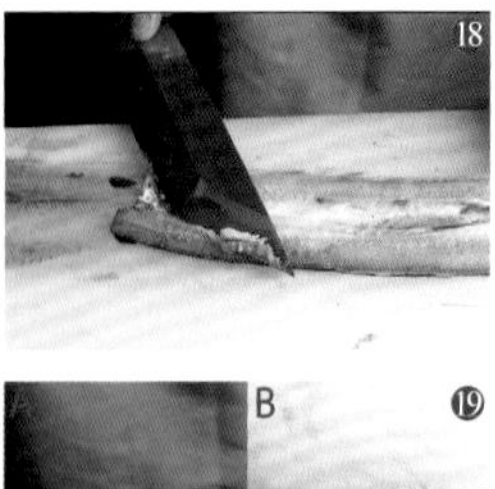

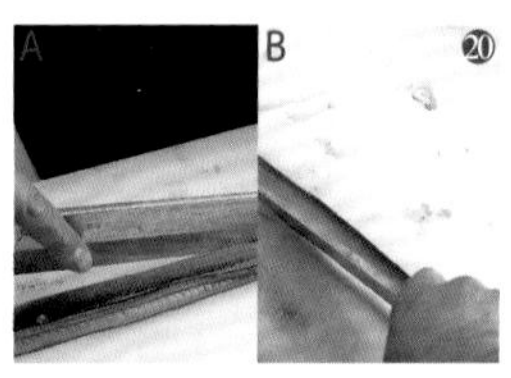

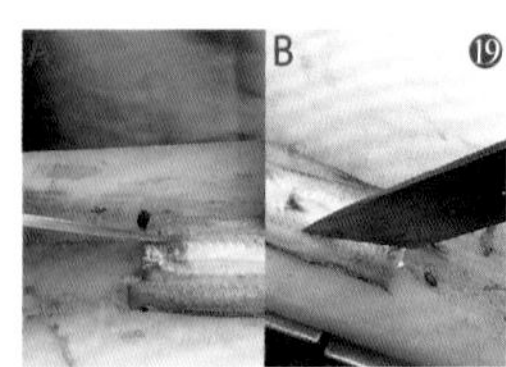

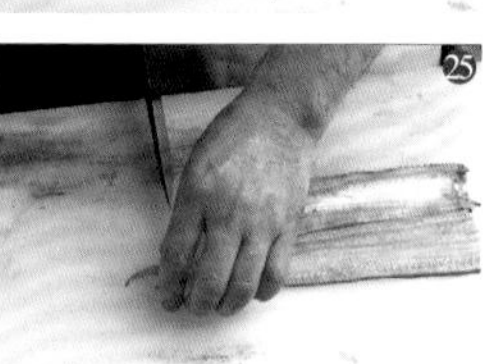

3 穿签

靠近头部一侧向左放置，从左侧开始穿签。根据鳗鱼的大小，穿签的数量也会相应变化。穿签位置如靠近肉身，蒸煮时肉身变软，会导致签松脱。如果靠近皮穿签，则会导致皮和肉分离。所以，应在肉身和皮的交界处穿签。考虑肉身的收缩，最后穿的签应空出更大间隔。

4 肝的处理

①剖开时切下肝。

②先水洗，除去黏膜。此时，黑色的胆囊也要摘除。

③用热水煮，用于肝蘸山葵酱油。

鳗鱼白烧

在剖开的肉身上穿签，反复翻面几次，从皮纹开始烤制。完全烤透之后蒸煮除去油脂，接着再次烤制让皮纹上色。建议搭配山葵酱油食用。

泥鳅的分解方法

分解方法的步骤与鳗鱼大致相同，但泥鳅的体型比鳗鱼小，内脏和肋骨会被一起剔出。

新鲜度是关键，一定要在使用前分解。如在

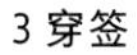

3 穿签

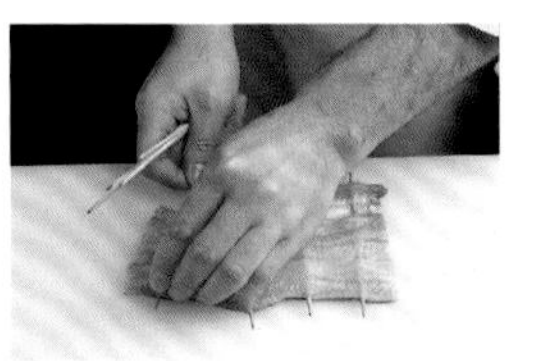

4 肝的处理

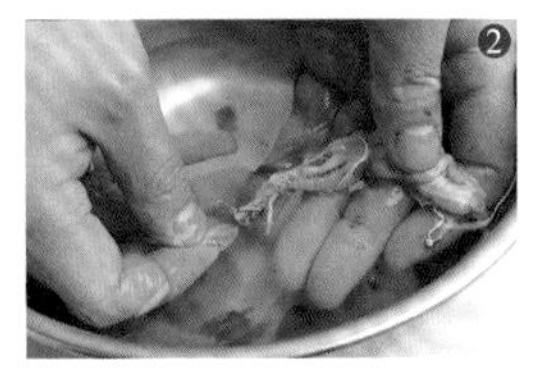

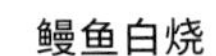

鳗鱼白烧

泥鳅的分解方法

1 拿持方法

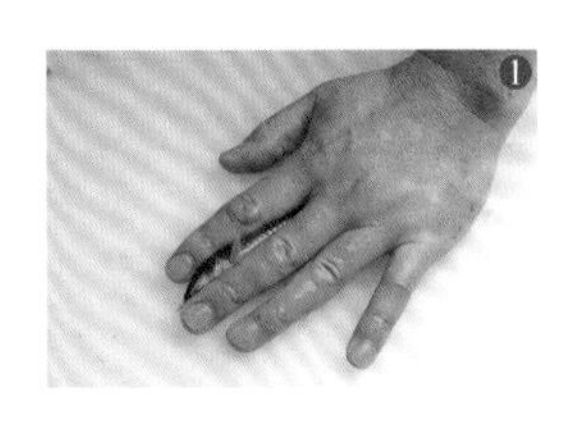

2 剖开

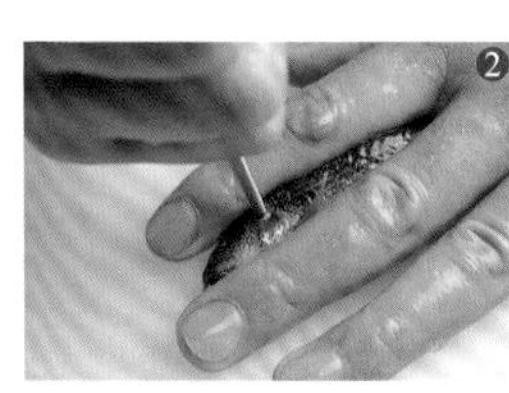

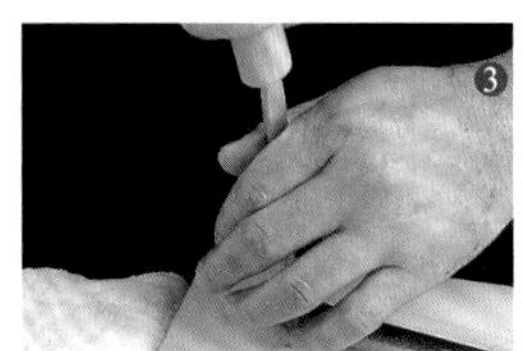

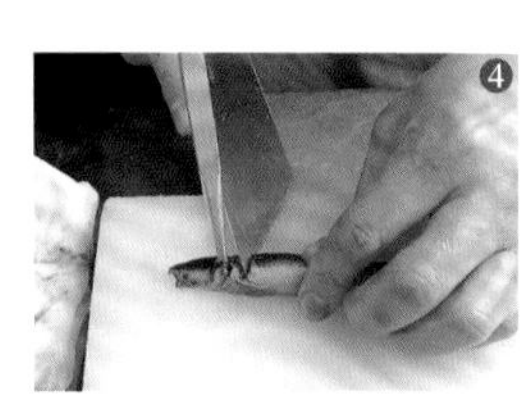

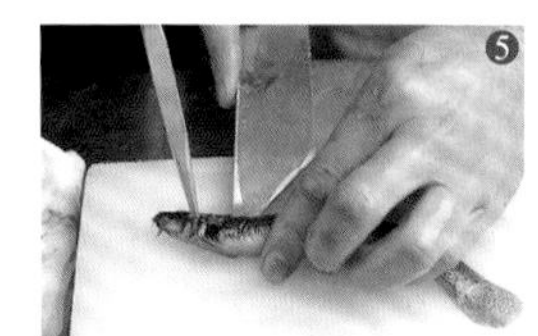

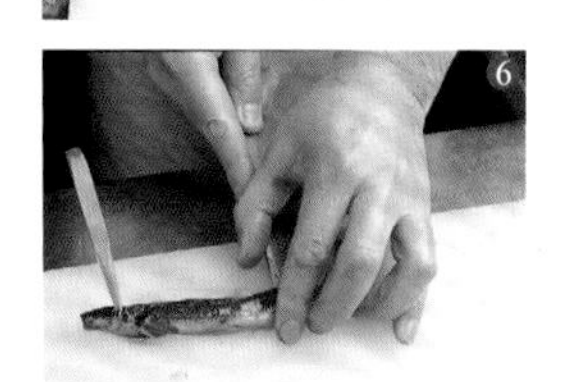

意腥味，需要在剖开后仔细过热水处理。如足够新鲜，且妥善预处理，分解后蒸煮，再配上山葵酱油就是绝佳美味。

1 拿持方法

①将泥鳅夹在食指和中指之间，并使其头部露出。背部靠近内侧，头靠近右侧。

2 剖开

②将锥子立在延髓的上方。

③用刀柄底部敲打，使锥子固定。

④刀插入延髓侧面，切断肋骨。

⑤刀尖插入腹部鱼骨的上方。

⑥切至尾部。

⑦剖开肉身，刀插入肋骨下方。

⑧连续插入至尾部，将内脏连同肋骨一起剔出。

⑨切至尾部，折弯尾部，切掉肋骨。

⑩从尾部至头部，剔出剩余的内脏。

⑪切掉头部。

⑫切掉鳍。

⑬在带肋骨的部分（两处）轻轻插入刀。

⑭轻轻刮掉整体的污垢。

⑮将剖开的泥鳅过热水。先浸入热水中。

⑯放入冰水中之后，黏膜呈白色浮起。

⑰⑱取1条泥鳅，用刀尖轻轻刮，除去黏膜、污垢。应先铺上纱布，方便处理。

⑲切掉尾部前端，修整形状。

⑳再次放入冰水中，彻底洗掉污垢。

柳川锅

①将切薄的牛蒡放入柳川锅中，再将剖开的泥鳅皮纹朝下放。

②汤汁、酒、酱油和味淋按5:1:1:1的比例混合加入锅中，开火加热。

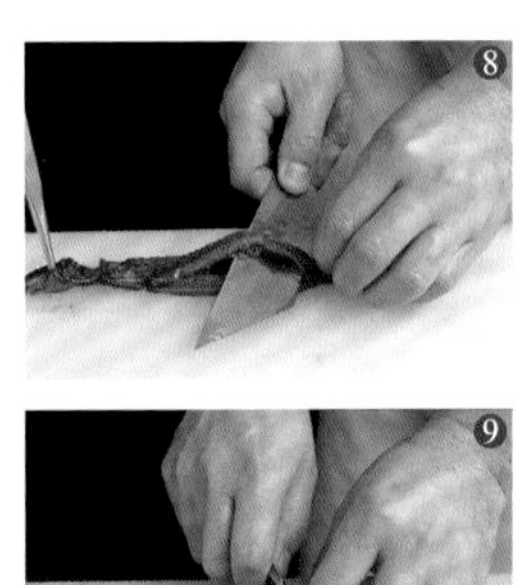

⑧

⑨

⑩

⑪

⑫

⑬

⑭

⑮

⑯

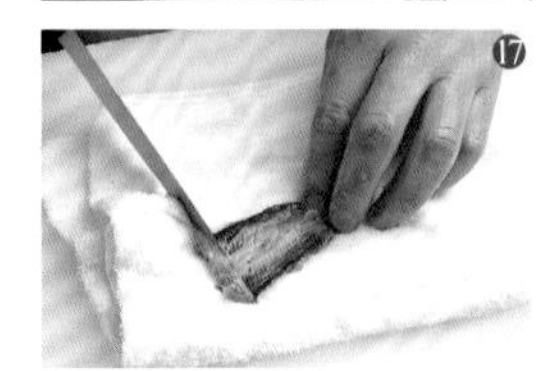

⑰

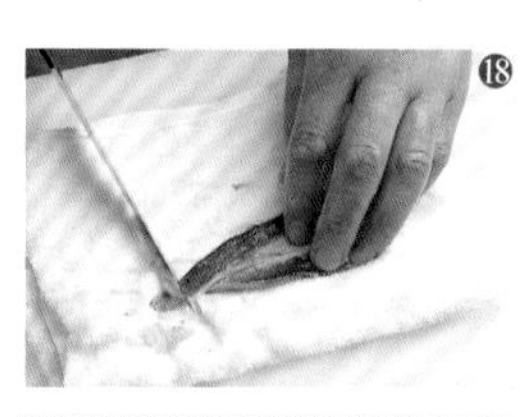

⑱

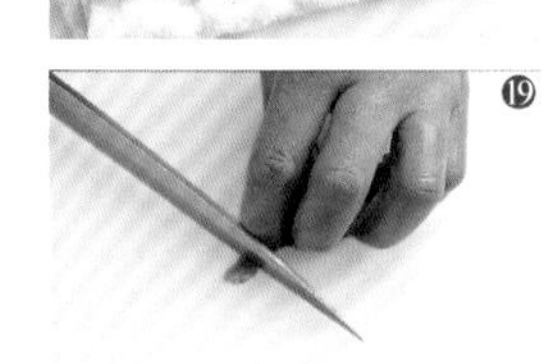

⑲

⑳

③沸腾之后将泥鳅翻面，皮纹朝上。

④泥鳅、牛蒡加热之后，浇上蛋液并关火，撒上鸭儿芹。

海鳗的分解方法

也有直接除去背鳍的方法，但这里介绍的是剖开之后除去背鳍的方法。

1 除去内脏

①竖起刀，从头至尾移动刀除去表面的黏膜之后，从肛门开始反刀插入刀尖，切至头根部，将腹部切开。

②改变刀的朝向，从肛门切开至尾鳍，刮出尾部附近的血合肉和内脏。用刀压住刮出的部分，掏出内脏整体。刮出剩余的血合肉并水洗。最后，用湿纱布擦干净。

2 剖开

③腹部朝向内侧，头部朝向右上侧，锥子钉入头骨，在头根部一侧加入切口，放平刀身由此切口将刀尖插入骨和肉身之间。

④左手的大拇指抵住刀背，改变刀的角度，切至尾部。最后切掉头部。

3 除去肋骨及背鳍

⑤皮朝下放置，从尾部沿着肋骨插入刀。沿着肋骨，继续插深。

⑥切掉肋骨。

⑦切掉尾根部，尾部的背鳍加入切口后，用刀的底刃压住背鳍端部，拉扯肉身以除去背鳍。

柳川锅

海鳗的分解方法

1 除去内脏

2 剖开

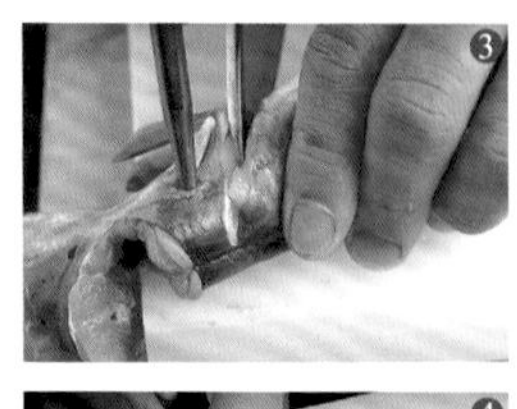

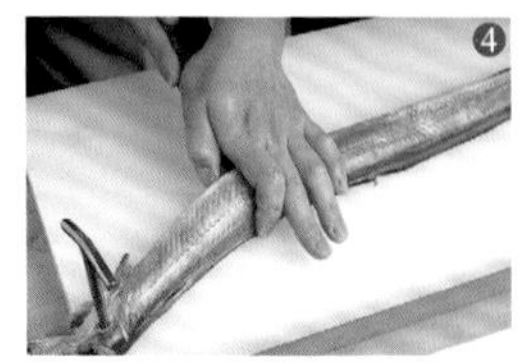

4 除去腹部鱼骨并切骨

⑧用反刀在腹部鱼骨的根部划上切口。另一侧同样处理。

⑨从步骤⑧的切口插入刀，剔出两侧的腹部鱼骨。

⑩切骨刀。

⑪切骨刀的拿持方法1——按压式。大拇指放在刀背上，食指伸开，余下的手指握住刀柄。刀方便操作，容易处理。

⑫切骨刀的拿持方法2——握式。用小拇指、中指、食指握住刀柄，大拇指和食指抓住刀背和刀侧。

⑬切骨。并不是用力切，而是利用刀自身重量切开。建议将刀按画弧线的状态移动。

5 穿签

①②将已切骨的海鳗进行平穿签。将三等分或四等分的海鳗皮纹朝下，肉身宽度较窄一侧朝向内侧，右端穿1根签。接着，肉身和皮之间、切骨的刀口侧垂直穿签。

③加上辅助签固定。

6 裹葛粉

用竹签等打开切骨的切口，再用毛刷均匀裹上葛粉。

海鳗芝麻烧

①将海鳗低盐处理放置约30分钟后洗掉盐并控干水分，切骨后穿签，双面烤制。肉身涂上蛋

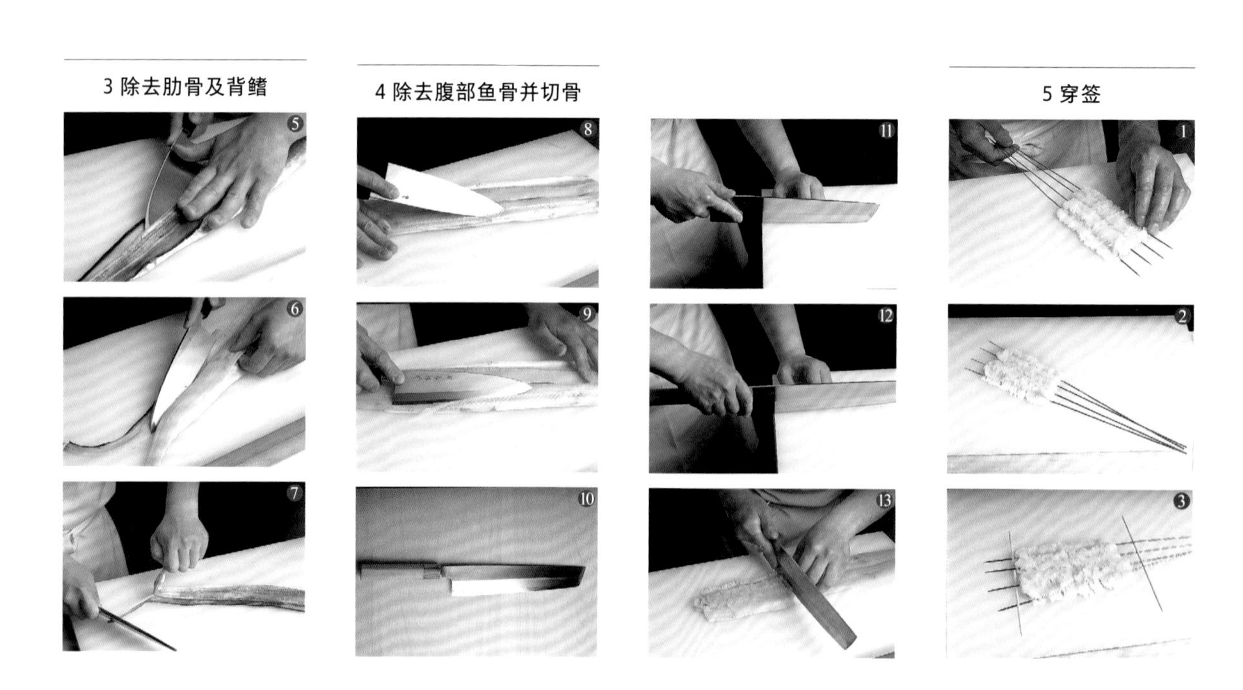

清，撒上黑芝麻，烤至酥脆。最后，装盘。

②在梅肉中撒上梅肉末和大叶紫苏末，最后放上山葵酱点缀。

海鳗月冠炸

①牛蒡切成5cm长，用淘米水煮熟，加工成管状牛蒡，内侧牛蒡肉保留，直接煮熟。

②将海鳗切半并切骨，逐块撒上小麦粉，卷起已撒上小麦粉的步骤①的管状牛蒡（内侧牛蒡肉依然保留），再用牙签固定。

③在步骤②的状态下裹上天妇罗面衣，以170℃的油温炸制，炸至酥脆之后切半，挤出内侧牛蒡肉。装盘，用裹上天妇罗面衣炸过的茗荷作为点缀，再配上天妇罗酱油。

海鳗肉末山药糕

①将海鳗低盐处理放置30分钟后洗掉盐，用刀轻轻敲打肉身，用汤匙刮擦，再用金属漏斗过滤。

②挑选个头较大的秋葵煮至颜色均匀，竖着四等分切开，用汤匙刮掉籽，放入搅拌器中打成软泥状。

③用捣蒜罐充分捣碎步骤①的海鳗肉身，再用汤汁和大米粉调整柔软度，混入步骤②的秋葵。用汤匙制作形状，中火蒸煮后食用。

④将步骤③的肉末山药糕放入容器中，用大野芋和莼菜作为点缀。

6 裹葛粉

海鳗芝麻烧

海鳗月冠炸

海鳗肉末山药糕

煮食助手的工作①

煮食助手就是料理中最难合作的煮食厨师的助手。以煮食为主，并清楚掌握料理的所有工作流程是对煮食助手的要求。

面对调汤汁、料理煮食的煮食厨师，煮食助手需要了解食材的特点，并具备根据食材的状态，选择正确的处理方法的能力。总之，与料理台前工作不同，煮食工作需要一定时间，所以火候的调节及调味料添加的时机等时间掌控至关重要。

因此，要求煮食助手要将煮食厨师的所有工作牢记于脑中。为了煮食厨师能够顺利完成工作，煮食助手需要倒推时间，做好所有准备工作。

首先，以料理场所的清洁工作和擦洗锅碗等准备工作为主，还要烧热水、蔬菜削皮摘叶、鱼类过热水后除去血合肉等。此外，制作汤汁或煮食的干菜类，需要一定时间使其泡发。看似比台前工作简单，但细节的掌控极为关键。

所以，只要能够清楚掌握煮食助手的工作，也就能够基本了解日本料理的整个过程。煮食助手今后发展的空间很大，应时刻将头脑和身体调动起来，愉快地完成每项工作。

调汤汁的准备

调汤汁是煮食厨师的重要工作之一。为了顺利完成此项工作，煮食助手应进行相应的准备。需要遵守的事项很多，应时刻保持清醒和预见性，提前准备。

准备鲣鱼片

①调汤汁中最常用的鲣鱼片。各家料理店的挑选方法有所不同，但一定要掌握区分鲣鱼片品质好坏的方法。

②用锅刷和清水洗掉表面附着的污垢。

③为了使鲣鱼柔软且易切削，先用湿纱布包住存放一晚。

④用刀切掉表面。最先削下的不可用于头道汤汁，但含有较多油脂，可用于煮菜或味噌汤等。

⑤准备鲣鱼片。本体和锯齿部分带有间隙，可用纱布夹住固定，容易切削。

⑥在鲣鱼片的下方铺上纱布，按住鲣鱼片切削。

⑦刚开始削下的较厚部分可用于二道汤汁等。

⑧可敲打刀背，调节刀刃的切削深度。

⑨尽可能切得薄一些、长一些，利于调出汤汁。

⑩市面上售的鲣鱼片，是用机器加工而成，薄且宽，且口感与刚削好的并无差异。使用市售品调汤汁时，可多添加些。

准备海带

①根据当天的菜单，切所需分量的海带。照片中为北海道产的“罗臼海带”。海带切的长度根据汤汁的量而适当变化，避免浪费。

②用湿纱布轻轻擦拭表面的污垢。

调汤汁的准备

准备鲣鱼片

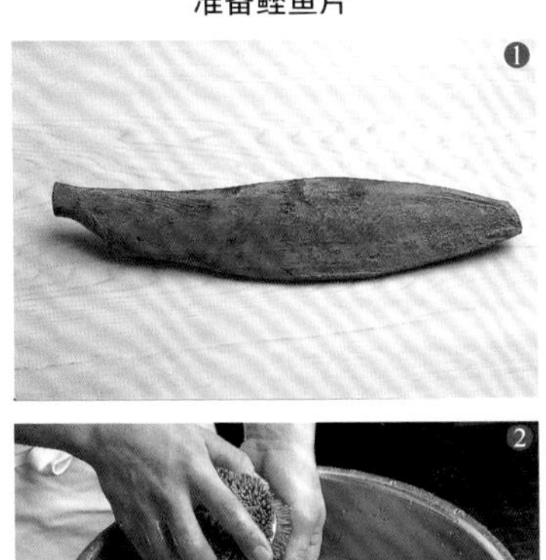

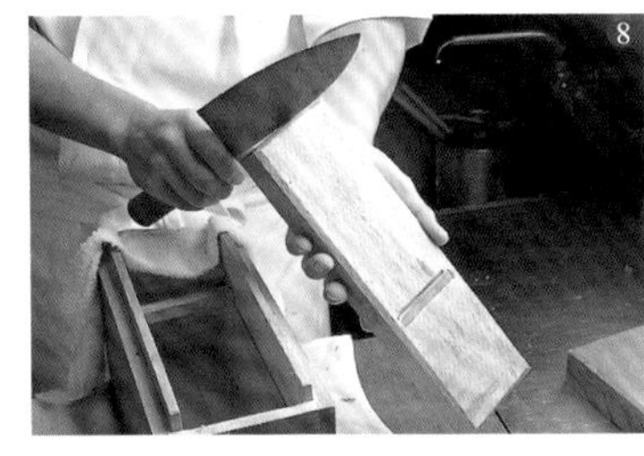

准备海带

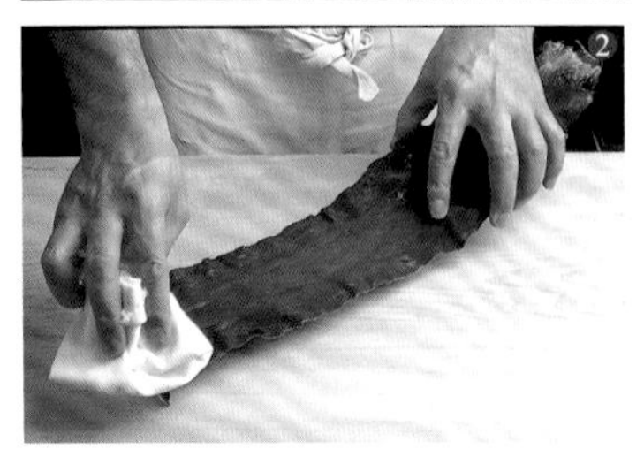

煮食助手的工作②

本章对实际料理过程中煮食助手的工作和在每个流程中煮食助手如何思考、行动进行解说。

在料理中，煮食助手的重要程度仅次于主厨，俗话说就是“忙得打转”的工作。需要尽可能提早准备，正确处理食材，使煮食厨师和其他环节紧密衔接。

煮食助手的工作大多是琐碎之事，站在锅前守着，将干货类泡发处理。预处理为核心工作，需要比煮食厨师更早准备，料理完了还要做好清洁卫生等。前文也有说明，煮食助手需要更多耐心，从中也能掌握料理的各环节流程，学到的本领也会很多。作为厨房的衔接核心，要求具备能够保持各环节之间默契的综合协调能力。踏实耐心地做好每一项工作，得到大家的信赖，工作的机会也会随之增多。

看似默默无闻，但使整个厨房运作起来的一个重要环节就是煮食助手。只要能够做好这个工作，二厨助手或煮食厨师的职位都能很快胜任。

1 提前准备要使用的辅助食材，了解其用途

将蔬菜等焯水时，如涩味或苦味较重，除了

淘米水

具有抑制食材苦味的效果，所含淀粉质还能吸附蔬菜的涩味。

米糠

用途与淘米水相同。用其对竹笋、牛蒡等焯水时，具有除去涩味的作用。

醋

白色食材焯水时，如果每升水添加2% ~ 5%的醋，具有漂白效果。涩味强的食材，可酌量多加醋。

豆腐渣

煮猪肉块时，用加入豆腐渣的热水焯水。可吸收油脂，使口感清爽。

米

用途与淘米水相同，焯水时直接加入米，可根据米的柔软度判断焯水的程度。

盐

将蔬菜等短时间焯水时，每升水添加1.5%的食盐。

萝卜泥

也可使用萝卜搅拌而成的汁。可除去干菜类的苦味。芋梗焯水时，放入萝卜和醋，可除去涩味。

草木灰

用于除去蜂斗菜等野菜类的涩味，还能使食材均匀发色，也可用于干菜类的泡发。可用小苏打代替。

在水中放入盐，还应根据食材和目的，准备草木灰、小苏打、米糠、淘米水等。下文介绍通常煮食准备工作中使用的食材及用途。不能只是等着煮食厨师的吩咐，应自觉学习掌握。

2 熟练使用辅助食材

下面介绍使用辅助食材时的工作内容。

淘米水

煮萝卜

①削萝卜皮，倒角之后暗刀处理。

②加入适量的淘米水，淹没萝卜即可，开火将萝卜煮软，除去涩味、异味。

③煮至出现透明感后关火，这时萝卜容易穿签。

④沥干水之后，再放入水继续煮。

⑤放在筛子上，沥干水分。如果不这样处理，萝卜无法吸收汤汁。

⑥此步骤之后大多是煮食厨师的工作。放入

明矾

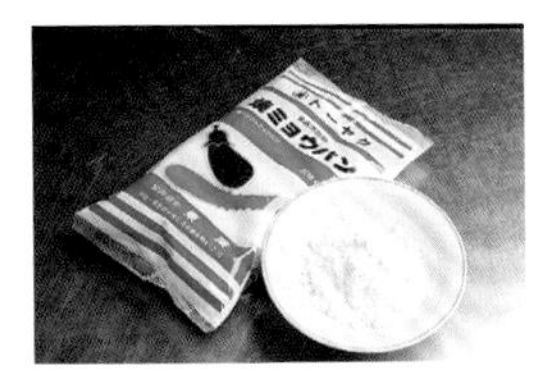

可用于固色（防止食材掉色）。可使茄子等紫色更鲜艳，还能除去栗子、红薯的涩味。

焙茶

煮干菜类时，加一些焙茶可除去异味，还能使食材色泽均匀。常用于小香鱼、鲱鱼的甜煮或章鱼、海参等上色。

小杂鱼干

加入汤汁中可增添口感。除去头部和内脏，直接放入汤汁中使用，或者使用其泡水后形成的汤汁。

海带头

海带条是指将泡过醋的海带两端固定后切下的部分，切下后固定的两端就是海带头。

小苏打

与草木灰的用途相似，但它还可以使食材变软。按每升水添加 1 小匙的比例混合后焯水处理食材。

红辣椒

芋梗等涩味强烈的食材进行焯水时可微量添加红辣椒，其具有除去涩味的效果。

干香菇

与小杂鱼干相同，在汤汁中干香菇可增添风味。水中泡发一晚后使用其汁水，或者直接加入汤汁中。

汤汁中，用盐调味。

⑦加入海带头，为了避免汤汁味道变淡，以85℃～90℃煮制。最后，用酱油调味。

米糠

煮牛蒡

①将牛蒡仔细清洗后切条。为了防止其发黑，稍稍蘸醋之后，用米糠水煮（为了除去涩味，还可添加少量红辣椒）。

②加热之后沥干水，接着继续水煮。

③牛蒡加热之后，用筛子沥干水。根据用途，有时也会加工成管状牛蒡。

④将其交由煮食厨师处理。根据用途，用合适的汤汁煮。

草木灰

泡发干蚕豆

①调制草木灰水，可预先准备。此外，用筛子过滤草木灰，除去多余杂质。

②按每10g草木灰混合1L热水的比例使草木灰沉淀，并舀掉上清液。

③将干蚕豆放入调制好的草木灰水中。草

木灰为碱性，能够除去干菜的涩味，使其煮得更软。

④浸泡一会儿，泡发后交由煮食厨师。

明矾、栀子

煮红薯

①红薯削皮后切成圆片，修整边角后放入明矾水（每升水加入 2 小匙明矾的比例）中浸泡，使其颜色固定。

②按每升水配 2 ~ 3 个栀子的比例，用剪刀将栀子剪下放入水中。

③煮出颜色。

④用纱布过滤，放入已洗掉明矾的步骤①的红薯，开火加热。

⑤加热之后其变软，继续煮至颜色固定。

⑥先沥干水，并继续加热至锅内水汽散发。

⑦放在筛子上，沥干水分。

⑧此步骤开始交由煮食厨师处理。用砂糖、水混合而成的糖汁蜜煮。沥干多余的水分，使糖汁容易渗入。

醋

制作醋泡茗荷

①发色之前的茗荷。

②将茗荷切半，放入调制好的水（每升水加入 2% ~ 5% 的醋）中煮。醋具有除去涩味的功效果，还有漂白、发色的功效。

③放在筛子上，沥干水分。

④ 500ml 醋中加入 500ml 水、120g 砂糖、5g 盐一起煮，接着在冷却的甜醋中浸泡。

明矾、栀子

煮红薯

醋

制作醋泡茗荷

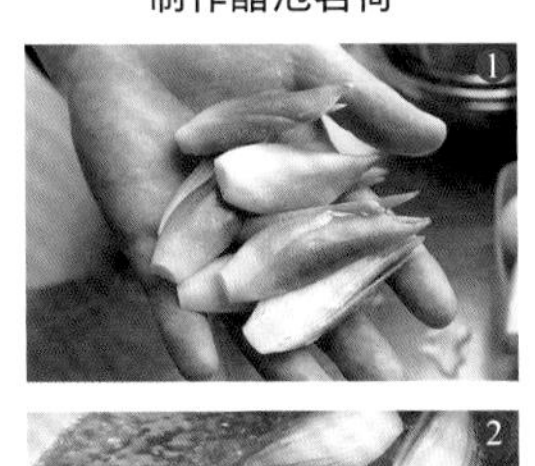

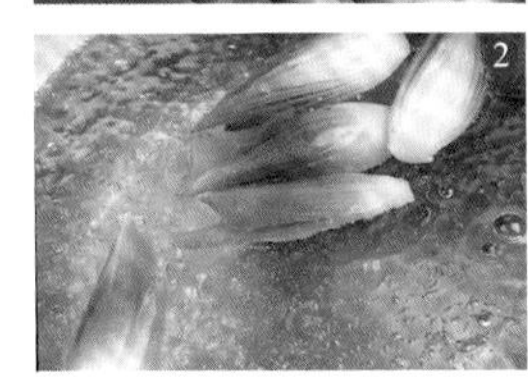

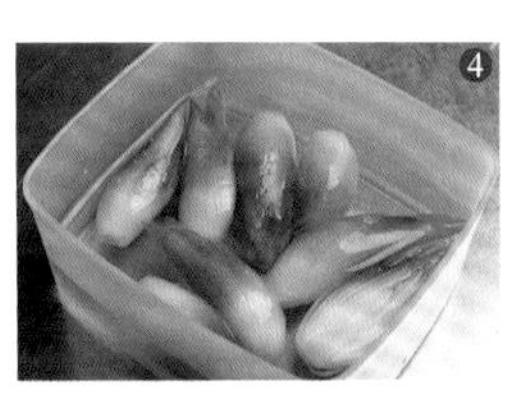

⑤如照片所示，其颜色很漂亮。根据菜单，用于料理点缀等。

白板海带的发色

①为了帮助发色，需要使用铜锅。利用铜和醋的化学反应能够发出漂亮的颜色。在铜锅中稍稍倒入一些水，铺上白板海带。

②从上方均匀加醋，再用砂糖、盐调味，用大火煮。

③呈现蓝色之后，关火。

④放在筛网上，滤去多余水分。

3 使用蘸料

下面介绍使用蘸料浸泡蔬菜（已煮过）的工作。需要在食材放冷的状态下浸泡，蘸料应调制较浓（比清汤放入更多的盐）。所以，并不是随意调味的工作，而是要利用食材原有的味感。

蘸料（鲣鱼片调味的方法）

①在汤汁中加入酱油、酒、盐，一起煮。沸腾之后加入鲣鱼片，关火。

②鲣鱼片沉入汤汁之后，滤汁。

煮、泡蔬菜

四季豆

①四季豆清洗之后，放入配有 1.5% 食盐的沸腾的水煮。

②为了发色鲜艳，煮后用冰水浸泡。

③在蘸料中浸泡一会儿，使其入味。若入

白板海带的发色

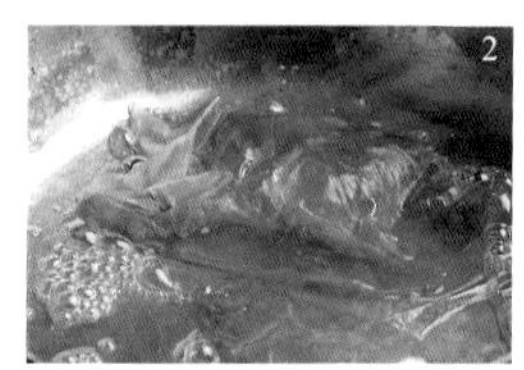

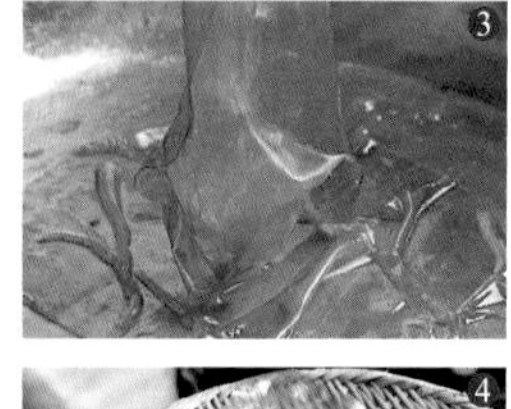

3 使用蘸料

蘸料（鲣鱼片调味的方法）

煮、泡蔬菜

四季豆

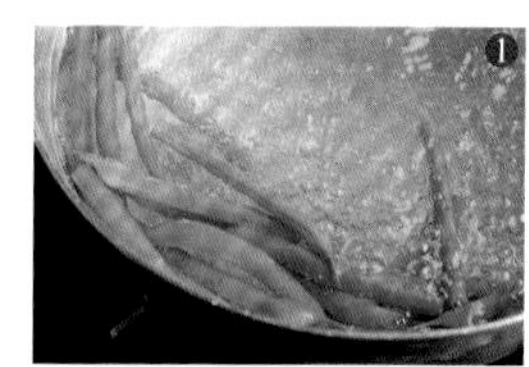

味困难，可延时至2～3小时。根据菜单，放入煮食中。

蔬菜（菠菜）

①蔬菜煮得爽口的秘诀，就是煮之前在10℃左右的冷水中浸泡。通过这样处理，煮后的口感大为不同。接着，放入沸腾的水（已加盐）中。

②大火煮一会儿，时间不能太长。

③然后放入冰水中，快速冷却。接着，在蘸料中浸泡。

豌豆

①豌豆清洗后放入沸腾的水中，大火煮。

②豌豆等豆荚较薄的食材煮后会浸入水分，导致豆荚中水分增多。所以，需要放在筛子上撒上盐，沥干水分。与四季豆相同，在蘸料中浸泡。

4 煮红豆

如果将砂糖一次性倒入，与水的结合力强的砂糖在溶于水中之前，会先挤出豆子中的水分。

蔬菜（菠菜）

豌豆

煮红豆

因此，不能一次性倒入糖，否则会导致豆子收缩。应分三次倒入砂糖。

①～③将 300g 红豆（成品 1kg）放入水中煮干 2 次，再放在筛子上。

④放入冷水中。这样处理，红豆的皮容易裂开，易于入味。

⑤将红豆连同 5 倍分量的水一起放入锅中，开火加热。

⑥沸腾之后，文火加热 50 分钟到 1 小时，煮至红豆变软（注意：如在红豆变软之前加糖，会使红豆变硬）。

⑦分三次添加粗砂糖（如果一次倒入，会导致其脱水）。

⑧⑨煮汁变干之后，加入 1/2 杯水糖和少量的盐，继续煮至入味。

*蚕豆或大豆应浸泡一晚后再煮（红豆颜色深，无须事先浸泡）。

5 土锅煮米饭

用土锅煮的米饭最美味。只要掌握好火候，土锅煮米饭并不难。

①将 500g 米用水浸泡约 15 分钟。

②在筛网中放置 15 分钟。

③将米连同 650ml 水一起放入土锅中，开火加热。用折弯的锡箔纸塞住土锅盖的透气孔，防止溢出。

④先用大火煮 7 ～ 8 分钟，沸腾之后以适当火力（不至于溢出的火力）继续煮 7 分钟左右。米香飘出后火力减半煮 7 分钟左右，接着再调低火力煮 5 分钟。

⑤最后，大火煮 30 秒，关火。盖子盖着，继续焖 5 分钟。

⑥打开盖子，上下翻拌，使硬度均匀。

6 煮・烤・蒸的工作

面筋的炸煮

①面筋切成合适的大小，用加热至 140℃的油炸制。

②长时间炸制。如果先炸面筋，用汤汁煮时则无法渗入面筋表面，难以入味。

③面筋膨胀之后，控干油。①～③为炸制工作。

土锅煮米饭

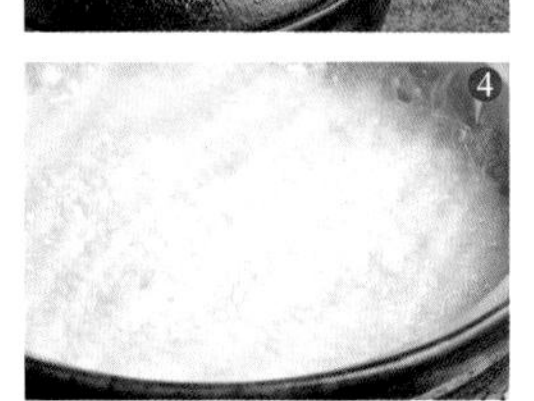

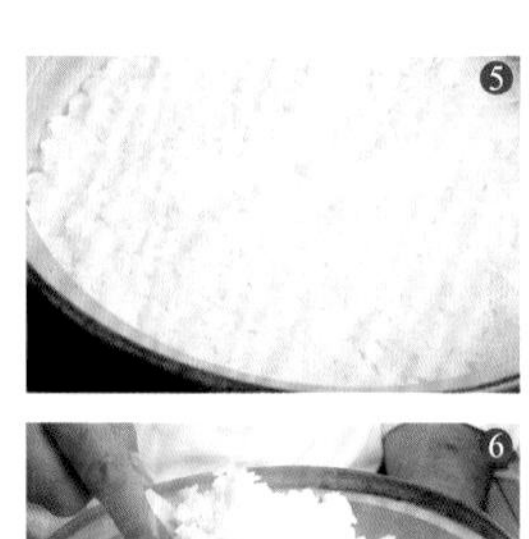

④用筛网捞起面筋，浇热水以除去油分。

⑤汤汁、味淋和淡口酱油按 8∶1∶0.3 的比例混合一起煮。这个工作有时也是由煮食厨师负责。

薄鸡蛋烧

①蛋黄及蛋清全部倒入盆中均匀搅拌，并用盐调味。

②用过滤器或筛网过滤。

③将蛋液倒入鸡蛋卷煎锅（已加热并放入一层薄油）中整面均匀铺开，并倒出多余的蛋液。

④待鸡蛋表面稍稍干燥后，用长筷子掀起边缘，方便剥下。

⑤⑥用长筷子挂起鸡蛋烧，翻面。

⑦几秒之后完成，避免烤制过久。夹住纸放在筛板上，待其散热。稍稍控干水分及油分是关键。

⑧制作几片重叠时，每片之间同样夹住纸。

⑨存放时纸保留，从内侧卷起。卷好之后，再用纱布包住。为了防止其干燥，再用保鲜膜包住。

煮·烤·蒸的工作

面筋的炸煮

薄鸡蛋烧

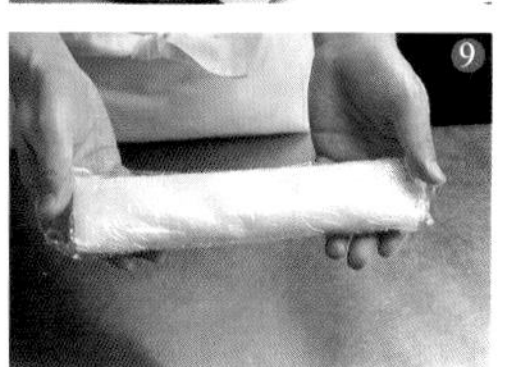

汤汁蛋卷

①将已倒入油的鸡蛋卷煎锅加热，并擦掉多余的油。

②用筷子头戳蛋液，观察升温状况。

③用勺子加入 1 杯蛋液，整体摊开。火力调为中火。

④出现气泡后，用筷子头戳破。

⑤从外向内折叠，每次折叠 1/3。

⑥将蛋卷移向外侧，用棉布将煎锅空余部分的油擦干净，再用勺子舀入蛋液。

⑦用筷子提起已煎好蛋卷，将煎锅倾斜使蛋液在蛋卷下方均匀铺开。

⑧再次向内侧折叠蛋卷。

⑨重复步骤⑥及⑦。

⑩完成。

⑪取出放在蛋卷板上，使其散热。

卷丝燕

①将一块水豆腐稍稍沥干水分之后用纱布包住，碾碎拧干水。香菇、胡萝卜、牛蒡各 50g 切丝，稍稍煮过之后，用 2 大匙色拉油翻炒。

②加入豆腐一起炒，再加入 1 大匙淡口酱油

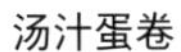

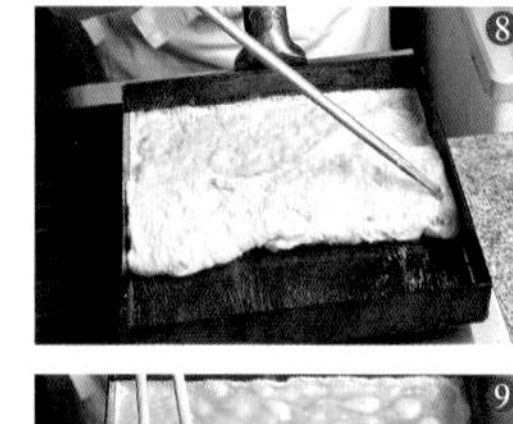

调味。

③关火，倒入搅拌好的蛋液。

④混合之后，达到半熟状态。

⑤⑥在分三块的方头鱼中撒薄盐，放置1小时后，水洗并擦拭水分。对开，稍稍切开肉身。

⑦保鲜膜铺在卷帘上面，放上方头鱼，用毛刷刷上玉米粉。

⑧~⑩放上步骤④的成品卷起，用橡皮筋固定后入锅蒸。

⑪如需烤制，可用锡箔纸代替保鲜膜。

⑫蒸过之后切开摆盘，放上嫩腌菜。

7 制作豆腐丸

下面细致介绍体现煮食助手工作的整体水平的豆腐丸的预处理和具体制作。

预处理时，泡发木耳等干菜、沥干豆腐的水分等耗时工作较多。需要预计所需时间，提前准备。

炸豆腐丸是炸制工作，煮豆腐丸是煮食厨师的工作，应事先相互嘱咐清楚工作的分配。并且，看一下当天的菜单，如有能够同时炸制的食材，可事先嘱咐。

卷丝蒸

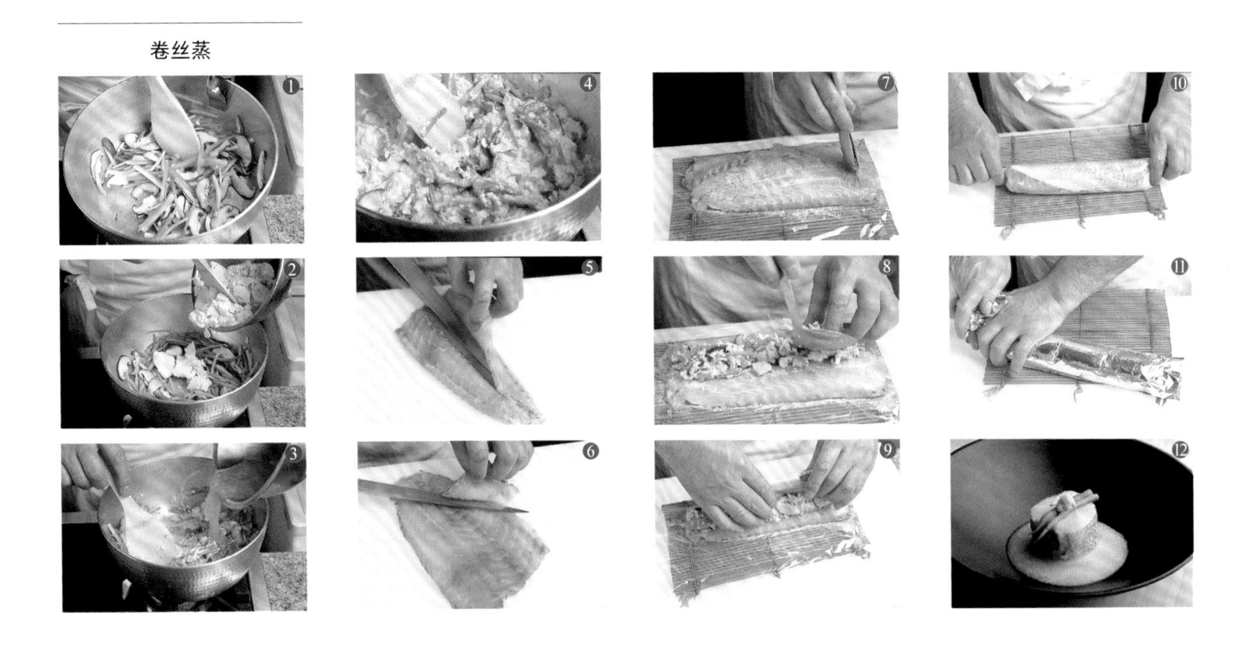

此外，为了顺利交由煮食厨师处理，需要提前预计完成的时间。所以，必须具备精确计算时间的能力。

食材的预处理

豆腐

①②用纱布包住水豆腐，放置约 1 小时，控干水分。

木耳

①木耳用水泡发约 15 ~ 30 分钟，为了除去多余水分，先煮开一次。

②放在筛网上，控干水分。

③切成 1 ~ 2mm 宽。

百合

①百合处理干净后，用沸腾的热水煮。为了除去涩味，有时会加入淘米水或醋，但新鲜的百合不需要这样处理。

②加热后，放在筛网上，控干水分。如果急需使用，可用扇子煽干。

银杏果

①将剥了皮的银杏果放入水（已加入 2% 的食盐）中，开火加热。沸腾之后，在水中加入小苏打（每升水添加 1 小匙）。

②银杏果变成绿色，加热完成之后，用漏勺的背面使劲按压，呈画圆的轨迹将皮剥掉。完全变软之后，取出放到筛网上，水洗并剥掉剩余的皮，切成 2mm 宽。

制作豆腐丸

豆腐

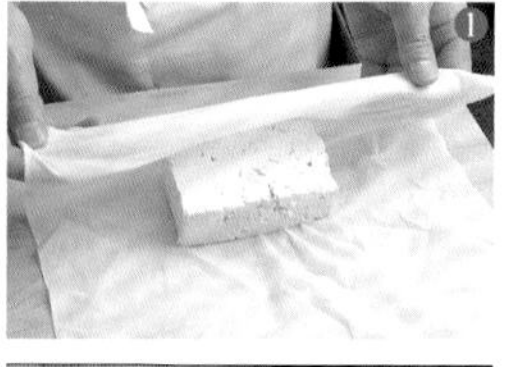

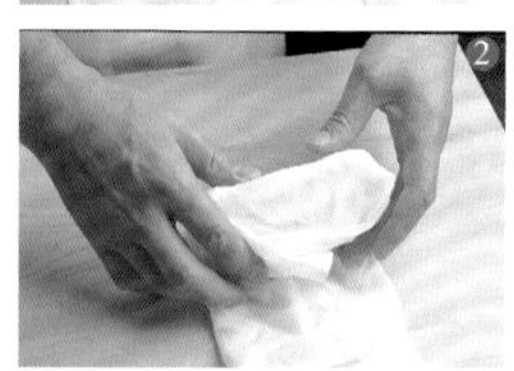

木耳

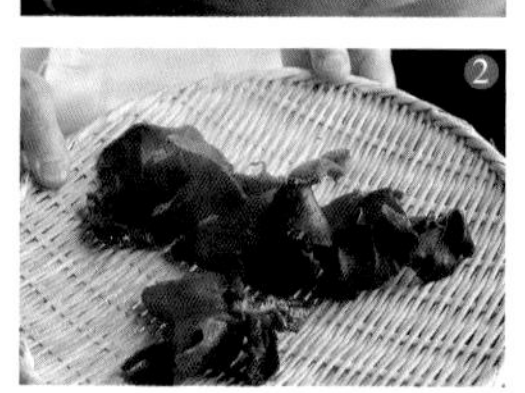

百合

银杏果

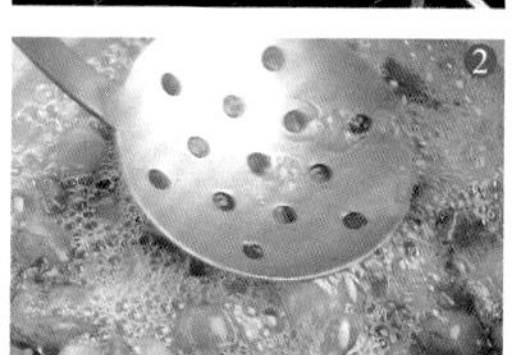

混合调味

①参照处理菠菜的方式煮茼蒿，并将其切成方便食用的尺寸。真姬菇清洗后过一下热水，除去杂味。蘸料放入锅中，再放入真姬菇，开火煮。煮过之后，蘸料渗入真姬菇中。

②将步骤①的真姬菇连同煮汁一起倒入盆中，散热之后加入茼蒿，腌渍一会儿。

其他

将胡萝卜切细，捣碎红薯。并准备汤汁，嘱咐煮食厨师。并且，准备过滤器、捣蒜罐、锅等工具及调味料。

料理豆腐丸

①合理搭配经过预处理的食材（木耳、百合、银杏果、胡萝卜）。

②将沥干水分的豆腐在筛网上按压。

③豆腐放入捣蒜器内，均匀捣碎混合。

④加入蛋黄、蛋白及少量小麦粉，捣碎混合。

⑤添加淡口酱油、砂糖，再倒入已捣成泥的红薯，仔细混合至柔滑均匀。

混合调味

料理豆腐丸

⑥加入木耳、百合、银杏果、胡萝卜，充分混合。

⑦分成小块，用沾过色拉油的手搓成丸子。要注意避免空气混入。

⑧交由炸制师傅处理。以 140℃的油温慢慢炸制。丸子沉入油中之后，经过一段时间冒出气泡则表示油温合适。

⑨⑩丸子膨胀后浮起，表示炸制完成。

⑪交由煮食助手处理。按炸煮面筋的相同要领，放在筛子上，浇热水控油。

⑫将丸子交煮食厨师处理。用酱油、酒、味淋、盐调味，文火充分加热。精美摆盘，内侧放上浸泡过蘸料的茼蒿、真姬菇，顶上放一些切丝的柚子皮装饰。

⑬完成。

煮食厨师的工作①

煮食的制作方法（以清汤·什锦汤为底料制作的 9 种煮食）

煮食厨师应具备调汤汁并根据食材进行调味的能力，在案板前是仅次于主厨的重要工作。

因此，需要掌握煮食的制作方法、煮汁的配方、调味等繁杂技能。

放松心态，煮食并不困难。调味料（汤汁）的配方大致分为以下两种。

- 清汤
- 什锦汤

其他煮食大多由这两种汤汁调制而成。所以，首先应掌握汤汁的调制方法和这两种汤汁的配方。

本章将介绍料理店经常制作的 9 种煮食，详细介绍这些煮食的调味原理等。只要掌握了基本技能，其实煮食并不难。

1 基本的汤汁配方

制作任何煮食的最重要、最基本的环节就是调汤汁。汤汁调得好坏，决定煮食是否味美。

特别是需要料理成品为浅色时，应掌握尽可能抑制颜色的调汤汁技巧。

汤汁并不是越浓越好。调制一份好的汤汁，在于口味是否清爽、适口。即便汤汁的颜色浅，也不影响口味。

此处介绍的是调白汤汁时最基本的方法。当然，调制深色汤汁时也适用。

调白色汤汁

①锅中倒入水煮至沸腾，沸腾后关火，水温降低至 90℃之后放入海带。

②约 15 秒之后，捞起海带。如果超过这个时间，则汤汁中海带的味道过重。捞起后的海带，可用于海带结、包海带等，不会浪费。

③汤汁中添加鲣鱼片，每升汤汁加入 20g 鲣鱼片。鲣鱼片尽可能使用市售的成品。此外，汤汁的颜色浅，但口味浓，应比通常现切削的鲣鱼片减少 20% 左右的量。

④鲣鱼片沉底之后调低火力，用细网眼的纱布或棉布铺在筛网上进行过滤。

⑤清爽、适口、充满能量的汤汁调制完成。

1 基本的汤汁配方

调白色汤汁

煮食的调味料（汤汁）配方

汤汁种类	料理名称	调味料（汤汁）的配方（以每升汤汁为准）	备注
清汤 汤汁＋酒、盐、酱油	竹笋煮	酒 1+ 盐 1+ 酱油	鲣鱼片
	芋头白煮	酒 100mL+ 味淋 100mL+ 酱油＋砂糖	小杂鱼干、海带头
	土当归白煮	酒 1 大匙＋盐	

汤汁种类	料理名称	汤汁	味淋	酱油	备注
什锦汤	海虾蛋黄煮	8	1	0.5	生姜汁
汤汁＋味淋、酱油	荞麦蓬麸煮	13	1	0.5	小杂鱼干
	鲷鱼子花式煮	8（汤汁 5、酒 3）	1	0.5	
	牛蒡甜煮	15	1	1（浓口）	
	腐竹煮	10（汤汁 9、酒 1）	1	0.5	盐 0.5
	海鳗甜煮	8（汤汁 4、水 2、酒 2）	1	1	砂糖 0.5

2 制作 9 种煮食

如前所述，作为煮食的汤汁及其配方大致分为 2 种。

即体现汤汁原有色泽和风味的清汤，还有在汤汁中加入味淋、酱油（比例为 8：1：1）的什锦汤。

根据各种不同的食材及用途，配方微妙变化，产生无限花样的口感。听起来很难，但基本配方在不知不觉中就会牢牢记住。首先头脑中应区分是“清汤”还是“什锦汤”，接着弄清楚改变配方的原理，清楚掌握要领。

此处介绍的 9 种煮食汤汁可参考配方汇总。

制作清汤煮食
（白汤汁）

竹笋煮 清汤

使用清汤的煮食中，竹笋煮食为最基本的调味料配方，煮食技术也能体现传统。

①竹笋尽可能使用新鲜的。

②泡发竹笋（预处理为方便料理的状态）。用加入米糠的热水煮后剥皮，分切成方便食用的大小。

③再次放入沸腾的热水中煮开，除去米糠的气味。

④趁热放在筛网上控干水分，使汤汁容易渗入。

⑤将步骤④的竹笋和海带头放入汤汁中，中火加热。

⑥汤汁中加盐，每升汤汁添加 1 小匙盐。

⑦煮沸后，加入 1/2 小匙淡口酱油。

⑧⑨再煮开后完成。

芋头白煮 清汤＋味淋、砂糖

①选择带泥的新鲜芋头。

②削掉芋头皮，用水冲洗干净。

③用加入米糠的热水煮，再用干净的水煮开后放在筛网上，控干水分。

④每升汤汁中添加 10% 的味淋和酒，并根据个人喜好添加砂糖，还可添加口感丰富的海带

2 制作 9 种煮食

竹笋煮 清汤

芋头白煮 清汤＋味淋、砂糖

头和小杂鱼干，以 85℃左右的温度煮。芋头富含蛋白质，相比竹笋，汤汁难以渗入。所以，汤汁可调制得稍浓一些，且延长煮制时间。

⑤最后每升汤汁添加 1/2 小匙淡口酱油。

⑥⑦煮开后完成。

土当归白煮 清汤 + 盐

①使用新鲜的土当归。

②土当归放入醋水（含醋 5%）中煮。煮开并沥干之后，用水再煮开一次（一是为了除去醋味，二是除去水汽）。或者放入蒸锅中蒸一下。

③将土当归放到筛网上，控干水分。这是为了使汤汁容易渗入。

④制作清淡的清汤。每升汤汁中添加 1 大匙酒、0.5% 左右的盐。不加酱油，仅需盐调味。所以，加盐时应注意控制。

⑤煮至耐嚼的程度。

⑥如果汤的味道太淡，可加入鲣鱼片。可用纱布包住鲣鱼片放入汤汁中，避免口感太浓厚，鲣鱼片沉底后捞起。这里可使用没有杂味的现切削鲣鱼片。

* 芋梗白煮时处理方法相同。

制作什锦汤煮食
（按 8∶1∶1 搭配出丰富口感）

海虾蛋黄煮 8∶1∶0.5

①使用新鲜的对虾。除去虾壳和黑线。

②与蛋黄、小麦粉、水一起混合，制作黄面衣，包住步骤①的成品。用加热至 150℃的油炸

土当归白煮 清汤 + 盐

1 2 3 4 5 6 7

海虾蛋黄煮 8∶1∶0.5

1 2 3 4

制，注意避免面衣焦黄。接着，浇热水控油。

③汤汁倒入锅中加热。食材是虾，可适量添加除腥味的姜汁。如果汤汁太浓，可添加 10% 的酒。按比例添加味淋（汤汁 8：味淋 1）及淡口酱油（汤汁 8：淡口酱油 0.5）。

④煮开。

⑤加入步骤②的黄面衣炸虾后关火，使汤汁味道渗入虾中。

荞麦蓬麸煮 13：1：0.5

①图中使用的是自制蓬麸。在揉捻过的面筋中混合加入捣碎成膏状的艾草、荞麦果实，加工成棒状后蒸煮。煮好之后，整齐切成约 5cm 长。

②用低温（约 150℃）的油慢慢炸制。

③与炸虾一样控油处理，但此处为泡入热水中。

④面筋不容易入味，应放入锅中用汤汁加热。按比例添加配料，汤汁 13：味淋 1：淡口酱油 0.5。味淋增加汤汁的口感，适量添加小杂鱼干。将最开始的 13 份汤汁煮至 8 份后关火，放置冷却。

鲷鱼子花式煮 8（酒 3）：1：0.5

鲷鱼子中的汁水计算在内，8 份的汤汁中加入 3 份酒。而且，酒还具有除去鲷鱼子腥味的效果。上色浅可提升菜品的外观品质，所以可适当添加盐，减少酱油的用量，也可用水或酒调配出更浅的颜色。

①鲷鱼子选用真鲷的卵巢。

②切开鲷鱼子的薄膜，用含盐 1.5% 的水浸

荞麦蓬麸煮 13：1：0.5

泡，除去血块。

③放入沸腾的热水中焯水，鲷鱼子如花般盛开之后放入冰水中。

④调味汤汁。按汤汁 8 （酒 3）、味淋 1、淡口酱油和盐 0.5 的比例调配，放入鲷鱼子一起煮。

⑤煮开后调至文火，煮至入味。最后，加入姜丝。

⑥⑦煮开后完成。

牛蒡甜煮 15：1：1 （浓口酱油）

用浓口酱油代替淡口酱油，发色浓厚。但是，相比其色泽，口感却很清淡。为了煮制过程中能够散发出牛蒡的清香，可增加汤汁的比例。而且，只要汤汁调得好，浓淡都是美味。

①牛蒡洗干净后，切成约 5cm 长。

②用加入米糠的水煮。

③再次用水煮，以除去米糠味和水分，且容易入味。接着，放在筛网上控干水分。

④汤汁中添加味淋、浓口酱油，比例为 15：1：1 （不加味淋时，汤汁为 20，并添加淡

鲷鱼子花式煮
8（酒 3）：1：0.5

牛蒡甜煮
15：1：1（浓口酱油）

口酱油，且比例为 1）。

⑤调味，煮 20 分钟以上。

腐竹煮 10（酒 1）：1：0.5 （+ 盐）

为了表现出腐竹的纤细质感，煮汁调成浅色。汤汁加量，控制酱油，用盐代替调味。

①生腐竹直接煮后表面易碎，应先用电烤炉等烤出焦痕后再使用，且外观更显美味诱人。

②将烤制之后的腐竹切成短条。

③调味汤汁。比例为汤汁 10 （酒 1）：味淋 1：淡口酱油 0.5，并适量加盐调味。

④放入切好的腐竹，开火加热。

⑤煮开，进味之后即可。容易煮碎，避免煮制时间过久。

海鳗甜煮 8（水 2、酒 2）：1：1（+ 砂糖 0.5）

煮海鳗时，会煮出汤汁。所以，汤汁中要包含 2 份水和 2 份酒（除完腥）。砂糖必不可少，但要注意控制量，确保汤色美观。

①海鳗分解之后水洗。

②放在竹筛上，从上方浇热水，进行焯水处理。

腐竹煮
10（酒 1）：1：0.5（+ 盐）

③皮纹朝上，用刀背刮掉黏膜，切成方便食用的大小。

④调味煮汁。汤汁（水 2、酒 2）中添加味淋、浓口酱油及砂糖，其比例为 1∶1∶0.5。此处加砂糖是为了增加甜味，避免汤汁过浓。

⑤加入海鳗。

⑥⑦煮开一次后调低火力，煮沸约 10 分钟。中途会出现涩汁，仔细舀起。海鳗充分入味后即完成。

海鳗甜煮

8（水 2、酒 2）∶1∶1（+砂糖 0.5）

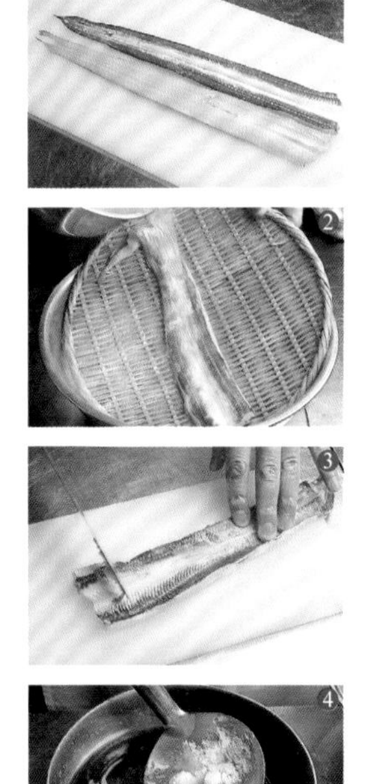

从二厨助手到煮食厨师①（章鱼和芋梗的合煮）

本章通过完成一道料理，解说案板工作和煮食工作的衔接。掌握整体流程，是今后自我提升不可或缺的。

此处列举了两种食材——芋梗和章鱼。不同的食材分开处理，最终做成一道菜。为了将章鱼煮软，关键是在鲜活状态下及时处理，并充分预煮。所以，要求案板和煮食两方面的协同合作。芋梗的涩味浓，应预煮除去涩味，但不能煮太久。总之，应仔细观察各项工作如何衔接。

制作章鱼软煮

将章鱼肉敲打后预煮，这是将其煮软的关键。这个步骤如果省略，会对口感造成很大影响。

1 分解

趁着章鱼死后尚未僵硬迅速分解，并仔细处理黏膜。此外，避免损伤表皮。

①图中使用的是活章鱼。为了将其煮软，必须使用活章鱼。

②手指插入章鱼脚根部，将袋状的头部翻面。

③刀插入内脏根部，将其取出。

④取出的内脏。白色卵巢部分为可食用部分，避免损伤。黑色的胆囊为不可食用部分，丢弃。

⑤用刀尖切掉章鱼脚根部的章鱼嘴。

⑥切掉眼球。

2 清洗

有人会觉得用盐清洗会使盐味过重。其实，只要处理迅速就没有问题。

⑦除去黏膜。抓一把盐，均匀涂抹于分解后的章鱼肉身。

⑧五根手指插入章鱼脚之间，刮掉黏膜、污垢。如果刚开始就切掉章鱼脚，会对这个步骤的

制作章鱼软煮

1 分解

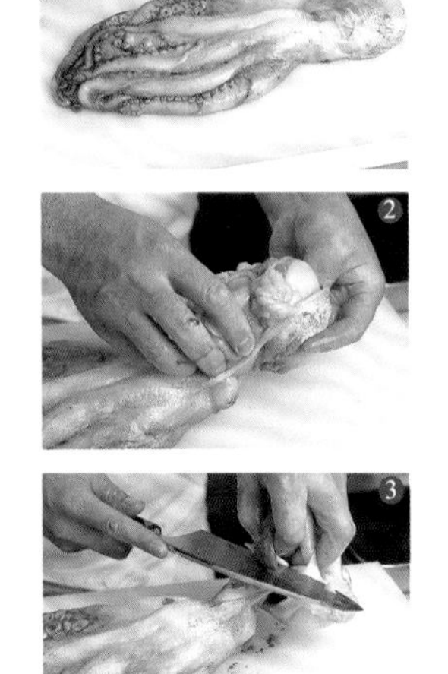

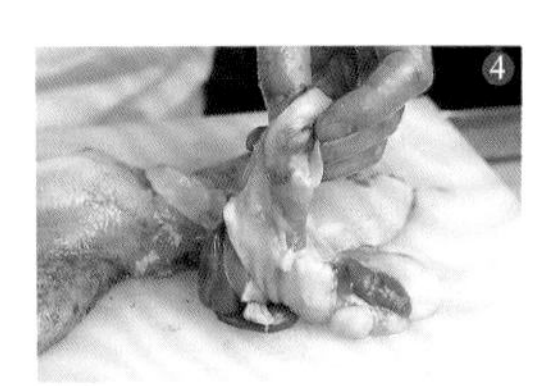

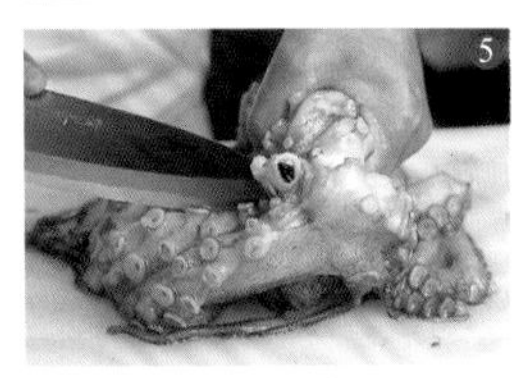

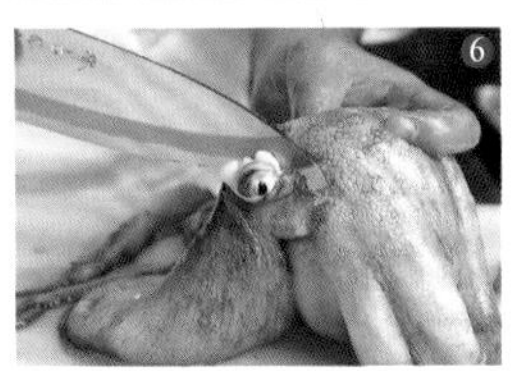

2 清洗

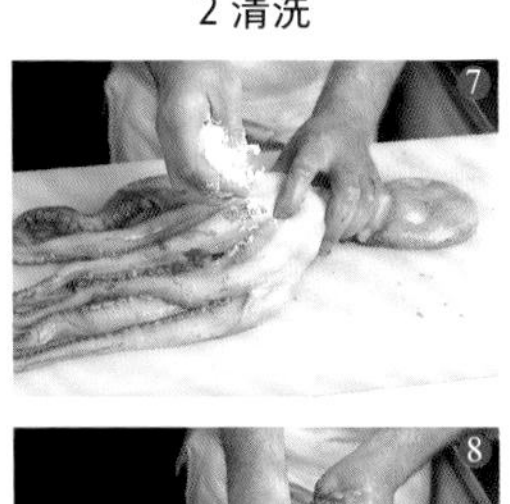

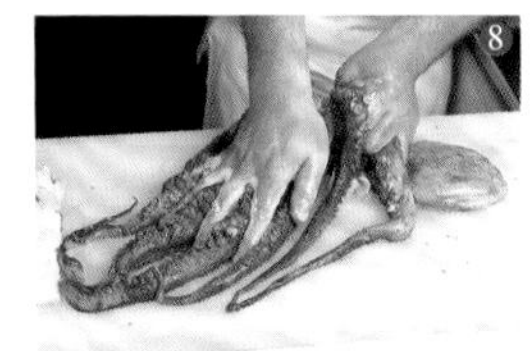

处理造成障碍。

⑨将其放入盆中，用流水再次充分清洗污垢和盐分。

⑩清洗完成的状态。掏出渗入吸盘内的盐分，在水中浸泡 5 ~ 10 分钟。除去盐分之后，交由煮食厨师处理。

3 分切、敲打

为了将章鱼煮软，宰杀之后趁着章鱼肉身还有弹性打碎纤维组织，加工成“肉离”状态。纤维组织僵硬之后，如何敲打也无法打碎，所以应及时处理。

⑪切掉经过水洗的章鱼头部。

⑫将章鱼脚四只一组切开。

⑬再两只一组切开。

⑭切掉章鱼脚的前端。

⑮立即用纱布包住，用擀面杖或啤酒瓶整面敲打，使纤维组织变软。避免损伤表皮。

4 过凉水

对吸盘多、难以清除污垢的章鱼，过凉水之后就能轻松除去污垢及黏膜。但过凉水会影响成品外观，应小心进行。

⑯水倒入锅中开火加热，沸腾后加入章鱼。

⑰⑱章鱼脚收缩之后捞出，放入水中。

⑲换几次水，同时用手刮掉黏膜等。吸盘部分用手指按住，能够轻松清除黏膜等。为了控制盐分，需要浸泡一会儿。

5 煮及蒸

预煮至充分变软。接着用蒸锅煮，加热过程中章鱼保持不动，煮汁也难以渗入。

⑳用纱布包住烘焙茶，再用风筝线扎住。

㉑将过完凉水的章鱼放入锅中。加入切好的海带和步骤⑳的烘焙茶（用于除异味、增加汤色），煮 1 ~ 1.5 小时。

㉒如照片所示，煮至可穿签的程度之后，将章鱼取出。

3 分切、敲打

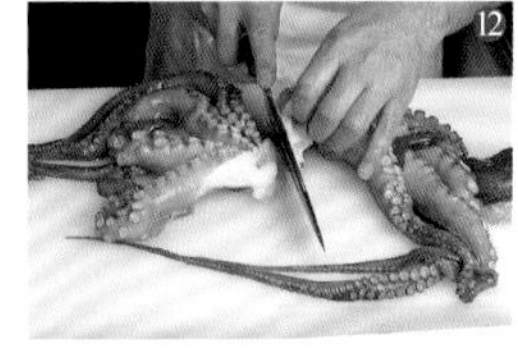

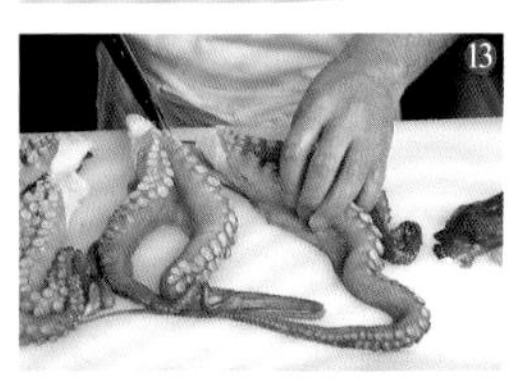

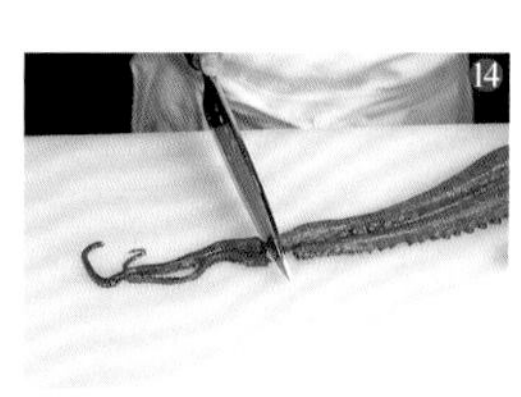

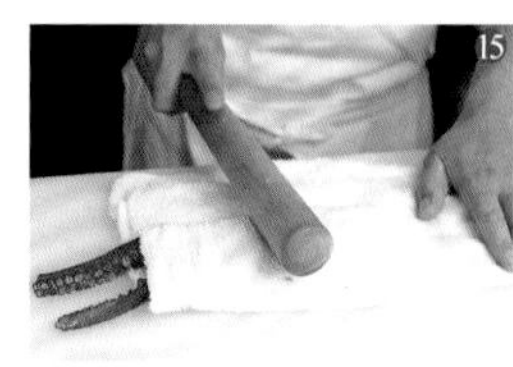

4 过凉水

㉓在步骤㉒的煮汁中加入一把鲣鱼片，煮开后沥干。

㉔对步骤㉓煮汁进行调味，比例为汤汁 5（不使用蒸锅时为 8）：砂糖 1 ：酱油 1 ：酒 1。先加入砂糖、酱油，再加入酒后煮开。

㉕煮汁倒入托盘中，放入章鱼，盖上纱布，防止其浮出。

㉖蒸时为避免煮汁中进入水滴，在步骤㉕的托盘上方盖上锡箔纸，再放入蒸锅中。盖上锅盖，蒸 30 分钟。

㉗煮汁渗入后，煮好的章鱼。

㉘将章鱼切成方便食用的大小。先将刀刃垂直对齐插入刀位置，不拿刀的手敲打刀背将其切开。这样处理不会损伤表皮，且切口整齐。

制作芋梗煮

用清爽的甜汤汁煮沸白芋梗。计算章鱼软煮的时间，提前预处理，小心注意煮汁浓度。

1 预焯水

用加入萝卜泥（或萝卜汁）和醋的热水进行焯水处理，且注意避免焯水过度。如果焯水过度，则口感不佳。

①砧板抹上醋，这样处理可防止涩味。接着，竖直撕开芋梗。

②用刀划开端部的皮，用力剥开皮。

③沿着长度方向对半切开，再竖直对半或四等分切开。接着，立即浸泡于醋水中。

④在水中添加 5% 以上的萝卜泥（或萝卜汁）和醋，沸腾后放入芋梗。

⑤轻压防止其浮起，焯水 2 ~ 3 分钟。如果焯水过度，则口感不佳。

⑥⑦放在筛网上，浸入冷水中。

2 煮

⑧几根一组，束紧端部。

⑨用清汤煮 10 ~ 15 分钟。时间不能太久，避免太软。

5 煮及蒸

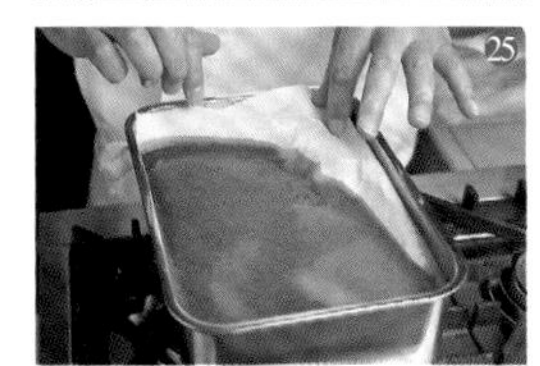

3 摆盘

将章鱼软煮和芋梗煮一起摆盘，用清汤煮过的扁豆装饰，浇上芋梗的煮汁。最后，在芋梗上加一些柚子皮丝。

制作芋梗煮

1 预焯水 /2 煮

3 摆盘

从二厨助手到煮食厨师②（3种煮鱼的制作方法）

本章以煮食厨师的工作为主，介绍煮汁口味稍有不同的煮鱼料理方法，分别是传统口味、淡口味、浓口味。

使用应季的鱼，煮出鲜美口感。新鲜的鱼肉制作刺身，其他鱼制作口味浓厚的煮鱼。为了料理出美味煮鱼，需要最大限度调出鱼本身的鲜美味感。

为了调出鱼本身的味感，煮汁中放入的调味料绝不能太浓。此时，不要忘记考虑减去鱼肉中出的汁。根据食材差异，煮汁的黏度及渗入方式有所不同。由此，必须注意预处理的方法及切法。

关键在于二厨助手和煮食厨师相互合作，调出食材本身的鲜美味感，最大限度料理出美味。

煮鲷鱼

这里详细解说前面已稍加介绍的煮鲷鱼。此处仅使用鲷鱼的鱼头，且仅用酒、砂糖、酱油、味淋调制出最基本口感的煮鱼。

分解

①鱼头切成两半。一只手抓紧其下颌（也可用纱布包住），用刀尖对准鱼嘴中心上方，刀刃和砧板尽可能保持一定角度。直接利用杠杆力，一下切开。

②从内侧看的状态。

③用手和刀尖压住打开两侧，刀抵住下颌中心。

④撬开切掉下颌骨。

⑤等分的一侧朝下放置，切掉月牙肉部分。

⑥翻到正面，底刃撬开眼睛和鱼嘴之间，切入一半左右。

⑦翻到正面，与步骤⑥部分颠倒90度抵住底刃，撬开切离鱼骨。

⑧将切下后带眼睛部分切半。

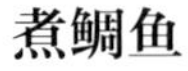

煮鲷鱼

分解

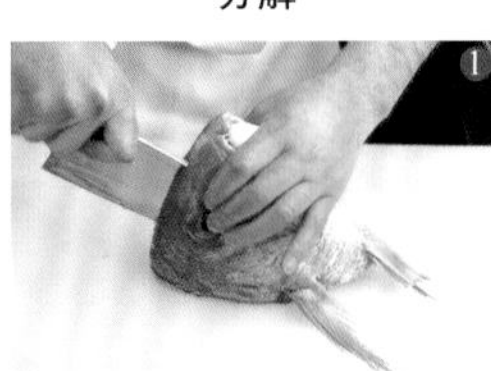

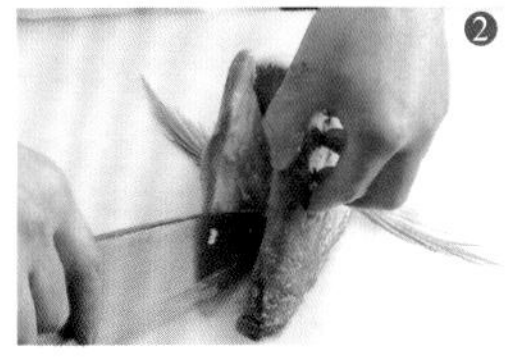

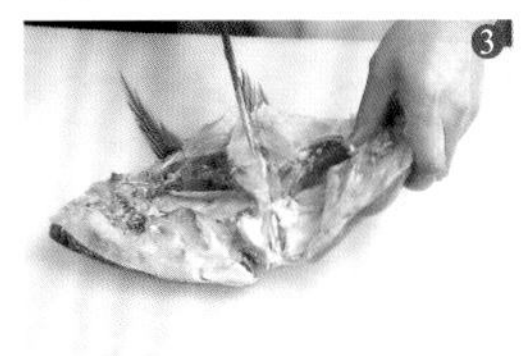

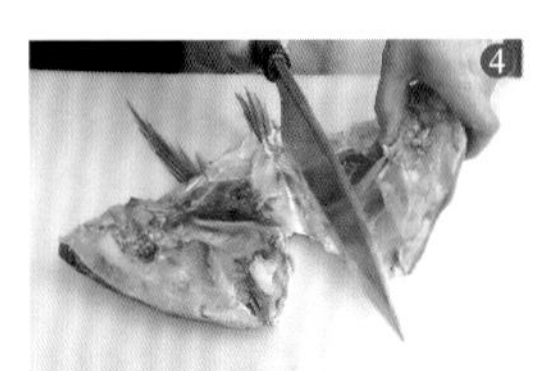

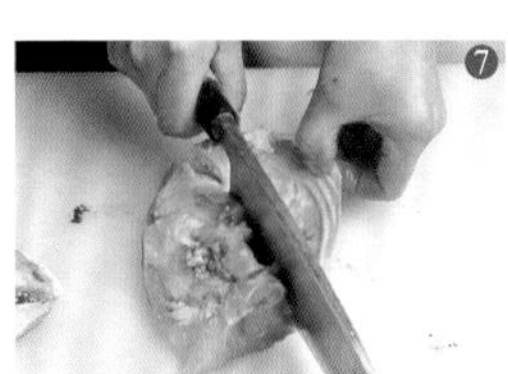

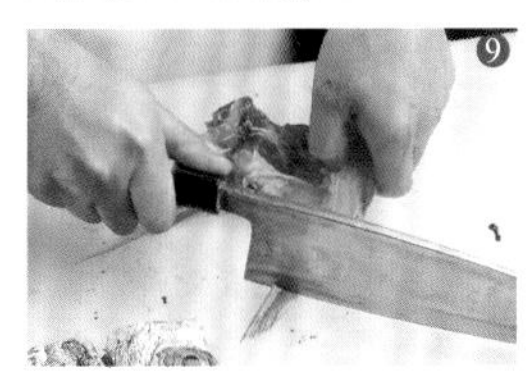

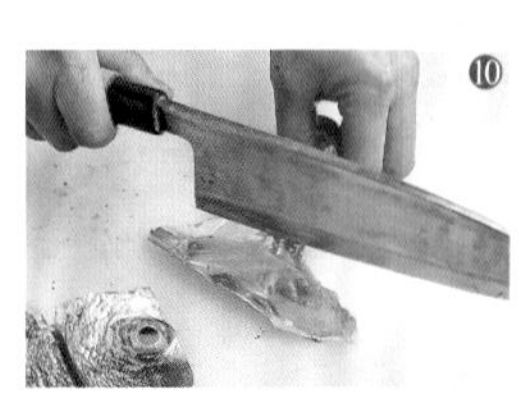

⑨切下月牙肉连着的鱼鳍前端。

⑩从月牙肉中心对半切开，接着再对半切开。

⑪分切后的状态。将其交由煮食厨师处理。有的料理店也交由煮食助手处理。

过凉水

①锅中的水煮沸后，放入分解后的鲷鱼。

②待其表面颜色变化后，拎起鱼鳍，立即捞起。

③放入冰水中，除去表面的污垢及黏膜。

④鱼鳍部分等会有鳞片残留，应仔细处理。

料理煮鲷鱼

①将过凉水处理后的鲷鱼放入锅中，预处理之后切成 5cm 长，再加入竖直切成 4 块的牛蒡。加入同比例的水和酒，淹没鱼肉为止。

②大火煮，沸腾之后舀掉泡沫。

③煮汁中添加砂糖，每升煮汁加约 40g。

④盖上锅盖，调低火力。

⑤煮约 20 分钟。

⑥整体加热后，在煮汁中添加酱油（每升煮汁加约 1 大匙酱油的比例）。必须牢记，酱油不可一次性添加，分 2 ~ 3 次调味添加。汤汁煮浓会粘锅，从而导致异味产生。所以，应边用湿纱布擦拭边收汁。

⑦添加味淋，再加入 1 大匙酱油。添加时应

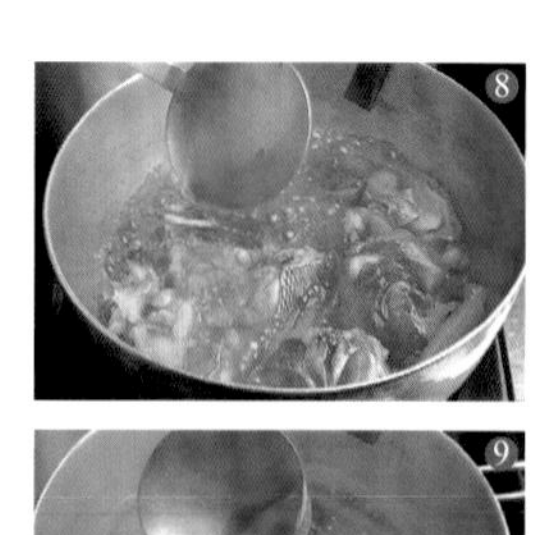

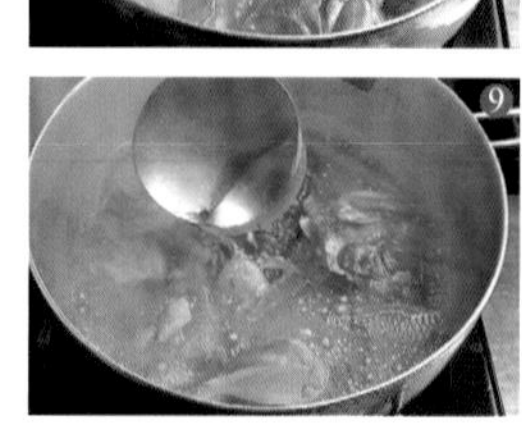

沿着锅逐量添加。

⑧晃动汤汁，煮至整体入味。

⑨如果煮汁黏度不够，可加入水糖调配。有人会担心水糖太甜，其实它的甜度较低。应熟练掌握水糖的使用，恰到好处调出黏度，还要避免口味太浓。煮汁黏度正好即完成。

摆盘

将鲷鱼、牛蒡漂亮地摆放于器皿（深器皿）中，再用姜丝、花椒芽点缀。

煮大泷六线鱼

晚春至夏的应季食材大泷六线鱼，用清淡的煮汁料理。将煮大泷六线鱼的汤用来调配成品汤汁的浓度。

分解

①为调配出清爽的淡口味，必须使用新鲜的大泷六线鱼。将大泷六线鱼水洗，刀插入腮盖中。留下胸鳍，切掉鱼头。煮鱼时与分三块处理不同，连着胸鳍更能发挥其价值。

②沿着肋骨，从腹部插入刀。

③改变刀的朝向，鱼背朝向内侧放置，从尾巴至鱼头处理，分解正面肉身。

④背面肉身从鱼背开始，按尾部至鱼头、腹部鱼头至尾部的顺序处理，分成三块。

⑤刀插入尾根部，同样处理背面肉身。

⑥反刀插入腹部鱼骨的根部，将其切断。

⑦取出腹部鱼骨。

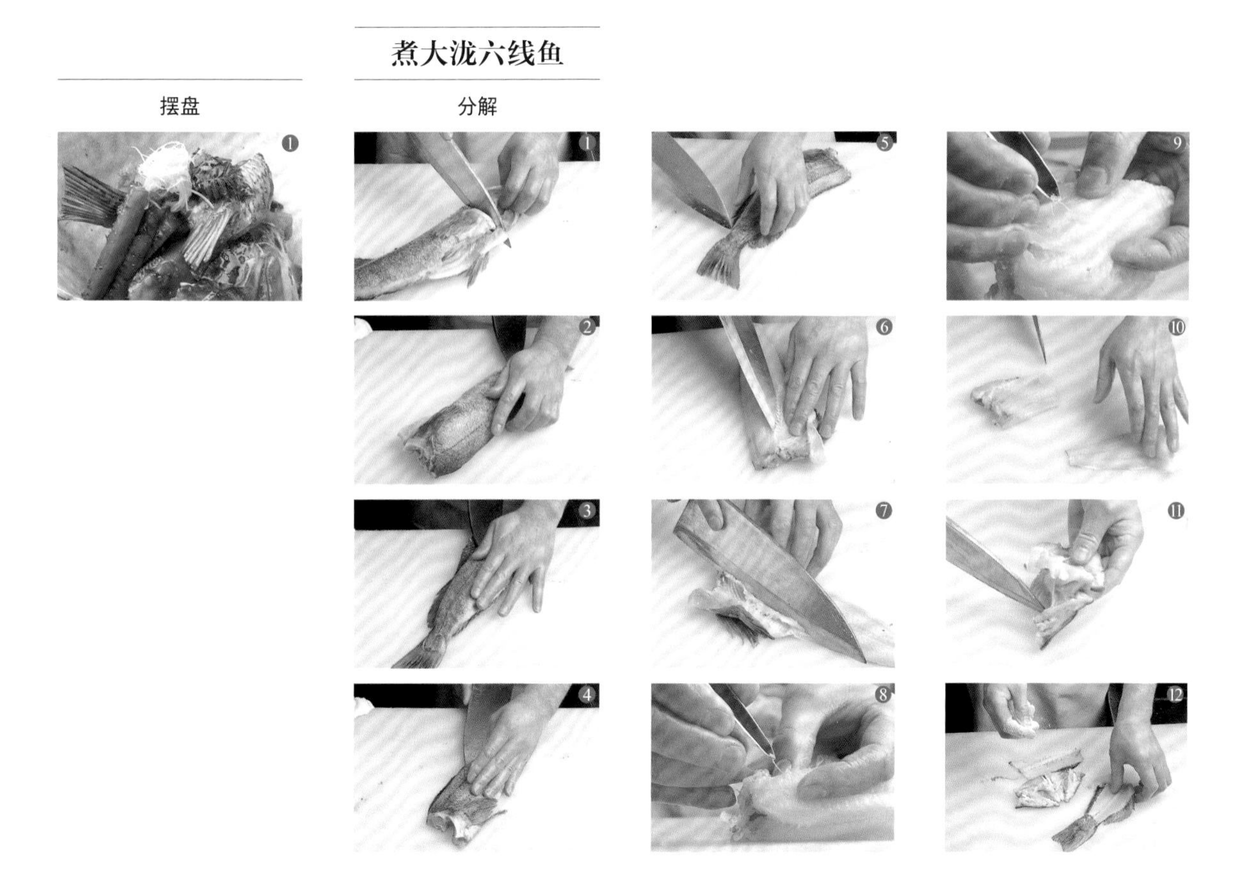

⑧用镊子拔出鱼背的小骨。

⑨腹部也有小骨，同样用镊子拔出。

⑩从中心将肉身切成两块。

⑪将步骤①切掉的鱼头切成两半。

⑫分解完成的鱼头和肉身。

过凉水

①锅中放入水煮沸，再放入分解切好的肉身。

②待其布纹部分卷起，整体稍稍变白之后捞起。如照片所示，胸鳍立起时也表示可以捞起。

③将其放入冰水中，洗掉黏膜及污垢。

煮大泷六线鱼

①将大泷六线鱼放入锅中，按酒和鲣鱼汁1∶2的比例调配，倒入锅中没过鱼肉。接着，加入3块左右煮后预处理过的竹笋。

②开火加热，煮开后，每升煮汁添加1/10左右的淡口酱油。酱油尽可能逐量分开添加，还可用盐调味。

③煮开之后，撇掉泡沫。

④为了除去腥味，增加香味，需添加几根切成5cm长的葱，并在煮软之后捞起葱。

⑤鱼肉洗后浸入醋水中防止以掉色，添加5 ~ 6块切成5cm长且对半分开的土当归，煮至有一定嚼劲的程度，关火。

摆盘

均匀摆放大泷六线鱼、土当归、竹笋，内侧用菜花点缀，顶部然后在上面放上白葱丝。

煮鲳鱼

下面介绍怎样用砂糖和酱油调配出浓郁的煮鱼。选择从春季至夏季均肉质甜美的清淡白肉鱼做“炖鲳鱼”。这种鱼肉质紧，皮容易脱落，处理时应注意。

预处理

鲳鱼除去鱼鳞、内脏，并用水洗净。正面肉身划入十字切口，作为装饰。肉身翻面，轻轻划

过凉水　煮大泷六线鱼

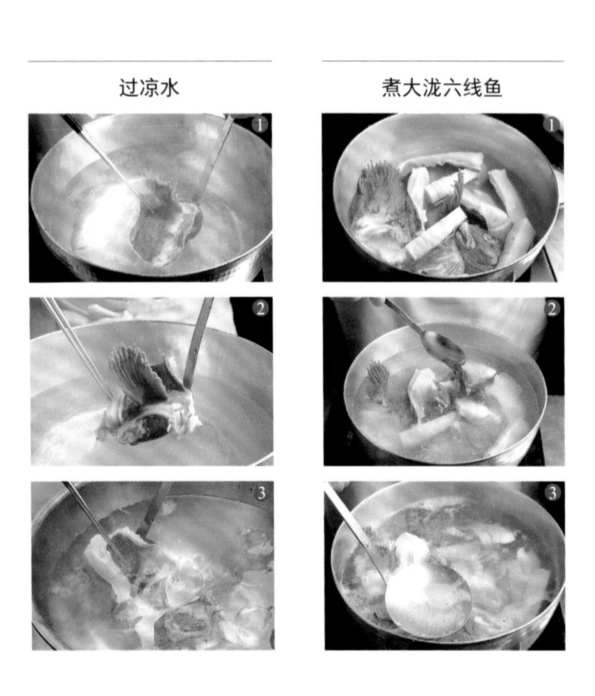

摆盘

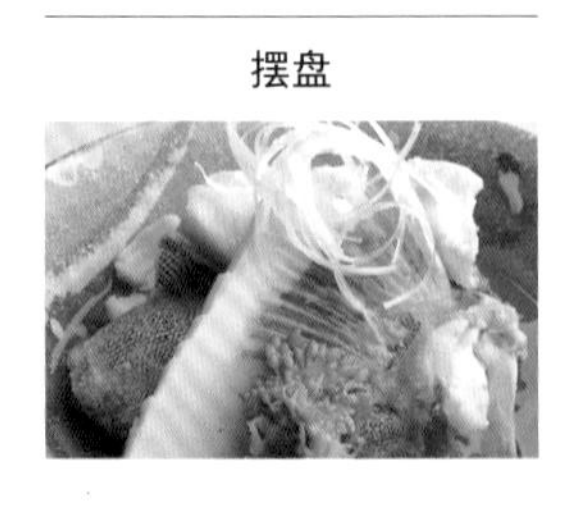

三条斜切口。

过凉水

①水倒入可容纳鲳鱼的锅中煮沸，轻轻放入经过预处理的鲳鱼。待胸鳍逐渐立起，用勺子辅助将其捞起。

②放入冰水中，除去黏膜及污垢。

煮鲳鱼

①将鲳鱼放入大小合适的锅中。用锡箔纸垫住接触锅面的尾部，防止尾部烧焦。锡箔纸多叠厚几层，夹在锅面和尾部之间。有时也会垫上软木板，但为了避免软木板的气味传至鱼肉中，尽量避免使用这种方法。

②调煮汁。先按同等比例添加汤汁、酒、水（比例为 2：2：2）。

③在汤汁、酒及水调配而成的煮汁中加入酱油（比例为 1：1）。根据个人口味，也可添加砂糖。

④洗后预处理，放入 4 块牛蒡（切齐成 5cm 宽）和 2 个香菇（仅菌伞）。一次煮 2 条，2 条鱼的肉身接触部分也要夹入锡箔纸。直接开火加热，沸腾后调低火力，除去涩味。

⑤盖上锅盖，煮至沸腾入味，且避免肉身被煮烂。

⑥所有食材加热入味后即完成。

摆盘

将鲳鱼放入器皿中，内侧添加牛蒡、香菇。接着，用姜丝和花椒芽点缀。

煮鲳鱼

预处理

过凉水

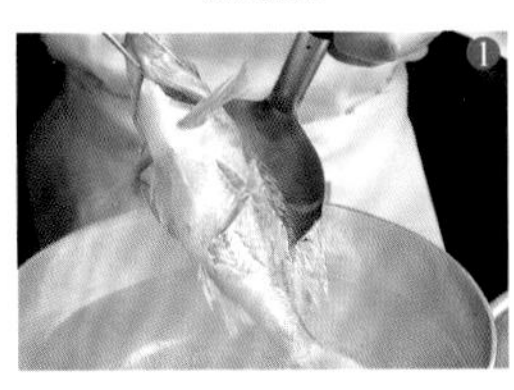

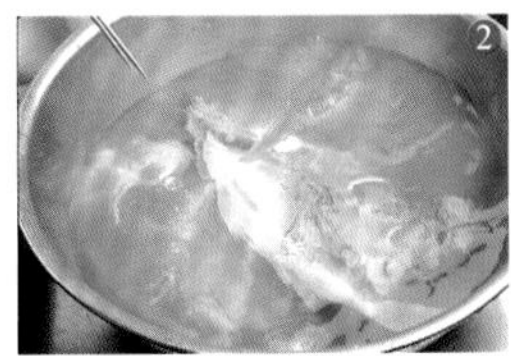

煮鲳鱼

摆盘

煮食厨师的工作④

考虑配方（利用葛粉的公式、鸡蛋和汤汁的公式）

本章介绍几种煮食的料理方法，以及煮食中使用的汤汁、调味料的配方的制作方法。此外，还需掌握蒸食中使用的鸡蛋、汤汁的配方和葛粉的配方。

牢牢记住一种汤汁、调味料的配方，以此为基础进行变化。既方便记忆掌握，又能自行丰富菜单的种类。

例如使用鸡蛋的蒸食，以汤汁和鸡蛋的比例为 2:1 的鸡蛋豆腐为基准，对配料进行合理调整，配料多的应制作成方便分切的固体，碗蒸菜等从器皿中舀出食用的应较软。合理区分，更容易掌握。

同样，使用葛粉的蒸食，葛粉和汤汁（或水）的配方也有规律可循。这里，将“葛粉的公式”及“鸡蛋和汤汁的公式”汇总成表格（见下表）。

关键在于用心将记住的配方进行“思考、整理及简化”。改变配方，必须弄清理由及目的。自行对配方进行思考，带着疑问将其尽可能简化，并固化形成经验。一旦掌握了合理的基准，就能创造出无限花样。

1 葛粉的公式

使用葛粉的具有代表性的料理之一“芝麻豆腐”，由汤汁、芝麻混合蒸制而成。虽然这道料理是切成四方形，但只要掌握基本的配方，可以改变混合搭配的食材，也可用保鲜膜包住，或者烤制，任意改变葛粉的形态。所以，葛粉是一种用途广泛的食材。

芝麻豆腐 汤汁：葛粉 =7 ：1

①使用“吉野葛粉”。

②直接使用会有结块，先用搅拌机处理一下。打成粉末，方便称量，且易于溶解。

③调海带汤汁。用干纱布擦去海带（每升水配 10g 海带）的污垢，在水中浸泡 1 小时之后取出。使用无涩味且适合葛粉的汤汁，处理过程也不烦琐。芝麻豆腐原本是斋菜料理，通常不使用鲣鱼片。

④将约 1050ml 汤汁倒入盆中。

⑤在汤汁中添加葛粉（汤汁 7 ：葛粉 1），重复混合使葛粉溶解。

⑥将捣碎的芝麻和汤汁倒入另一个盆中（汤汁 6 ：芝麻 1）。最好将熟芝麻放入捣蒜罐中捣碎后使用。如使用市售成品碎芝麻，可多放一些。

⑦用勺将步骤⑤的成品逐渐倒入其中。

⑧分几次倒入，用发泡器等搅拌均匀。

⑨用细眼的筛网过滤。

⑩直接倒入会堵塞网眼，最后需使用发泡器。将筛网连同最后剩余部分一起浸入汤汁中，使葛粉完全溶解。

⑪芝麻豆腐的原料制作完成。

⑫将步骤⑪的原料倒入锅中，中火加热并

料理名称	葛粉	汤汁或水	其他
芝麻豆腐	1	7	芝麻 1
葛粉年糕	1	5	红小豆 1
芦笋豆腐	1	7（牛奶）	芦笋
葛粉条	1	1 ～ 1.5	

混合。

⑬加热 4 ~ 5 分钟，当其开始凝固后调低火力。重复搅拌混合 15 ~ 20 分钟，避免结块。火力太强则容易烧焦，火力太弱则容易结块，应时刻注意。

⑭如果继续搅拌混合，原料会黏附于锅面。此时，添加量 1 小匙盐。或者，太干可适量加入汤汁，太散可用力搅拌。

⑮加入 1 大匙日本酒，且必须在料理完成前 5 分钟添加。如果在火力减弱前，可能导致原料分离。

⑯事先将蒸盒用水淋湿，以便豆腐脱模。

⑰原料容易黏附，应尽快倒入蒸盒中。

⑱用橡胶刮板将原料表面抹平。

⑲倒入原料，仍然有凹凸不平。

⑳为了使其表面更加均匀，放入蒸锅中蒸约 5 分钟。

㉑蒸完的状态，表面平滑。

㉒散热之后，浇水避免表面干燥，放入冰箱冷藏凝固 3 小时以上。

㉓完成。表面收缩，出现褶皱。

㉔用手指压住边缘，使四边与蒸盒分离。

芝麻豆腐 汤汁：葛粉 =7：1

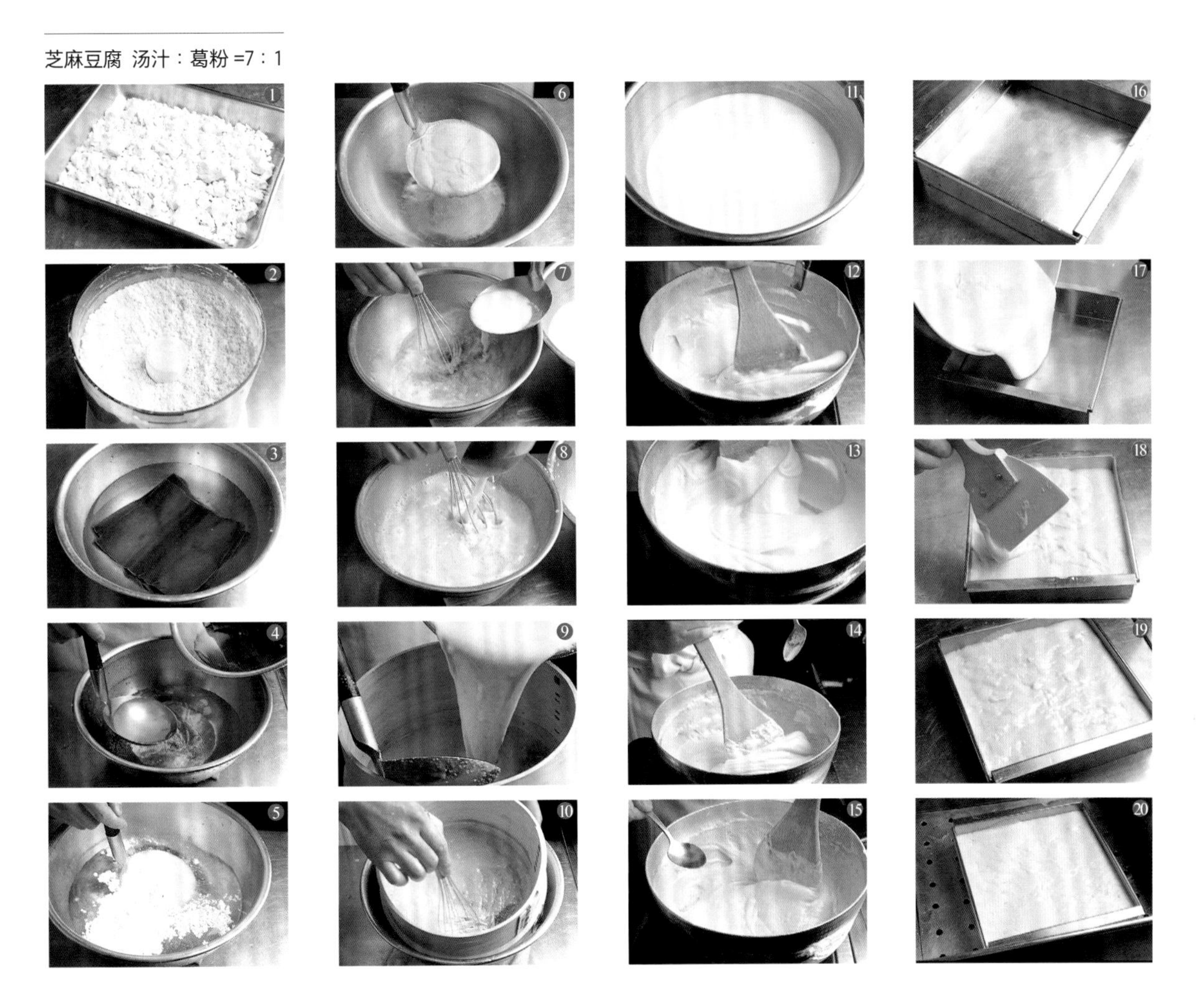

㉕将蒸盒倒扣在砧板上，取出豆腐。

㉖用湿的手轻轻调整形状。

㉗用湿的刀均匀切开。

㉘存放时，可以浇上汤汁，放回蒸盒中。

加工

用花椒芽酱料点缀。也可在表面撒上玉米粉，烤制后食用。

2 葛粉的种类

葛粉能够自由改变形态，冷热均可食用。所以，可以将芝麻豆腐作为基本形，尝试各种变化。如凝固后切成三角形的葛粉年糕，以牛奶为配料，并用保鲜膜包住的芦笋豆腐。感觉完全不同的料理方法，只要掌握基本诀窍就能轻松完成。

葛粉年糕 水：葛粉 =5 ：1

①将葛粉、水、砂糖（葛粉1：水5：砂糖1）混合，一边加热一边混合搅拌（与芝麻豆腐相同），即将完成前加入红小豆（按比例为1）。倒入蒸盒中，冷藏凝固。凝固之后从蒸盒中取出，切成正方形。

②将分切的一块再沿着对角线对半切开。此时，可以直接食用，也可撒上玉米粉烤制后食用

（葛粉烧）。

芦笋豆腐 牛奶：葛粉 =7 ：1

①将葛粉、牛奶、煮后经过搅拌机处理的芦笋（葛粉 1：牛奶 7：芦笋 1）混合，充分搅拌混合（与芝麻豆腐相同）。在小容器内铺上保鲜膜，分开放入。

②包成口袋状，再用橡皮筋扎紧，避免空气进入。

③包好的状态。将其放入冰箱，冷藏凝固。可在冰箱内存放一周，但时间久了会干固。如出现这种情况，不用撕下保鲜膜，用热水浇一下便能恢复柔软。

④紧急时，也可放入冰水中使其快速冷却。放入有汤汁（汤汁 9 ：味淋 1 ：淡口酱油 1 ：混合调配，过滤后冷却的汤汁）的容器中，用生姜点缀。

葛粉条 水：葛粉 =1.5 ：1

①混合葛粉和水（葛粉 1：水 1.5）。

②用细眼的筛网过滤。

③用勺子在小托盘内倒入 1 勺。锅中倒水，开大火加热至沸腾，用沸腾的热水加热托盘底部。

④葛粉表面凝固之后，将托盘全部浸入热水中。

⑤葛粉完全变透明之后，表明已经凝固，

葛粉年糕 水：葛粉 =5：1

加工

芦笋豆腐 牛奶：葛粉 =7：1

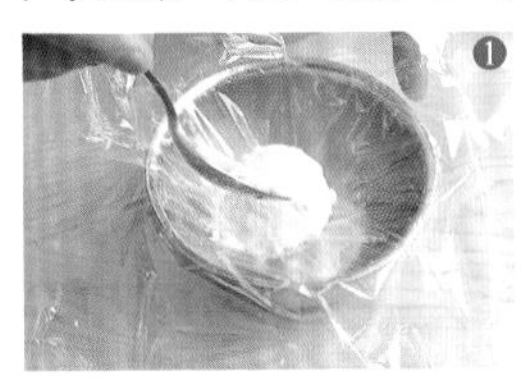

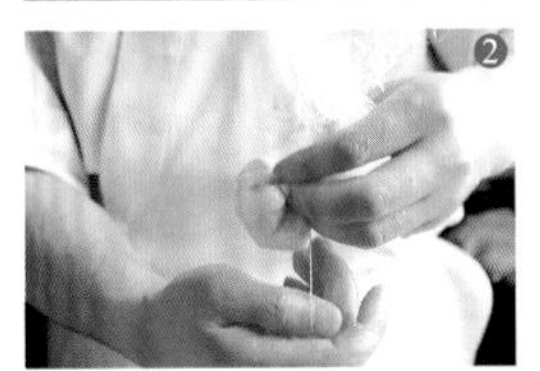

加工

关火。

⑥浸入放有冰水的盆中冷却，用金属铲剥开葛粉。

⑦切成约 5mm 宽。放入内含冰的容器中，加入黑蜜即可食用。

3 鸡蛋和汤汁的公式

鸡蛋和汤汁配合而成的蒸菜中，鸡蛋和汤汁的配方同样与料理方式有关。但是，这种关系也是有简单公式的。首先应记住以汤汁和鸡蛋 2:1 的比例为鸡蛋豆腐为基准，再考虑是将内含配料的鸡蛋豆腐加工成方便分切的凝固状态，还是方便舀起食用的蒸菜等柔软状态。所以，根据其食用方式，固态程度也有所变化。同样是鸡蛋豆腐，有的也会趁热加入馅料以供食用。

食用鸡蛋的蒸食不可或缺的条件之一就是确保成品质感均匀，不能出现气孔。利用蒸锅中的对流，以低温（80℃左右）慢慢蒸。

鸡蛋豆腐 汤汁：鸡蛋 =2 ：1

①鸡蛋在盆中充分搅拌，添加汤汁（鸡蛋 1：汤汁 2）。用细眼的筛网过滤，试口感，并用淡口酱油调味。盐不易溶解，难以调味，所以不得加盐。

②放入蒸锅中。在蒸锅上架设 2 根筷子，再放上蒸盒，使蒸食下方也有空气流通，形成温度均匀的对流。

③加入蛋液。

④提起内框后再放回，将内框底部空气

葛粉条 水：葛粉 =1.5：1

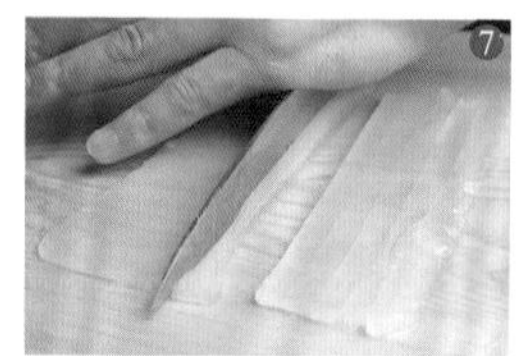

完成

排出。

⑤如内框含空气，可能导致豆腐表面产生气泡，影响成品的外观，应完全排出。并且，应使用金属签等工具将内框紧紧按压。

⑥如表面出现气泡，可用点火器等将其吹破。

⑦为了使空气形成对流，建议使用三层蒸锅，并用最上层蒸。

⑧盖上锅盖。在任意位置夹住筷子，留个透

	汤汁	鸡蛋
鸡蛋豆腐	2	1
石垣豆腐	1	1
茶碗蒸	3	1

气口。这样处理，内部温度不会上升过高，同时锅盖内侧的水蒸气也会倾斜流入锅内，不会滴入食材中。大火加热 5 分钟，再用文火加热 20 分

鸡蛋豆腐 汤汁：鸡蛋 =2：1

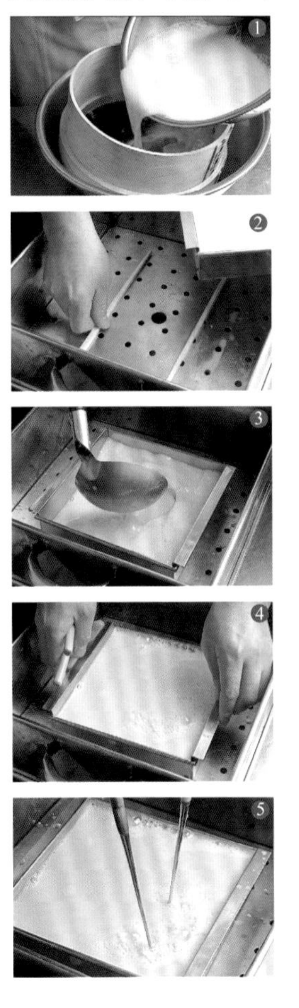

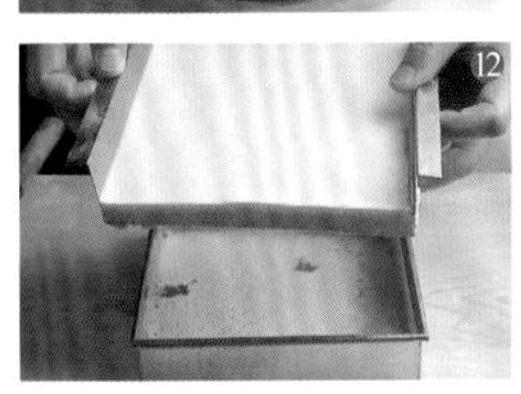

完成

钟。国内温度保持在 80℃，避免形成气孔。

⑨⑩蒸好之后浇上水，防止表面干燥。

⑪如需急用，可浸入冰水中。

⑫从蒸盒中轻轻取出鸡蛋豆腐。

⑬分切成均等大小即可。

完成

此处为了配合玻璃容器，特意切成小块，并同煮过的虾仁一起摆盘，并浇上汤汁（汤汁 9：味淋 1：淡口酱油 1，再放入鲣鱼片一起煮，过滤后冷却）。

石垣豆腐 汤汁：鸡蛋 =1：1

①鸡蛋在盆中充分搅拌，添加汤汁（与鸡蛋同等分量）。用筛网过滤，并用淡口酱油调味。

②在蒸盒中塞满经过白煮（用加入米糠的热水煮，再放入汤汁中煮入味，并用味淋、酒、砂糖、淡口酱油调味）的芋头。此时，芋头应趁热使用，避免延长料理时间。接着，加入步骤①的蛋液。

③用金属签等压住，使内部的空气排出。

④用点火器等吹破表面的气泡，再用蒸锅煮约 20 分钟。制作要领与鸡蛋豆腐相同，且内含

石垣豆腐 汤汁：鸡蛋 =1：1

完成

馅料，煮制时间不得过久。

⑤蒸好之后，加入四方形的切口。

⑥从蒸盒中轻轻取出豆腐。稍稍放凉之后（方便切），分切成均等大小，放入已浇上汤汁（汤汁9味淋1：淡口酱油1，再放入鲣鱼片一起煮，过滤后冷却）的容器中。

茶碗蒸 汤汁：鸡蛋=3：1

①鸡蛋在盆中充分搅拌，添加汤汁（鸡蛋1：汤汁3），充分搅拌均匀。

②用细眼筛网过滤。

③过滤后，试口感，并用淡口酱油调味。

④准备馅料。鸡肉、银杏果为常用的馅料，但考虑到口感的均匀，不太适合太硬的馅料。在容器底部放入馅料，从上方慢慢倒入蛋液。

⑤搅拌时气泡冒出，可用点火器的火焰将其吹破。其他过程相同，蒸锅内保持80℃温度蒸制。最后，放上花椒芽点缀。

茶碗蒸 汤汁：鸡蛋=3：1

完成

煮食厨师的工作⑤

制作肉类煮食

使用肉类食材的蒸食，需要注意的是“脂肪”的控制。比如西餐中的小牛汤汁，或许更容易理解。与西餐的酱料不同，日本料理的煮汁清淡，所以脂肪部分并不渗入煮汁中，基本分离浮起。考虑到整体的调和，日本料理不用刻意考虑脂肪是否多余。煮猪肉块时，浮出煮汁表面的脂肪应彻底除去。

但是，脂肪中的鲜味也应充分利用。

首先应除去多余的脂肪，同时使脂肪本身的“肉质中的鲜味”得到充分利用。本章使用的是鸭肉和猪肉，但料理方法应有所区别，或利用脂肪溶化的柔软口感，或利用其有嚼劲的口感。

当然，为了发挥出肉的鲜味，火候也十分重要，避免肉质太硬或太散。比如鸭肉的“治部煮”，需要事先“筋切”等仔细预处理，使肉质口感软嫩。此外，比起鱼肉，红肉等食材料理出的口感更加浓厚。为了能够将食材中的鲜味完全表现出来，需要从料理完成时反推，仔细考虑调味料配方的均衡。

1 鸭肉

鸭肉醋煮

使用烤过的鸭胸肉，浸入“土佐醋”中煮开，食用中心位置的淡红色部分。这样可使含涩味的鸭肉变得爽口，同时充分品尝到鲜味。注意

1 鸭肉

鸭肉醋煮

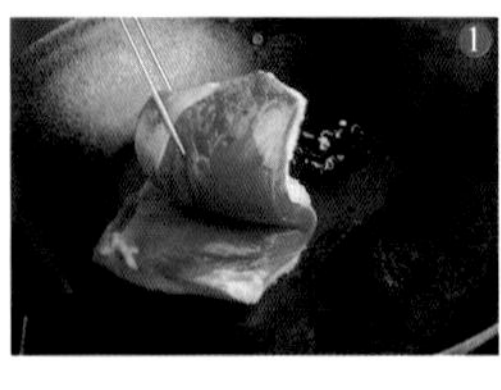

完成

避免加热过度，否则有损鲜味。

①②准备 300g 鸭胸肉。锅中倒入油后加热，以皮纹为中心炸出焦痕，炸制是为了除去油脂，加工出漂亮的颜色。

③浸入热水中，排出油分。

④将步骤③的鸭肉放入土佐醋（按汤汁 3：醋 2：味淋 1：淡口酱油 1 的比例混合，加入甜辣椒后煮开）中。

⑤盖上锅盖，大火煮 4 ~ 5 分钟。

⑥关火，散热之后继续浸泡至室温程度。

⑦中心部分变成淡红色。切薄之后摆盘，并放上切丝的蔬菜，滴入土佐醋即可食用。如放入冰箱存放，食用前需将皮纹加热。

鸭里脊煮

添加番茄浇汁，让鸭肉更鲜美。切成块状煮浓，注意火候，避免中心加热过度。如果煮汁过多，可中途取出鸭肉，煮干后重新放入。

①准备 300g 鸭里脊肉，皮纹抹盐。将其控干水分，使脂肪具有嚼劲。

②与鸭肉醋煮相同，双面烤制，并浸入热水中去除油分。

③在锅中倒入 250ml 水、250ml 酒，放入鸭肉开火加热。添加 60g 砂糖、30ml 浓口酱油。加酒是为了逼出涩味，同时加速煮汁煮浓（酒容易挥发）。

④为了增加鲜味，还可添加一些葱叶。

⑤盖上锅盖，中火加热煮沸至汤汁剩下一半。

鸭里脊煮

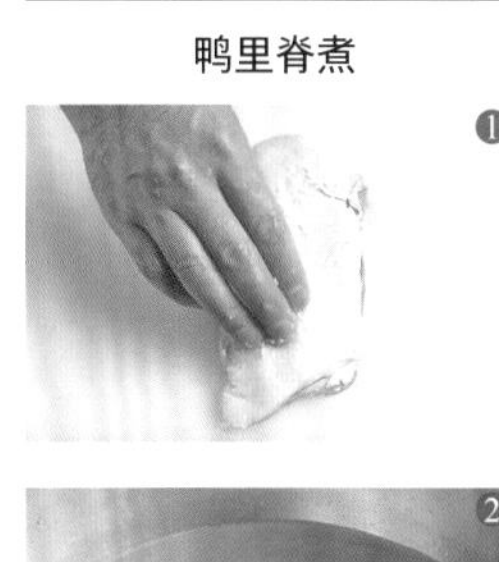

完成

⑥煮至煮汁剩下约 3/4 之后，添加 2 大匙番茄浇汁，并取出葱叶。

⑦继续添加 10ml 溜酱油。加溜酱油是为了上色，增添酱油的香味。

⑧搅动汤汁继续煮，煮至可穿签的软度之后调低火力。

⑨煮好后，切面呈漂亮的淡红色。切成约 4mm 厚，放入内含汤汁的容器中，配上蛋黄酱。

鸭肉治部煮

加贺地区的乡土料理“治部煮”，是种大口品尝的素朴美食，但关键位置的预处理必不可少。要彻底“筋切”，并裹两次粉，使口感更筋道。

①将鸭胸肉切薄成 4mm 左右厚。

②垂直于肥肉和瘦肉的交界处，用刀的底刃敲打出条纹，进行“筋切”。这是使鸭肉方便食用的关键。

③将同等分量的高筋粉和荞麦粉混合后铺在托盘内，鸭肉切块后裹上粉，用刷子扫去多余的粉。

④鸭肉摆放在托盘内，至少放置 30 分钟。

⑤放置之后，面粉更筋道。面粉表面牢牢附着之后，再裹粉。两次裹粉，使面衣不易剥落，汤汁易于渗入。同时，还有锁住鸭肉鲜味的作用。

⑥在锅中放入按照汤汁 4 ：酒 2 ：味淋 2 ：浓口酱油 1 ：砂糖 0.3 （根据喜好）比例混合的汤汁并煮开，放入长葱的绿色部分和鸭肉的脂肪

鸭肉治部煮

完成

部分再次煮开。

⑦添加已切段并加入斜切口（方便食用）的长葱，再放入裹上面衣的鸭肉。

⑧中火煮开，加热之后即完成。如火力太强，会导致面衣剥落。摆盘时放入少量汤汁，撒上香葱，配上山葵酱后即可食用。

2 猪肉

猪肉块煮

加入豆腐渣一起充分煮，能除去猪五花肉的油脂和涩味。同时，也是为了充分料理出肥瘦肉之间的层次感。油脂清除过多或许会影响口感，但煮时漂浮的油脂一定要完全除去。

①准备五花肉，除去多余的脂肪。因为脂肪也是肉质甜润的基础，不必全部清除。

②切取所需用量。

③锅中倒入油后加热，大火烤制肉的表面。将表面烤硬，防止之后被煮散。

④浸入热水中，除去油分。

⑤添加豆腐渣（水量的 1/5），进一步除去油分。

⑥放置约 1.5 小时变软之后，大火煮至可穿透筷子的软度。煮制过程中，舀出浮在表面的油脂。

⑦浸入水中，洗掉豆腐渣。

⑧再次放入干净的水中，煮开一次，除去豆腐渣的异味。

2 猪肉

猪肉块煮

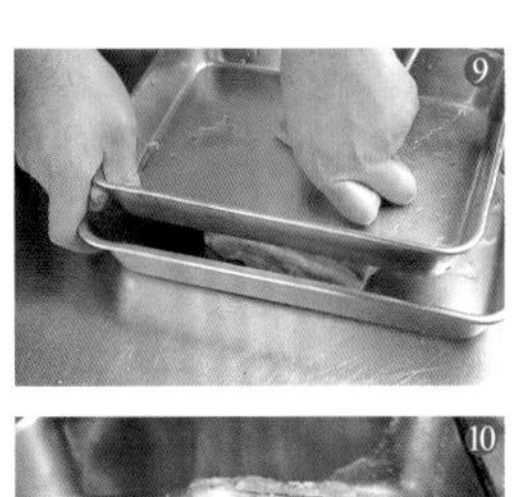

⑨趁热放在托盘内，再盖上一个小托盘，压上石块等重物放凉。

⑩脂肪凝固，将形状修成四方形。

⑪分切成均等大小。

⑫锅中放入分切好的肉，按水 7 ：酒 1 ：酱油 1 ：味淋 1 ：砂糖 0.5 的比例添加，开火加热。肉能够充分出味，所以不需要汤汁。

⑬加入一块切薄的姜片。

⑭盖上锅盖，中火煮。

⑮煮制过程中，加入小洋葱。

⑯煮至煮汁剩下一半后即完成，摆盘并放入蛋黄酱。

五花里脊煮

使用五花肉，用煮汁（之前介绍的鸭里脊煮的相同煮汁）煮，所以取名为“里脊煮”。用风筝线将肉扎紧，高盐处理使其脱水，强调肉质的嚼劲。

①按猪肉块煮的相同要领，准备 600g 五花肉，除去多余的油脂，沿着肉纤维竖直对半切开。用风筝线扎紧，防止变形。

②整体高盐处理，腌制约 30 分钟。

③撒上盐，可除去油脂中所含水分，使成品质感更有嚼劲。

④油倒入锅中后大火加热，放入步骤③的肉。盐分可不必除去。

⑤整体炒至上色。

⑥浸入热水中，除去油分。此时，同时除去多余的盐分。

完成

猪五花里脊煮

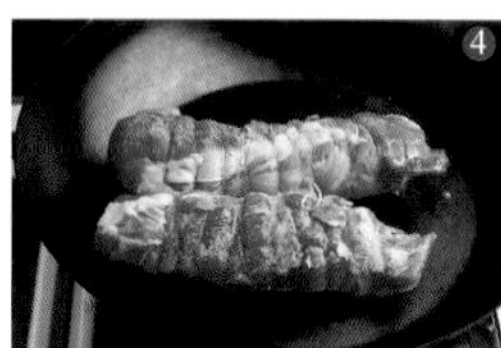

⑦倒掉热水，在新水中加入300ml水、300ml酒、60g砂糖、30ml浓口酱油，开火加热。如口味清淡，可减少砂糖，适量添加味淋。

⑧接着，加入长葱的绿色部分。盖上锅盖，中火煮至煮汁剩下一半左右。

⑨煮汁还剩3/4，气泡变大，加入2大匙番茄浇汁，并取出长葱。

⑩搅动煮汁，煮好之前加入10ml溜酱油。切成合适的厚度，放在内含煮汁的容器中，配上蛋黄酱即可。

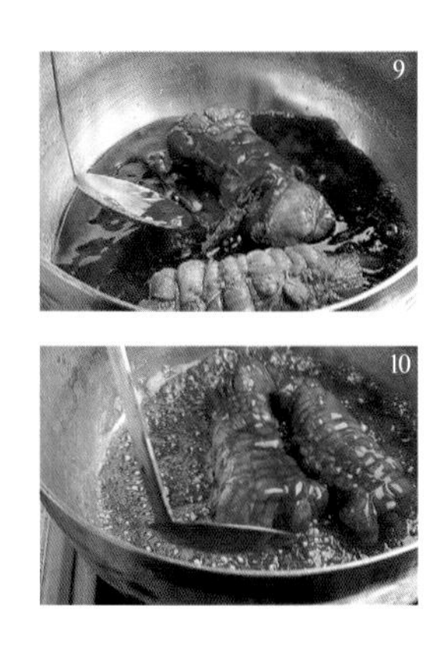

完成

煮食厨师的工作⑥

椀物（汤汁煮食）

日本料理界有这样一个词“椀刺身”，也就是只要能够掌握椀物（汤汁煮食）和刺身，就能成为一名独立的料理人。椀物被形容得如此难，但只要调好汤汁，就定能够掌握。本章介绍了由清汤和酱料为底料的椀物，以及两种海鲜汁、卯之花（溲疏花）汁、吴汁（大豆汁）。

椀物难在如何调配出所需汤汁，这是难以言传的技艺。为了调配出满意的味道，需要熟练掌握。而且，只有通过自己不断尝试味道这唯一的途径。但是，如能彻底掌握本章介绍的椀物的基本思路，也能加速自己的成长。

所有椀物的关键均在于汤汁。本篇介绍的椀物中也有含许多配料的品种，但汤汁才是美味的源泉，这点要牢记。

经常见到使用极其高档配料的椀物，但配料如果太过繁杂，难免影响汤汁的口感。此外，为了保留汤汁中的酱料口感，关键是利用鲣鱼或帝王蟹等捣碎食材配料的原汁原味。而且，应注意清汤等搭配。

其次，盐的多少也是关键。无论是清汤还是使用了酱料的汤汁，最终的盐分浓度均需控制在 0.7 ~ 0.9 （真正好的汤汁，盐度应为 0.5 左右），这也是日本料理店对椀物的基本要求。因此，椀物中的盐分（比如含盐分的鱼类等）也要考虑在内。

椀物可以说是能否胜任煮食工作的关键。首先应调好汤汁，并按部就班地耐心完成每个环节。

1 清汁

所有椀物的基础中的基础就是清汁。它适合任何椀物，还能变换出不同效果。而清汁的关键仍然是汤汁。调汤汁，边尝味道边调节盐分。此外，考虑成品的美味以及汤汁的温度，应在最后浇汤汁。

清汤

锅中倒入汤汁后文火加热，每升汤汁中添加少量酒、1 小匙盐、1/2 小匙淡口酱油，关火。最后，将成品的盐度控制在 0.7 ~ 0.8。根据汤汁的成品状态，所添加的盐也会有所变化，应尝味道确定浓度。

只要汤汁调得好，并不需要添加许多盐。

松皮豆腐 清汁调味

松皮豆腐切好之后制作椀物，再用石耳、青菜、虾仁点缀。轻轻倒入已调味的清汤，再放上花椒芽即可。

2 海鲜汁

将生鲜的海鲜类捣碎后用筛网过滤，与溶入汤汁的酱料逐渐混合。关键是保留海鲜的鲜味和酱料的香味，如果刚开始没有充分混合，则海鲜的蛋白质会凝固，口感变得干巴巴的，处理时应小心。

鲣鱼海鲜汁

①制作应季笋豆腐椀物。准备两块嫩豆腐，用纱布包住。

②用砧板夹住，压上石块放置约 1 小时，除去水分。

③用筛网过滤。

④将步骤③过滤好的豆腐倒入捣蒜罐中混合，加入 3 大匙捣碎的山药、2 大匙小麦粉、1 大匙砂糖、1 小匙淡口酱油，充分混合。

⑤将 200g 煮过的竹笋放入搅拌机中，打成

粗粒。

⑥将步骤⑤成品加入步骤④成品中。

⑦用橡胶铲将其大致混合在一起。

⑧将步骤⑦成品倒入蒸盒中，用力晃动几次，使空气排出。

⑨用铲子抹平表面。

⑩放入充满热气的蒸锅中，蒸约 20 分钟。

⑪蒸好。

⑫制作海鲜汁。准备鲣鱼，照片中使用上侧肉身。但是，并不是必须使用上侧肉身，脊背等也可。

⑬⑭用刀将鲣鱼切成粗粒。

⑮小心过筛网。

⑯用捣蒜罐捣碎，使其更嫩滑。

⑰在锅中放入 400ml 汤汁、400ml 水。

⑱将 50g 红味噌（此处使用的是知多半岛产的豆味噌）溶入水中，避免口味太浓。

⑲加入步骤⑮筛网过滤后的 150g 鲣鱼。

⑳文火加热，慢慢搅拌，使其逐渐混合。如果味道淡，可以添加海带。

㉑煮开之后即完成。将海鲜汁倒入椀物中，再将步骤⑬的豆腐分切成四方形之后放入

1 清汁

松皮豆腐 清汁调味

松皮豆腐：将切好的鲑鱼抹盐处理，腌渍放置 30 分钟后水洗，除去水分后穿签烤制，距离皮纹 1cm 以内部分作为刺身。肉身部分捣碎成汁，与过滤的豆腐混合一起。皮纹朝下塞入蒸盒中，撒上玉米粉，放上捣碎的肉身和豆腐的混合物，蒸 20 分钟即可。

2 海鲜汁

鲣鱼海鲜汁

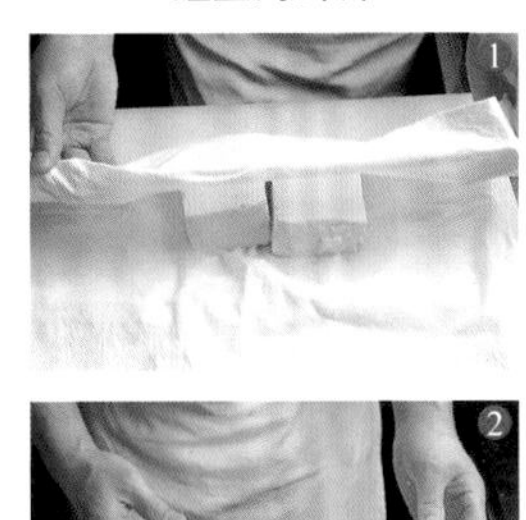

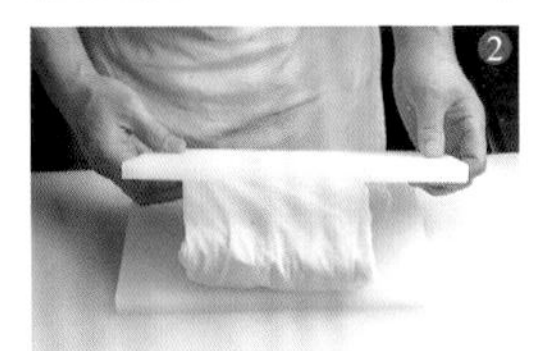

中央，最后用防风、甜醋腌渍的生姜点缀。

蟹肉海鲜汁

①准备200g活的帝王蟹。

②帝王蟹焯水（在热水中浸泡至蟹壳变色，再放入冰水中），打开蟹壳。

③从蟹壳中取出蟹肉。

④将蟹肉放入捣蒜罐中，捣碎混合。

⑤看到软骨，随时取出。

⑥逐量添加150g海带汤汁，搅拌至柔滑。

⑦将白味噌（白味噌推荐使用风味佳的白粒味噌）用筛网过滤。此时，为了使口感柔滑，以及确保较高的成品率，应用筛网过滤。

⑧在锅中倒入300ml汤汁、150ml水，再放入100g经过筛网过滤的白粒味噌。

⑨将步骤⑧的成品倒入步骤⑥的捣蒜罐中，搅拌混合。

⑩将步骤⑨成品放入锅中，文火加热，慢慢搅拌混合。如使用金属发泡器，不得摩擦锅底，避免刮落金属层。

⑪尽可能使用木制铲，重复搅拌混合至煮开。倒入碗中，用刻成圆形的竹笋豆腐、蜂斗

完成

菜、岩海苔摆盘。

3 卯之花（溲疏花）汁

此为豆腐渣和白味噌调配而成的清淡汤汁。其中需要放入很多蔬菜配料，为了避免损害汤汁的原味，不得放入味感重的蔬菜。同时，为了表现豆腐渣的白色质感，调味仅使用白味噌。因此，为了配料能够入味，关键是分两次添加味噌。

①过滤豆腐渣。豆腐渣放入筛网中，一起浸入盆中用手按压过滤。

②将步骤①成品倒入铺着纱布的筛网中。

③用力拧干。

④拧干之后的豆腐渣。共准备150g。

⑤准备配料。将萝卜、胡萝卜、牛蒡、香菇随意切成大小，用淘米水煮后除去涩味，再用干净的水煮。油炸后用热水除去油分，切成短条。

⑥锅中倒入450ml汤汁、450ml水，开火加热。加入步骤⑤中未炸的配料，稍加煮制。

⑦先加入约40g用滤网滤过后的白粒味噌，

蟹肉海鲜汁

完成

稍稍煮出味道。味道渗入配料之后，溶入剩余的110g味噌。

⑧将豆腐渣过滤之后放入，煮开一次。

⑨加入油炸配料，稍稍开火加热之后即完成。盛入碗中，撒上葱末和辣椒末即可。

4 吴汁（大豆汁）

大豆的甜味和松软多汁的味感令人赞不绝口。即便是乡土料理的吴汁（大豆汁），也能显出优雅的味噌，关键在于将大豆充分捣碎。或者，用毛豆代替大豆，风味及色调大为不同。

①将150g大豆泡发一晚。

②大豆逐个剥皮。

③放入搅拌机中，打成粗粒。

④放入捣蒜罐中捣碎，加入150ml海带汤汁充分混合。

⑤混合至黄色变成乳白色，口感变得柔滑。

⑥准备配料。将萝卜、胡萝卜、牛蒡、香菇随意切成一口大小，用淘米水煮后除去涩味，再用干净的水煮。锅中倒入450ml汤汁、450ml水，再加入配料，中火加热。

3卯之花(溲疏花)汁

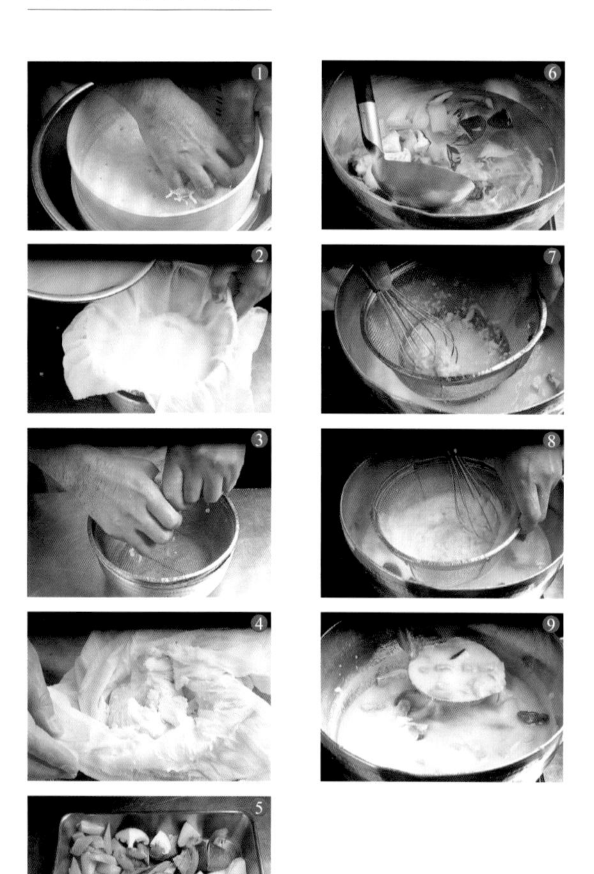

完成

⑦先加入约1500g用滤网过滤后的白粒味噌。

⑧将步骤⑤的大豆过滤后加入。

⑨边过滤边加入，避免大颗粒混入。

⑩用木铲搅拌混合，文火充分加热。整体膨胀之后即完成。盛入至半个碗的深度，撒上煮过的毛豆，再放上茗荷即可。

4 吴汁（大豆汁）

完成

摆盘厨师的工作

本章篇主要介绍负责料理最后阶段的修饰、摆盘的摆盘厨师的工作。

各家料理店对这项工作内容的定义差异较大，所以其工作性质富于变化。有些料理店会以摆盘厨师的工作为支配核心，当然也有将摆盘厨师作为被支配方的料理店。

比如，经过清洗处理之后，在烤制或炸制之前，交由摆盘厨师处理的料理店也是存在的。此时，除了摆盘工作之外，还应根据各项工作负责人的要求，对食材进行预处理，进行蔬菜削皮、腌菜、煮饭等辅助工作。

另一方面，有的料理店中，摆盘厨师的重要性与煮食厨师相当。菜单确定之后，由其向各项工作负责人提出要求，再将做好的料理摆盘。在这样的料理店中，关键在于如何掌控各项工作，并能提出正确的要求。

摆盘厨师工作的基础是将各种做好的料理进行摆盘。

摆盘厨师与所有工作的关系紧密，相当于“指令塔”，应懂得其工作的重要性。

摆盘就是将各种料理会集一起，所以与各种器皿等也有很大的关系，需要掌握器皿的选用和摆放等。而且，这些知识都是有规律可循的，学会就能用，掌握起来很轻松。

摆盘师傅与其他工作负责人的位置关系～制作前菜时～

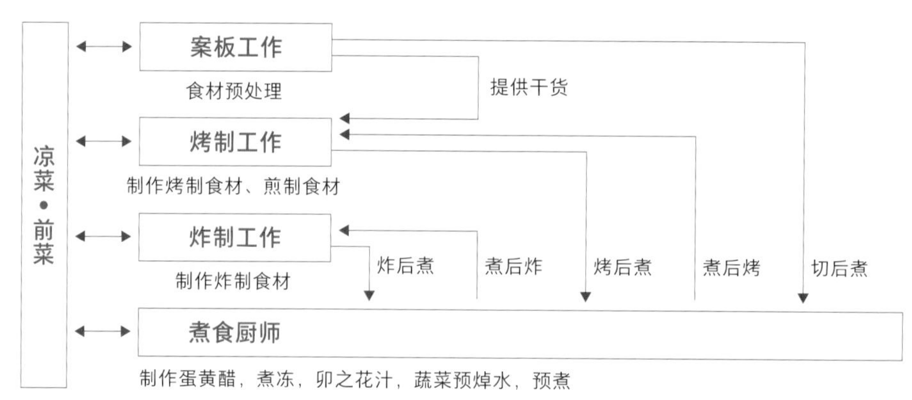

1 摆盘

熟练掌握摆盘工作并不简单。应考虑季节因素，同时将各种料理精美摆放，且必须掌握娴熟的技巧。

所有摆盘必须遵循两个宗旨，一是方便客人食用，二是摆放精美。为了方便客人使用，必须从外向内开始摆盘，配菜或装饰摆放于最内侧。

为了使整体协调，并不是完全按部就班，而是如同创作绘画艺术般摆盘。

包装纸的折叠方法

特别是炸制食材摆盘时，必须垫上包装纸。折叠时，应遵循“右下、左上”的规律。

各种叶垫

摆盘时不可或缺的叶垫。配合料理，表现出季节感，还能使料理呈现立体效果。需要根据季节，巧妙搭配。

摆盘的准则

①②摆放小碗等容器时，必须从碗底中心堆起呈三角形。

③④摆放刺身时，如是 3 块以上相同种类的刺身，刺身必须按奇数摆盘。并且，远处高，近处低，配菜置于右侧靠内。

⑤ 7 种摆盘的前菜。叶垫等的使用营造出季节感。实际为 3 种，但考虑协调及融合，将其中两种融合一起浇上蛋黄醋，制作成两种摆盘。

⑥数种食材放入单独的器皿中，原则上要是单数个。

1 摆盘

包装纸的折叠方法

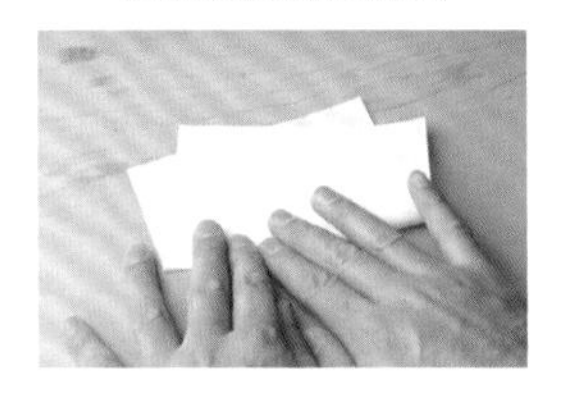

各种叶垫

摆盘的准则

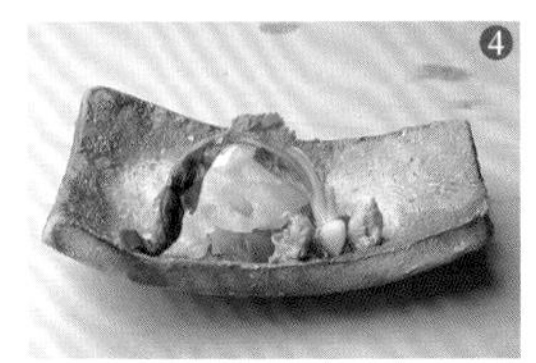

日本料理的协调感

日本料理充满了哲学思想，包含阴阳、五形、五味、五色、五方等思想。日本料理中的食材使用、色彩、切法、摆盘等均需依照这些哲学思想执行。

阴阳说就是其中之一，依托整个宇宙全部由阴和阳这两种要素（男和女、太阳和月亮等）构成的二元论思想，展现于刀具的使用、摆盘等之中。听起来复杂，关键就在于协调。比如，圆形器皿（阳）中摆放方形食材（阴）就是和谐（照片①）。如果摆上圆形食材，两个圆形重合错开就形成椭圆形，圆形本身已被毁坏。在圆形的碗中盛上米饭时，堆高呈三角形（照片②）。此外，食材数量也有基本准则。比如刺身，摆放 3 块（阳数）主食材金枪鱼，可以在内侧摆放 2 块白肉身、2 块墨鱼，合起来就是 7 块（阳数），再摆放于方形器皿（阴）中（照片⑦）。

同样，食材组合中的协调也很重要。比如以蔬菜为主，如果搭配动物蛋白，蔬菜会显得不协调。“松茸十瓶蒸”的主角就是松茸，如果加上鳗鱼或虾，会显得喧宾夺主（照片③④）。“伊势虾”配嫩菜烧是没有问题的，但配海胆烧，则海胆太过突出（照片⑤⑥）。配菜应掌握度，毕竟只是用来衬托主菜。

但是，作为服务行业，客人的口味始终是最重要的，所以还应懂得变通。因此，可以将这种料理的协调感作为知识储备，并怀着创新的心态。

圆形摆放于方形器皿中

圆形碗中堆成三角形的米饭

鳗鱼和虾搭配而成的“十瓶蒸”

豆腐和青菜搭配而成的传统“十瓶蒸”

“伊势虾”配嫩菜烧

“伊势虾”配海胆烧

3 种刺身摆盘

花纸绳（水引）

使用金银花纸绳时，金色靠近右侧打结。

松竹梅

将蔬菜刻成松、竹、梅的形状时，应注意其摆盘时的朝向及顺序（按松竹梅的顺序摆盘）。“松风”等料理名称中带有“松”“竹”“梅”的，按照相同原则摆盘。

2 器皿的使用

日本料理中不可或缺的就是器皿的使用。器皿价值高，应小心保护，必须用双手拿取。

存放

洗好的器皿完全除去水滴（特别是陶制器皿应完全晾干，避免滋生霉菌），再用报纸等包住。频繁使用的器皿存放时应考虑合适的位置，方便取用。易开裂的器皿（特别是边缘为弧线的陶制器皿）不得重叠存放。

箱绳的打结方法

取出及收纳器皿时需要掌握箱绳的打结方法。因为是扁平的绳子，打结时要避免扭曲或折叠。

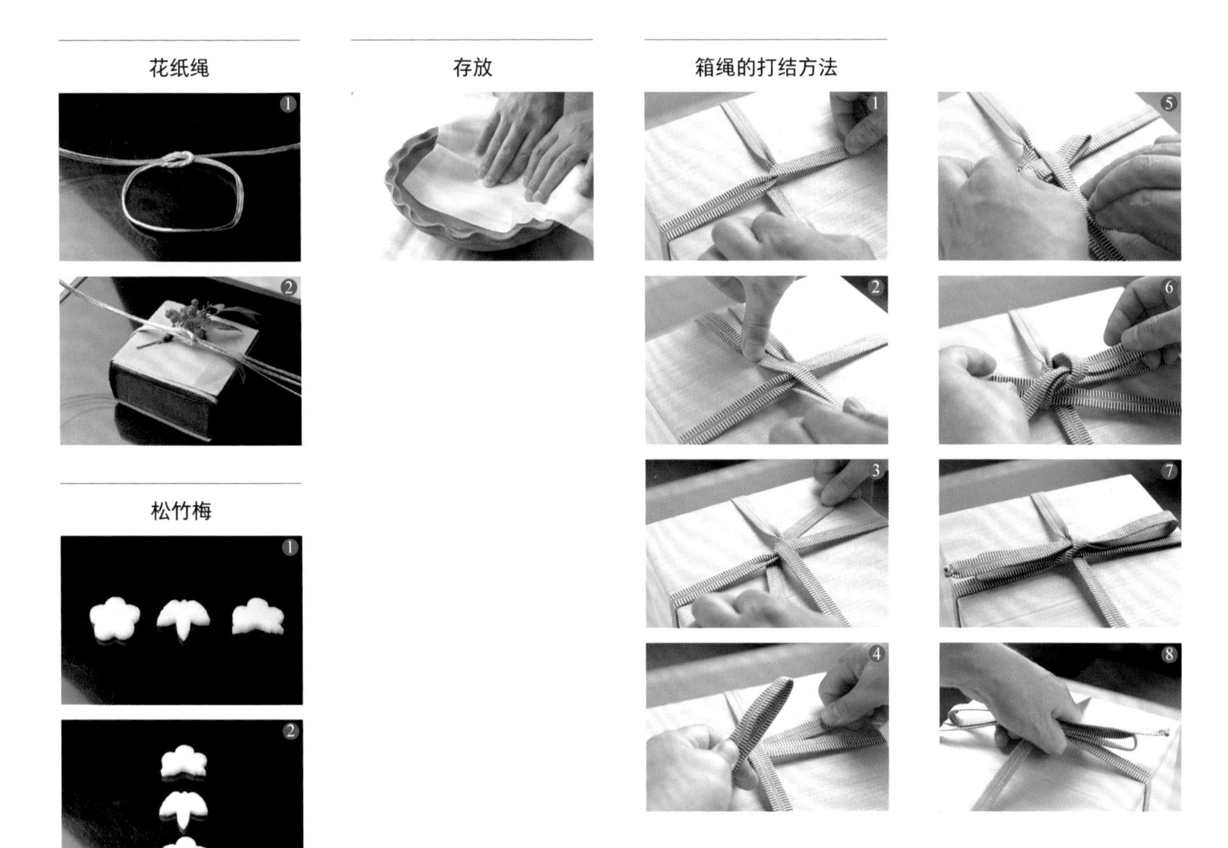

3 确定器皿朝向

费尽心思的精致摆盘，弄错器皿朝向就前功尽弃了。花纹要朝着食客，这是器皿摆放的大前提。但是，有些情况或许并不适用，接下来详细介绍几种。

总之，原则是方便食客。

观察形状

形状特点明显的器皿容易判断。形状独特的器皿通常已基本确定摆放朝向，应牢记。

观察花纹

无法单凭形状判断的器皿，以花纹为线索，确定朝向。原则上，花纹所在位置朝向内侧，但也有例外。实在无法判断时，应请教前辈。

①叶形器皿的叶柄侧朝右。

“割山椒”割开（凹陷）位置朝向内侧。特别是侧面有花纹时，花纹朝向内侧。

琵琶形器皿，柄朝上。根据用途，柄也可朝右。

①三脚器皿依据中国香炉的摆放方法，原则上一只脚朝向内侧。

②如照片所示，大器皿如有叶脉，同样按①的原则摆放。

葫芦型器皿考虑其形状，与酒壶一样用左手拿起，葫芦顶端朝向右侧。

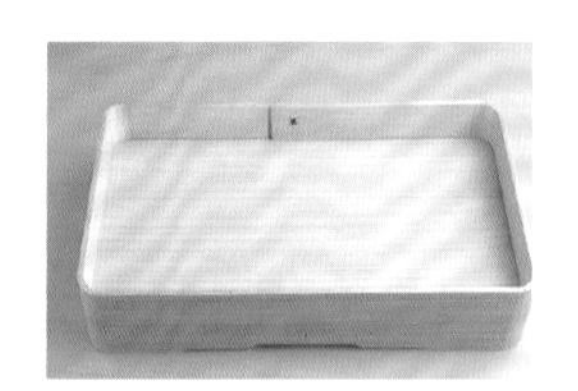

①如有开口，根据器皿的形状，改变朝向内侧位置。盒子等方形器皿，开口朝向外侧。

②也有例外。此时根据花纹的朝向进行判断。

考虑右手拿起倒入，所以倒入口朝左。

左右非对称的器皿，原则上重心所在位置朝左。

②圆形器皿的开口朝向内侧。

③两种器皿的脚位置相反。

碗带盖，且盖子上有花纹。此时，盖子的花纹朝向内侧。

如照片所示，一个位置有花纹的方形器皿，花纹朝向左前侧。

含金箔的特殊器皿，金箔尽可能朝向内侧。

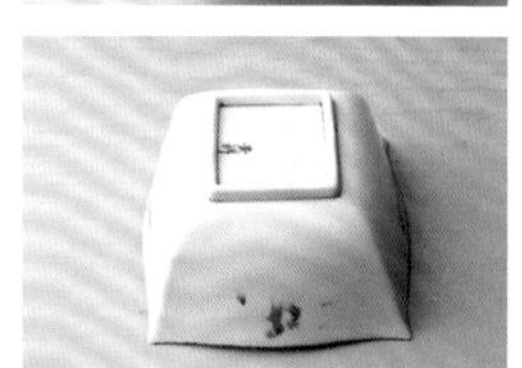

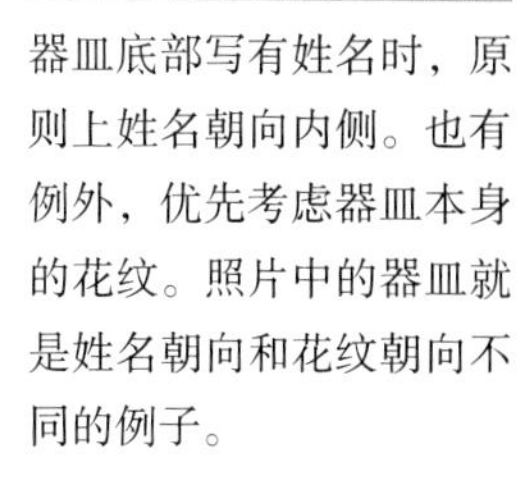

器皿底部写有姓名时，原则上姓名朝向内侧。也有例外，优先考虑器皿本身的花纹。照片中的器皿就是姓名朝向和花纹朝向不同的例子。

带木纹的器皿，木纹必须横着。

如照片所示，一个位置有切口般花纹的器皿，花纹朝向右侧，引导用右手拿起盘子。

器皿中带有季节文字时，如无法确定朝向，可将相应的季节对着内侧，照片中为春。

使用竹筛或竹篮，编纹横着放置。但是，接缝也要注意，接缝朝向内侧。

看似花纹对称，朝向难以确定。但是，可以关注中央竹叶的朝向，并由此确定正面。

主厨的工作

本章的前半部分充分介绍料理店中总负责人主厨的所有工作内容，后半部分是通过主厨的能力及思考方法等确立菜单的过程。

1 主厨的工作

并不是擅长料理就能胜任的，对作为社会人的人格要求也极其严格。不仅擅长料理，服务、经营、推销等能力也必不可少。并且，作为基本要求，对料理人在卫生、健康方面的管理要求也越发严格。

主厨的主要工作内容包括：制作菜单，采购食材，协调料理工作，人事管理等。

主厨需要具备随机应变的能力，并能够从各种角度考虑问题。当然，并非一朝一夕就能掌握这些能力，关键是应尽早有所意识，在日常生活中实践学习。每位料理新人都应该谨记，现在的工作与今后的成长有着莫大的关系。

作为培训师的责任

主厨工作内容中无法回避的就是“人员培养”。关注厨房的每一位工作人员，也是对他们人生的负责。对于这部分工作，应自觉负责。

为了能够胜任工作，“独立思考及理解”是最佳捷径。如果尽早领悟这个道理，就能很快融入工作中，使厨房的工作衔接变得流畅。

因此，不能只依靠言语指挥，还得使所有人员对主厨信赖、尊敬，使其积极、正面地调动厨房工作。

带着责任感培养料理人，最终也是主厨自身的人生财富。

制作“普通”料理

当然，制作美味料理大餐的能力也很重要。

满意于自己能够制作美味料理大餐的主厨确实存在，但是过于执念美味便是料理的本质则主观意识太强。不能认为自己能够制作美味料理就行，而推脱其他应负责任。应始终以制作“普通”料理的心态，充分发挥主厨的能力，制作出尽善尽美的料理。

200 元的料理值 200 元就是满意，1000 元的料理值1000元就是满意，这两种满意的程度相同。也就是说，在料理的价值范围内，尽可能得到相应的满意。

因此，必须切身感受客人的需求，理解客人怎样才能觉得物有所值。看似很难做到，其实就是经常自省，亲口尝试自己制作的料理，并根据这种切身感受，合理调整菜单等。但如果等到成为主厨之后才能意识到，就为时已晚。所以，应尽早在工作中形成思考的习惯。

2 菜单确定之前

菜单是主厨智慧和能力的结晶，同时也通过价格及所用食材等展现料理店的规模及风格，也就是“脸面”。当然，菜单的内容与料理店的规模及业态也是密切相关的，但基本思路相同。毕竟，能够确定平均用餐费用 1000 元的菜单，肯定能够确定 200 元的菜单。

首先制作物有所值的料理使客人满意，然后料理店得到相应的回报，这才是一份好菜单。其实，各种工作实际是交叉进行的，并没有严格的顺序。不过此处尽可能按顺序解说所有料理店之间通用的菜单制作思路。

（1）收集所需信息

确定菜单时最关键的是掌握客人的信息。如果没有事先准备，凭主观意识确定出的菜单是无法完全理解客人真正需要的料理是什么的。

当然，有些料理店在确定菜单时，并没有能力事无巨细地将客人的信息作为依据。但是，只要站在客人的立场思考，时刻牢记如何体现料理的应有价值，也能制作出合理的菜单。

按月份保存的餐单，将来也会有所帮助。

掌握日期、人数及预算

首先，任何料理店都必须掌握客人惠顾的日期、人数及预算。

掌握惠顾日期，计算可供准备工作的天数，考虑需要准备的食材及数量。根据具体情况，有些耗费时间的料理甚至无法准备。此外，采购、准备时，预算、人数及口味喜好等是不可或缺的信息。

了解客人进餐目的

其次，需要了解的是客人为什么来店，也就是出于什么目的。

可能是宴会、庆贺、公务（接待等）或单纯的品尝某个料理，甚至是临时兴起来喝酒等。根

收到客人名片后，可以制作熟客名单，写上喜好等信息。

平时准备花纸绳等小物件，方便及时点缀装饰。

据相应的目的，料理店能够做的文章有很多。根据目的不同，料理的呈现方式也会有所变化。例如，如果是庆贺，即便没有花很多钱，也会用叶垫等自然表现松竹梅，使客人感到物超所值。

（2）确定菜单

盘点库存

确定菜单时，食材采购之前必须盘点库存。将必须趁新鲜使用的食材和可以存放一段时间的干菜等分配到菜单中，这是必不可少的工作。并不是想尽办法用掉剩余的食材，而是合理使用现有的食材，从而降低成本，将食材本身更多的价值提供给客人。“发挥料理价值”中，也有不浪费食材的含义。

计算成本

耗费的成本多，并不一定能够换来客人更多的满意度。如料理价值相当，则没必要耗费更多

如果店面规模小，也可事先多次购买小分量、多种类的食材。

存放的干菜一次使用分量较少，之后反而又买了一些。为了避免这种问题，应定期盘点。

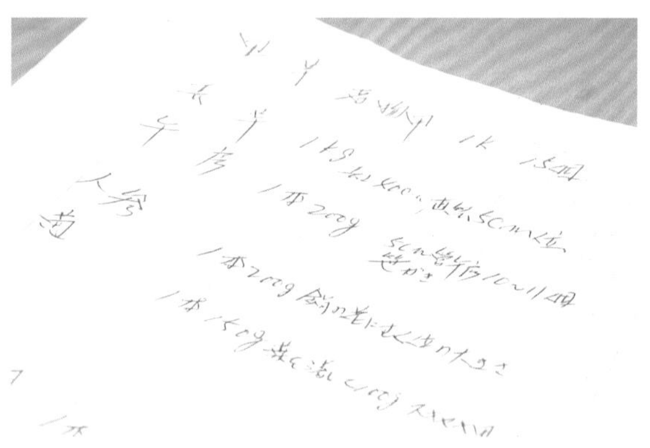

记录食材的种类及成品率（可食率），有助于成本计算及采购。

根据菜单取出器皿是手下成员的工作。

成本。应该牢牢把握食材的净价值。准确计算每种食材所需量，避免采购时造成浪费。收益高的料理店，其成本控制也会做得很好。

确定食材及器皿

确定菜单时，应考虑人数、客人的喜好、成本等。当然，所用食材也会根据成本而变化。比方说，无论使用鲷鱼还是花鲈，客人满意是最终目的，这一点应始终牢记于心。

特别是规模小的料理店，盘点器皿的数量至关重要。即使人数太多，同样的器皿不够时，也可用其他器皿巧妙搭配，或者用叶垫等完美修饰。

当然，有意识地表现出季节感也很重要。后面将会介绍12个月的应季食材，请灵活利用。

采购

在确认库存并计算成本的前提下，进行采购食材的工作。为了采购到物美价廉的食材，自己多去市场转转，与批发商保持良好关系必不可少。亲自去市场采购，即使认为不是当季食材，也能买到新鲜、便宜、味美的。虽然说“时令”很重要，但是有些高价的当季食材并不美味，反而一些反季的食材既便宜又美味。所以，应站在

准备前会议，准确发出指令。

对批发商以诚相待，可采购到价廉物美的食材。

客人的立场，综合考虑。这种综合考虑食材价值的好眼力，就是平时经常去市场培养成的。

准备

考虑劳动效率的人员分配

根据事先掌握的准备天数，分配每位成员的工作。此处，主厨必须正确掌握成员人数和能力（即料理店的“运作能力”）。因此，首先应该正确传达符合每位成员能力的工作内容，使工作顺利开展。

实际上，向各成员发布指令的大多是店内的二把手（煮食厨师）。但是，并不是完全甩手交给煮食厨师，关键在于平常的协作配合。

如果准备时间短，则无法准备太烦琐的菜单。但是，可以灵活采取其他方式，将一部分工作外包等。

3 菜单中体现时令感

制作 12 个月菜单的关键

食材的季节性，这是确定日本料理菜单时必备的知识。以下各表中汇总了 12 个月的当季食材，并附注简单说明。

此处介绍的食材为大致参照。其中，有常见的食材，也有不常见的，有些食材还有地域差异。

关键在于，确定菜单时应考虑客人的需求。

夏季准备清凉料理，“女儿节（日本节日）”制作菱形料理（女儿节食用的特色食材“菱形饼”就是菱形），这类料理方式较多。但是，归根结底还是能否使客人满意。

另一方面，在元旦（日本最重要节日）前后，客人或许对豆类食品已经感到厌恶，应有意识避免使用。诸如此类，点滴中见细心。

与其将时令感停留在口头，不如努力制作出客人满意的美味料理，这才是真正的“时令感”。

1月（睦月）

关键词

七草（七种菜）/ 吃供神的年糕 / 松竹梅

1 月为正月。人与人聚会机会较多的月份。应避免“七草”等过多刻意表现“正月”。此外，菜单中尽量减少豆类食品。

应季食材

海鲜：日本方头鱼 / 黑鮟鱇 / 蟹 / 牡蛎 / 鳕鱼 / 河豚 / 棘黑角鱼

蔬菜：萝卜 / 芜菁 / 土当归 / 莴笋 / 鸭儿芹 / 菠菜 / 小油菜 / 胡萝卜 / 鲜海苔 / 绿海苔 / 岛田海苔

2月（如月）

关键词

立春前一天 / 重生 / 复生 / 梅

树木重新长出新芽，所以菜单中应表现重生、复生等关键词。而且，需要表现出暖意。

应季食材

海鲜：比目鱼 / 蓝点马鲛 / 蟹 / 河豚 / 日本银鱼 / 日本东风螺 / 柞江珧

蔬菜：蜂斗菜 / 慈姑 / 芹菜 / 白菜 / 小油菜 / 山葵叶

3月（弥生）

关键词

樱花 / 花瓣 / 女儿节 / 桃花节

春季即将到来的月份。桃花节是 3 月 3 日，最初是“人日”。

应季食材

海鲜：鲷鱼 / 翎鲳 / 文蛤 / 短蛸 / 扇贝 / 太平洋鲱 / 鳟鱼

蔬菜：菜花 / 花椒芽 / 竹笋 / 野菜类（人工栽培）/ 嫩洋葱 / 海带 / 裙带菜

4月（卯月）

关键词

野菜 / 春季全盛期

春季全盛期的季节。菜单应强调花瓣。

应季食材

海鲜：鲷鱼 / 太平洋褶柔鱼 / 蓝点马鲛 / 荧光乌贼 / 山女鳟 / 角蝾螺

蔬菜：豌豆

5月（皐月）

关键词

端午节 / 新茶 / 初夏

临近夏季。瓜类也是在这时逐渐开始上市。小香鱼直接炸或裹上面衣炸。

应季食材

海鲜：鲳鱼 / 小黄鱼 / 竹夹鱼 / 金枪鱼 / 马苏大马哈鱼 / 大泷六线鱼 / 海鳗 / 樱花虾 / 中国蛤蜊

蔬菜：水蓼 / 蚕豆 / 芦笋 / 花椒芽（野生）/ 嫩竹笋 / 黄山石耳 / 杨梅

6月（水无月）

关键词

梅雨 / 冰节 / 冰窖 / 流行和经典的共存 / 初夏

借鉴京都上贺茂神社的神事"冰窖节"，以冰和三角形为主题。因为是"梅雨"，也较多使用梅子。

应季食材

海鲜：鲽鱼 / 莱氏拟乌贼 / 马苏大马哈鱼 / 虾 / 日本下鱵鱼

蔬菜：小蜜瓜 / 白瓜 / 豌豆 / 莲藕 / 牛蒡 / 秋葵 / 韭菜 / 茄子 / 黄瓜 / 梅子 / 毛豆 / 嫩姜 / 紫苏

7月（文月）

关键词

七夕 / 盂兰盆节之前 / 伏天 / 嫩竹

提前表现出清凉感。

应季食材

海鲜：莱氏拟乌贼 / 海鳗 / 香鱼 / 生蚝 / 花鲈 / 肥金梭鱼 / 白带鱼 / 日本沼虾

蔬菜：秋葵 / 毛豆 / 白落葵 / 贺茂茄子 / 水蓼 / 莲藕 / 黄瓜 / 紫苏

8月（叶月）

关键词

盂兰盆节 / 纳凉

容易陷入盂兰盆的节日气氛。虽说是纳凉，但不能都是清凉料理。

应季食材

海鲜：条石鲷 / 鳝鱼 / 鲍鱼 / 少鳞鱚 / 条纹竹夹鱼 / 竹夹鱼

蔬菜：茄子 / 四季豆 / 柿子椒 / 生姜 / 玉米 / 南瓜 / 圆茄子 / 青柚 / 土豆

9月（长月）

关键词

赏月 / 萩 / 菊 / 芋名月（中秋）/ 团子 / 重阳

9月除了赏月，鱼内脏调料也开始在料理店出现（4月开始调制，现在正好食用）

应季食材

海鲜：鲽鱼 / 星斑鲽 / 鲉鱼 / 角木叶鲽 / 鲣鱼 / 鲈鱼

蔬菜：毛豆 / 惠比寿南瓜 / 石川香芋

10月（神无月）

关键词

秋 / 丰收 / 黄金 / 新荞麦

出云地区称作"神有月"。这期间祈愿丰收，同时也是新荞麦长出的时期。所以，应表现秋季的丰收。

应季食材

海鲜：刺鲳 / 洄游鲣鱼 / 秋刀鱼 / 鲑鱼 / 斑鰶 / 太平洋褶柔鱼 / 鰕虎鱼 / 沙丁鱼 / 竹夹鱼 / 海胆

蔬菜：柿子 / 栗子 / 红薯 / 芋头 / 蘑菇类 / 松露 / 通草

11月（霜月）

关键词

盛宴 / 松竹梅 / 汇集 / 开炉煎茶

青柚子变黄，冬季蔬菜基本上市。"芜菁蒸"等温热料理逐渐增多。茶道中的"开炉"也用于怀石料理中。

应季食材

海鲜：鲑鱼子 / 鲑鱼 / 扇贝 / 鲻鱼 / 鲻鱼卵

蔬菜：萝卜 / 芜菁 / 白菜 / 珠芽 / 柿子 / 柚子

12月（腊月）

关键词

冬至 / 腊月 / 岁末 / 薄冰

野鸭经常作为食材的时期。为了祝愿来年好运，料理尽可能华丽。

应季食材

海鲜：伊势虾 / 金眼鲷 / 日本叉牙鱼 / 比目鱼 / 钝吻黄盖鲽 / 蟹 / 越前蟹

蔬菜：莴笋 / 菜花 / 金桔 / 慈姑 / 芜菁 / 萝卜 / 茼蒿 / 牛蒡 / 大和芋

4 确定菜单
（以 6 月的菜单为例）

主厨必须具备的终极能力，也就是确定菜单的实践工作。以不属于春季或夏季的 6 月为例，考虑了料理的流程、顺序及食材的组合搭配。

整体上菜流程也是至关重要，每道料理都有其亮点，淋漓尽致地表现出来是关键。比如稍后是烤制主食，可利用配菜等使口腔清爽。类似这样精心设计，使客人在不知不觉中按流程品味料理。

①开胃小菜
水无月豆腐
川茸
美味汤汁

模仿阴历六月举办的上贺茂神社的神事“冰窖节”，将加工成三角形的芝麻豆腐作为开胃小菜。根据上菜流程，也可将美味汤汁替换为水蓼酱料。豆腐为三角形，所以使用带圆角的器皿，保持阴阳平衡。

②前菜
水蓼干香鱼
海鳗煮冻
鲜辣鳕鱼
小香瓜
韭菜

4 月末至初夏是海鳗上市的季节。香鱼也是应季的食材，用汤汁溶化浓香的内脏制作成酱料，涂在半干的香鱼肉上，并烤制。

考虑到整体色调均匀，巧妙加入绿色。使用银色的器皿，表现清爽的初夏，夏季则铺上冰，显得更清凉。

③椀物
清汤 斑鳢薯粉蒸
加贺粗胡瓜
韭菜
芽葱
青柚子

使用海鳗因其处理快，适合汤汁煮食。天然的韭菜正是应季食材，口感也非常好，推荐常用。此外，清淡的青柚子也是应季的食材。

④刺身

幼鱼刺身	广岛魔芋海带卷
莱氏拟乌贼	秋葵
日本下鱵鱼	花穗
千片蛸	梅肉酱油

作为刺身，应均匀、协调摆放白色肉身、鲜亮食材等。这个时节有鲣鱼，但大多使用幼鲣鱼，此处的菜单中并没有使用，而是使用了秋季的洄游鲣鱼。

充满汗水的季节，用梅肉酱油的酸味使人清爽。

⑤乱炖
茄子琉璃煮
莲藕白煮
嫩姜志乃田煮
幼香鱼煮
秋葵

乱炖需要搭配色彩鲜艳的蔬菜。

这个时节最常用的莲藕必不可少，甜嫩爽口。清汤煮后，表现适合夏季的清爽及简洁。

香鱼在前菜中出现一次，但只要改变形态，可以重复使用。前菜是水蓼干香鱼，此处是炸煮。巧妙重复，也能使季节感印象更深刻。

嫩姜的清爽口感也很重要。切薄后沥干水分，煮后再次泡入水中去除辣味。

⑥烤制食材
鲍鱼烧
海胆 裙带菜
梅子汁

使用应季的珍贵食材鲍鱼，奢华的一道料理，可以说是整个上菜过程中的闪光点。香鱼已经用过两次，再使用香鱼烧则显得食材单调重复。

6月已经是梅雨季节，有效使用这个季节的青梅，稍稍表现出季节感。

⑦下酒菜
水母风味浇汁
虾仁 莲藕
白瓜海带卷 海葡萄
应季蔬菜

主菜之后，用脆爽的水母醋泡食材使口腔清爽。用芝麻油调香并不是纯正的日式料理，这里稍稍加入创意。此外，白瓜也是应季食材。

⑧主食

银鱼饭

红紫苏

香料

胡瓜薯粉

山药 茗荷 茄子蘸汁

嫩牛蒡蘸酱料

蒸熟的银鱼搭配梅雨季节最香的红紫苏，一道应季的主食。米饭是收官之作，清淡口感是关键。

但是，米饭也不容忽视，它可能是最后使客人满意的关键部分。提供家中无法品尝到的独特味道是料理店的义务。应准确预估客人的用餐过程，精心准备米饭。

⑨主食汤

混合酱料口感

小土豆

嫩竹笋

随着天气逐渐酷热，主食汤中使用的味噌越辣越受欢迎。相反地，冬季最受欢迎的是清淡的甜味。季节是依据，并根据当天的天气及气温，调配合适的口味。此处的味噌在八丁味噌和信州味噌中添加白酱料混合而成。而且，加入美味的嫩竹笋和应季的小土豆。

⑩甜点

冰窖羊羹 抹茶蜜

甜点也是一道料理。最适合用餐即将结束时，所以尽可能精心准备。而且，应注意日式特色。此处，以“冰窖节”为主题，用冰仿造明胶。在夏季，避免使用粘牙的饼类或温热食材。

5 招待客人

在日本料理的世界里，主厨确实是职业顶峰。真正成为一名主厨之后，就能感受到自己在支配着料理店内的运作，也就是自己像是指挥塔。以料理为主，统筹管理店内的经营、服务等多方面工作。同时，直接面对客人，必须敏锐感受客人的反应，并获得客人的满意。所以，每处细节都不能懈怠。

其中，招待客人也是主厨的重要工作，代表着料理店的脸面。

特别是在柜台分切调味时，主厨直接为客人服务，根据每位客人的用餐速度，向各成员发布指令，适时提供料理。此外，从迎客至送客，必须小心谨慎。

总是在厨房默默工作的人，直接招待客人时可能会紧张。但是，并不需要特别训练，首先应站在客人的立场考虑客人的需求，并保持平常心态招待客人。

无论学徒还是主厨，关键在招待客人的“真心”。那么，什么是招待客人的真心？应该重新思考“怀石”的意义，以及赚钱的意义，这样就能自觉端正态度。理应认真考虑，如果自己是客人，会不会情愿再次掏钱来本店？

与客人聊天

与客人聊天也是招待客人的重要内容，但并不需要所谓的聊天技巧。不要太过谄媚，以平时与人聊天的态度，真心对待即可。但是，总是絮叨也会造成客人心里不舒服。此外，打断客人之间的对话也是很失礼的。

获得客人对自己的信赖，胜过任何聊天技巧。

保持精神饱满也是料理人的工作。

第一声很重要

给客人留下好的第一印象，关键在于客人进店时的第一声。同样，不必想得太过复杂，首先站在客人的正对面（按日本料理店的规矩，站在斜对面或远处是失礼的，除非特别忙的时候）致敬："欢迎光临"（如果是预约客人，则说"欢迎预约光临"），最好在欢迎语中加上当天的天气"承蒙雨天光临……""承蒙冷天光临……"等。这样诚心欢迎，会给客人留下深刻印象。

招呼客人的时机也很重要，也是基础中的基础。比如，客人将食物送入口中时或用筷子夹起食物时，绝对不能打搅客人。两位客人和一位客人来店光顾时的应对方式也会有所不同，单独来的客人有的喜欢聊天，有的喜欢安静，应根据情况随机应变。

柜台内，挺直腰背，肩部放松，神经不要太过紧张。

招待客人时保持"平常感觉"，态度亲和，不勉强插话。

招待熟客

在柜台前，如果有其他客人在场，即使面对熟客也不能太过亲近。否则，会影响其他客人的心情。

有时会遇到熟客劝酒的情况，同样应注意其他客人的感受，尽可能想办法推辞。面对不同的客人，应根据具体情况，合理判断并妥善处理。

要有“身后也有眼睛注视着”的心态

时刻告诫自己，客人比自己想象的还要细心。特别是在等待上餐的无所事事的客人，会事无巨细地关注店内每位料理人的行为及细节。如果没有将细节做好，不知不觉中就会失去一些客人。特别是在柜台工作时，应小心注意招待客人的态度。

即便一个动作也会招致客人误解，应在客人面前保持百分百的端正态度。比如，在工作中接听电话后必须洗手，这些细节不容忽视。

即便客人看不见，也要自始至终保持鞠躬姿态。

诚心待客

总而言之，各种情况下最重要的是客人能够满意。如何实现这一终极目标，归根结底在于主厨的思考方式、能力、感觉等。这确实是要求极其苛刻的工作，但只要诚心待客，就能得到客人的良好反馈。这也是店内长久传承，形成不可替代的财产，也是生意兴隆的基础。

掌握这种“诚心待客”的本领并不是难事，关键在于“平常感觉”。客人的感受如何？如果我是客人，我需要什么？通过这种简单的问题，不断提醒自己。从进入厨房的第一天开始，就应该保持良好的职业习惯。

从这个层面考虑，今天将工作百分百做好，与今后自己能否成为主厨或经营者密切相关，是料理人生的宝贵财产。

相比传统日本料理，当今的日本料理已经形成更为开明公平的氛围，只要充满干劲，就能在短时间内学到更多的本领。而且，年轻人也在迅速成长。要保持耐心、愉悦的心态，努力践行料理人之路。严格要求自己才能获得巨大的成就感，这也是这份工作的魅力所在。

送客时的印象也很重要。最后一刻也不能放松，应充满感激之心。

著者介绍

野﨑洋光

のざき ひろみつ

1953年，生于福岛县石川郡古殿町。
从武藏野营养专门学校毕业后，任职于东京大饭店和食部。
带着五年的修业经历，进入了八方园。
1980年开始在东京西麻布的「とく山」担任料理长。
1989年「分とく山」西麻布店开业并担任总料理长。
2001年「分とく山飯倉片町」，
2002年「分とく伊勢丹」相继开始营业。
2003年「分とく山」本店迁至南麻布。

●分とく山
东京都港区南麻布 5-1-5
TEL 03-5789-3838

图书在版编目（CIP）数据

日本料理的基础技术 /（日）野﨑洋光著；普磊，张艳辉译 . -- 北京：中国华侨出版社，2017.9
ISBN 978-7-5113-6997-0

Ⅰ . ①日… Ⅱ . ①野… ②普… ③张… Ⅲ . ①菜谱—日本 Ⅳ . ① TS972.183.13

中国版本图书馆 CIP 数据核字 (2017) 第 174770 号

日本料理的基础技术（图解版）

著　　者：（日）野﨑洋光
译　　者：普　磊　张艳辉
出 版 人：刘凤珍
责任编辑：若　耶
筹划出版：银杏树下
出版统筹：吴兴元
营销推广：ONEBOOK
装帧制造：墨白空间 · 张静涵
经　　销：新华书店
开　　本：787mm × 1092mm　1/16　印张：12.5　字数：300 千字
印　　刷：北京盛通印刷股份有限公司
版　　次：2017 年 11 月第 1 版　2017 年 11 月第 1 次印刷
书　　号：ISBN 978-7-5113-6997-0
定　　价：99.80 元

中国华侨出版社　北京市朝阳区静安里26号通成达大厦3层　邮编：100028
法律顾问：陈鹰律师事务所
发 行 部：（010）64013086　传真：（010）64018116
网　　址：www.oveaschin.com　E-mail：oveaschin@sina.com

后浪出版咨询(北京)有限责任公司